SEKTION VERKEHRSPSYCHOLOGIE
IM BDP E.V. (HRSG.)

PETER KIEGELAND

Praxishandbuch der Exploration

Arbeitstechniken für die medizinisch-psychologische Begutachtung

Bibliografische Information der Deutschen Nationalbibliothek
Die Deutsche Nationalbibliothek verzeichnet diese Publikation in der Deutschen Nationalbibliografie; detaillierte bibliografische Daten sind im Internet über **http://dnb.ddb.de** abrufbar.

ISBN 978-3-942761-06-2

Alle in diesem Buch enthaltenen Angaben und Daten (Gesetze, Verordnungen oder Richtlinien) wurden vom Autor nach bestem Wissen erstellt und von ihm und dem Verlag mit größtmöglicher Sorgfalt überprüft. Dennoch sind inhaltliche Fehler nicht völlig auszuschließen. Daher erfolgen die Angaben usw. ohne jegliche Verpflichtung oder Garantie des Verlages, des Herausgebers oder des Autors. Angaben zu Rechtsvorschriften sind nicht als Beratung zu verstehen, sondern geben lediglich die Erfahrung oder Einschätzung des Autors wieder. Autor, Herausgeber und Verlag übernehmen keinerlei Verantwortung und Haftung für etwa vorhandende inhaltliche Unrichtigkeiten.

Verlag:
Deutscher Psychologen Verlag GmbH, Berlin

Umschlaggestaltung und Satz:
Tanja Bregulla, Aachen

Fotos:
Umschlag: © Petr Vaclavek – Fotolia.com
Kapitel 3.3.2: Karl Holzhauser, Augsburg

Druck:
fgb freiburger graphische betriebe

Besuchen Sie uns im Internet: www.psychologenverlag.de
ISBN 978-3-942761-06-2

SEKTION VERKEHRSPSYCHOLOGIE
IM BDP E.V. (HRSG.)

PETER KIEGELAND

Praxishandbuch der Exploration

Arbeitstechniken für die medizinisch-psychologische Begutachtung

Deutscher Psychologen
Verlag GmbH

Berlin 2011

Inhalt

Vorwort des Herausgebers

Exploration als schon früh – 1967 im „Handbuch der Psychologie"[1] – wissenschaftlich ausgewiesenes und in der forensisch-psychologischen wie verkehrspsychologischen Praxis angewandtes Verfahren ist der Königsweg zur „Materialgewinnung" für Gutachten und wird in der Fachliteratur wegen verschiedener Zielsetzungen als „aussagepsychologische" von der „psychodiagnostischen Exploration, die sich auf die Erfassung der Wesensart des Probanden richtet" (Friedrichs), unterschieden. Aber das Verfahren folgt unabhängig vom Ziel den gleichen methodischen Grundsätzen.

Beides ist in der verkehrspsychologischen Praxis gefragt!

Königsweg ist die Exploration schon deshalb, weil der Psychologe mit diesem Verfahren allein auf sein Können (ohne diagnostische Instrumente) angewiesen ist, das zur Praxisfähigkeit nicht nur aus der Wissenschaft erarbeitet werden kann, sondern zur Fertigkeit („performance") der „Übung" bedarf.

Diese Aufgabe, Fertigkeit zu vermitteln, hat sich der Autor des vorliegenden Praxishandbuchs gestellt und meisterlich seinen langjährigen Einsatz des „Explorierens" in Begutachtungsstellen für Fahreignung zu einer lebendigen und mit Beispielen interessant gefüllten Darstellung gefügt.

Die Sektion Verkehrspsychologie im BDP e.V. begrüßt dieses Buch als jetzt nicht mehr wegzudenkende berufsausbildende Quelle für den Verkehrspsychologen als Gutachter wie auch als Berater im Fahrerlaubnisrecht sowie im Aufgabenfeld „Wiederherstellung der Eignung zum Führer von Kraftfahrzeugen".

Auch der die psychologische Explorationstechnik kritisch begleitende und gegebenenfalls auch sezierende Jurist findet in diesem Buch einen sachgerechten Zugang zur Einschätzung der Gutachtertätigkeit im Fahrerlaubnisrecht.

Köln, im August 2011

Prof. Dr. Walter Schneider
Vorsitzender der Sektion Verkehrspsychologie im BDP e.V.

1 Handbuch der Psychologie, Band 11: Forensische Psychologie, Hrsg. Udo Undeutsch. Verlag für Psychologie Dr. C. J. Hogrefe, Göttingen 1967, Darin: H. Friedrichs: Die aussagepsychologische Exploration. S. 3-25.

Vorwort des Autors

Dieses Praxishandbuch der Exploration versucht, die Lücke zwischen bereits vorliegenden Regelwerken zur Fahreignungsbegutachtung und der praktischen Tätigkeit des Gutachters zu füllen.

Der Anspruch an ein solches Buch ist sicherlich hoch. Wie bei vielen Projekten, die nahezu unbegrenzt weitergeführt werden könnten, trifft man als Autor irgendwann die Entscheidung, das bisher Erarbeitete „einzufrieren" und für beendet zu erklären. Das Ergebnis eines solchen „Einfrierens" ist das vorliegende Buch. Es mag Stellen geben, die ausführlicher hätten sein können, oder Themen, zu denen Kolleginnen und Kollegen weiteres fundiertes Wissen oder kreative Ideen hätten beitragen können. Und sicherlich kann bei einer Reihe von Darstellungen gesagt werden: „Es geht auch anders."

All dies ist dem Verfasser bewusst. Und letztlich ist dies auch wünschenswert, denn nur so entwickelt sich das psychologische Wissen in diesem Bereich weiter und behält oder erreicht (wieder) eine Vielfalt, die es derzeit angesichts der zunehmenden Regelgläubigkeit – z. T. unter bewusster Ignoranz psychologischen Fachwissens – zu verlieren droht.

Genau diese Vielfalt ist es aber, die es Gutachterinnen und Gutachtern ermöglicht, auf individuelle Belange von Klienten einzugehen und diese angemessen zu berücksichtigen. Und eine solche Vielfalt erschwert es vorbereitenden Institutionen, Kunden durch „Frage- und Antworttraining" mit „Erfolgsgarantie" auf die MPU vorzubereiten, ohne dass eine inhaltliche Auseinandersetzung mit dem Problemverhalten überhaupt angestrebt wird.

Zum Schluss bleibt noch, mich bei lieben Menschen in meiner Umgebung, bei Kolleginnen und Kollegen zu bedanken: für weitergegebenes Wissen, für Unterstützung und Ermutigung, für Gesprächs- und Diskussionsbereitschaft, für kritische Durchsicht des Manuskriptes und, und, und. Ein jeder von diesen Menschen wird wissen, was er beigetragen hat, und ihnen allen sei ganz herzlich für die erfahrene Unterstützung gedankt.

Dr. Peter Kiegeland
Braunschweig, im August 2011

1 Die medizinisch-psychologische Fahreignungsuntersuchung

Erste diagnostische Aktivitäten im Bereich der Verkehrspsychologie gab es bereits zu Anfang des 20. Jahrhunderts. Anlass für diese Untersuchungen war jedoch nicht verkehrsauffälliges Verhalten, sondern vielmehr das Bedürfnis, geeignete Personen für die Ausbildung zum Kraftfahrer beim Militär (ab 1915) oder zum Führen von Straßenbahnen auszuwählen (zur Geschichte der Verkehrspsychologie unter anderem Echterhoff 1990a und 1990b).

Die Geschichte der Fahreignungsbegutachtung im heutigen Sinne begann in den Fünfzigerjahren des vorigen Jahrhunderts. Begutachtet wurden zunächst überwiegend Personen mit körperlichen Beeinträchtigungen, von denen es nach dem Krieg eine große Anzahl gab, und solche mit geistigen Mängeln. Personen, denen die Fahrerlaubnis vorzeitig oder erst in einem relativ hohem Lebensalter (Altersbewerber) erteilt werden sollte, wurden ebenfalls häufiger untersucht. Nur etwa 17% der begutachteten Personen gehörten zu dieser Zeit dem Kreis der verkehrsauffälligen Kraftfahrer an.

Erst gegen Ende der Achtzigerjahre ergab sich bei der zu begutachtenden Klientel eine Verteilung der Anlassgruppen, die mit der gegenwärtigen in etwa vergleichbar ist. Zu dieser Zeit bildeten verkehrsauffällige Kraftfahrer mit etwa 77% aller Fälle den Schwerpunkt der Begutachtung.

Entsprechend der veränderten Anlassstruktur gewann die psychologische Tätigkeit im Rahmen der MPU an Bedeutung und veränderte sich inhaltlich. Während zu Beginn der Fahreignungsuntersuchungen die Leistungsdiagnostik mit Überprüfung der psychisch-funktionalen Leistungsfähigkeit den Schwerpunkt der psychologischen Arbeit bildete, gewann mit der veränderten Struktur der Untersuchungsanlässe die verhaltensorientierte Diagnostik – orientiert an den Fragestellungen der veranlassenden Behörden – eine immer größere Bedeutung.

Eine wesentliche Erweiterung der gutachterlichen Tätigkeit ergab sich Ende der Siebzigerjahre durch die Einführung von amtlich anerkannten

Nachschulungskursen mit Rechtsfolge. Das Ergebnis der Begutachtung (alkohol)auffälliger Kraftfahrer konnte nicht mehr nur „geeignet“ oder „nicht geeignet“[1] lauten, sondern es war möglich, im Gutachten bei gegebenen Voraussetzungen eine Kursempfehlung auszusprechen. Die zunächst noch nicht gegebene Kraftfahrereignung konnte so relativ kurzfristig durch die Teilnahme an einem amtlich anerkannten Nachschulungskurs für (alkohol)auffällige Kraftfahrer wiederhergestellt werden.

Die Möglichkeit, Nachschulungskurse zu empfehlen, erforderte jedoch einheitliche Kriterien, auf deren Basis entsprechende Kursempfehlungen ausgesprochen werden konnten. Obwohl auch vorher schon häufig die Forderung nach bundesweit einheitlichen Beurteilungskriterien formuliert worden war und Ansätze hierzu erkennbar waren, z. B. Gründung des „Fachausschusses medizinisch-psychologische Arbeitsgebiete“ im Februar 1960, gewannen diese Forderungen durch die nunmehr erweiterten Entscheidungsmöglichkeiten der Gutachter an Bedeutung.

Durch die Technischen Überwachungsvereine wurde schließlich das Forschungsprojekt „Evaluation von medizinisch-psychologischen Fahreignungsbegutachtungen“ veranlasst, in dem bis dahin angewendete Entscheidungskriterien der Fahreignungsuntersuchung empirisch überprüft wurden. Als Ergebnis konnte festgehalten werden, dass die bis dahin entwickelten Beurteilungskriterien von den Gutachtern angenommen worden sind und dass ein gesicherter Zusammenhang zwischen den Entscheidungskriterien und dem zu prognostizierenden Verhalten besteht (vgl. hierzu auch Jacobshagen & Utzelmann, 1997).

Die bis zu diesem Zeitpunkt erstellten Begutachtungskriterien wurden als „internes Papier“ von den Vertretern des VdTÜV weiterentwickelt und optimiert.

Im Jahre 2005 wurden die Beurteilungskriterien erstmals veröffentlicht (herausgegeben von Schubert & Mattern, 2005) und somit einer allgemeinen fachlichen Diskussion zugänglich gemacht. Zwar wurden in diesem Zusammenhang durchaus kritische Stimmen laut – ebenso wie nach Veröffentlichung der zweiten, überarbeiteten und ergänzten

1 Korrekt müsste es heißen: Die Eignungsbedenken der Fahrerlaubnisbehörden konnten ausgeräumt/nicht ausgeräumt werden. Der besseren Lesbarkeit halber werden jedoch in diesem Buch synonym die Begriffe geeignet/ungeeignet bzw. positiv/negativ benutzt.

Auflage 2009. In letzterem Fall wurde vor allem das Vorgehen im Verlauf der Veröffentlichung und aus Sicht einiger Betroffener deren mangelnde Einbindung bemängelt. Integrativ betrachtet überwiegen jedoch die Vorteile bei Weitem, kann doch so ein systematisches Abweichen bezüglich einzelner Indikatoren oder Kriterien im Rahmen der Begutachtung verhindert werden.

Besonders hervorzuheben ist in diesem Zusammenhang die *„[...] erreichte Transparenz der Fahreignungsbegutachtung [...], wurde dadurch doch den Anwürfen einer geheimniskrämerischen, undurchschaubaren Begutachtungspraxis zum Nachteil der betroffenen Autofahrer der Boden entzogen"* (Brieler, 2010).

Festzustellen bleibt schließlich, dass auch die Beurteilungskriterien in ihrer zweiten Auflage und die Begutachtungsleitlinien zur Kraftfahrerbegutachtung (und letztlich die MPU insgesamt) nicht als statisches Werk zu betrachten sind, sondern nach wie vor weiterentwickelt und den veränderten Realitäten angepasst werden müssen, da sich nicht nur die Anforderungen an die MPU verändern – z. B. im Sinne von veränderten und/oder erweiterten behördlichen Fragestellungen –, sondern auch die gesellschaftlichen Verhältnisse, in denen die MPU stattfindet, einem stetigen Veränderungsprozess unterworfen sind.

1.1 Anlässe für eine MPU

Anlass für eine MPU ist heutzutage in der Mehrzahl der Fälle ein gravierendes Fehlverhalten der betroffenen Kraftfahrer im Straßenverkehr. Darüber hinaus existieren weitere Untersuchungsanlässe, auch wenn die Betroffenen bisher nicht im Straßenverkehr auffällig geworden sind, z. B. wenn die zuständige Behörde Kenntnis von einer Suchterkrankung erhält oder die Fahrerlaubnis einer bestimmten Klasse vorzeitig erteilt werden soll.

Wesentliche Regelungen sind im Straßenverkehrsgesetz (StVG) in den §§ 2a (Fahrerlaubnis auf Probe) und 4 (Punktesystem) festgelegt. Weitere Untersuchungsanlässe sind in der Fahrerlaubnisverordnung in den §§ 10 (Mindestalter), 11 (Eignung), 13 (Alkoholproblematik), 14 (Betäubungs- und Arzneimittel) und 48 (Fahrgastbeförderung) in Verbindung mit den Anlagen 4 und 5 beschrieben.

Für häufiger vorkommende behördliche Eignungsbedenken sind die Fragestellungen durch Ländererlasse benannt (vgl. hierzu auch Schubert & Mattern 2009). Die dort getroffenen Formulierungen sind jedoch nicht verbindlich und können von den zuständigen Behörden bei Bedarf abgewandelt oder ergänzt werden. Über die in den genannten Werken formulierten Untersuchungsanlässe hinaus steht es den zuständigen Behörden frei, bei gegebenen Voraussetzungen auf Grundlage des § 2 (8) StVG Eignungsbedenken zu formulieren, die dem im Einzelfall vorliegenden Sachverhalt Rechnung tragen.

Für den Gutachter ist zu beachten, dass die von der Behörde formulierte Fragestellung Grundlage des Begutachtungsauftrags und somit ein verbindlicher Bestandteil des Werkvertrages mit dem Kunden (Klienten) ist.

Sonderfall: Fragestellung erscheint unpassend

Erscheint die behördliche Fragestellung aufgrund der Aktenlage aus gutachterlicher Sicht nicht nachvollziehbar oder greift sie aufgrund der aktenkundig bekannten Tatsachen zu kurz, sollte vor der Untersuchung Kontakt mit der Behörde aufgenommen werden, um den Sachverhalt zu klären. MPU-Träger werden in ihrem QM-System (Qualitätsmangement-System) Regelungen getroffen haben, wie genau in derartigen Fällen zu verfahren ist.

Die folgende Aufstellung von Standardfragestellungen ist den „Beurteilungskriterien" (herausgegeben von Schubert & Mattern, 2009), S. 32 ff. entnommen:

§ 2a (4) und (5) StVG: Auffälligkeiten in der Probezeit,
§ 4 (10) StVG: Neuerteilung nach Entziehung wegen 18 Punkten
§ 11 (3) Nr. 4 FeV: Ein erheblicher Verstoß oder wiederholte Verstöße gegen verkehrsrechtliche Vorschriften:

> *„Ist zu erwarten, dass Herr/Frau … auch zukünftig erheblich oder wiederholt gegen verkehrsrechtliche Bestimmungen verstoßen wird?"*

§ 10 (2) FeV: Unterschreiten des Alters von 18 Jahren bei Erteilung der Klassen B, C1 und C1E im Rahmen der Ausbildung als Berufskraftfahrer(in):

„Erfüllt Herr/Frau … bereits die körperlichen und geistigen Anforderungen an das Führen von Fahrzeugen der Klasse B, C1 oder C1E im Rahmen einer Ausbildung als Berufskraftfahrer(in)?"

§ 11 (3) Nr. 1 FeV: Medizinisch-psychologisches Gutachten nach Würdigung eines ärztlichen Gutachtens:

„Kann Herr/Frau … trotz des Vorliegens einer Erkrankung (in Klammern: Krankheit nach Anlage 4), die nach Anlage 4 FeV die Fahreignung in Frage stellt, und unter Berücksichtigung der in dem ärztlichen Gutachten vom … festgestellten Befunde ein Kraftfahrzeug der Gruppe 1/2 (FE-Klasse …) sicher führen?"

Mögliche Ergänzungen der behördlichen Fragestellung sind:

1. *„Insbesondere ist zu prüfen, ob das Leistungsvermögen zum sicheren Führen eines Kraftfahrzeugs der Gruppe 1/2 (FE-Klasse …) ausreicht."*
2. *„Insbesondere ist zu prüfen, ob eine Kompensation der festgestellten Einschränkungen durch besondere persönliche Voraussetzungen (vgl. Anlage 4 FeV) möglich ist."*

§ 11 (3) Nr. 2 FeV: Befreiung von den Vorschriften über das Mindestalter:

„Hat Herr/Frau … bereits einen Entwicklungsstand und die Reife erreicht, bei dem er/sie die körperlichen und geistigen Anforderungen an das Führen von Fahrzeugen der Gruppe 1/2 (FE-Klasse …) erfüllt?"

§ 11 (3) Nr. 3 FeV: Auffälligkeiten im Rahmen der Fahrerlaubnisprüfung:

„Kann Herr/Frau … trotz der vom Sachverständigen oder Prüfer nach § 18 Abs. 3 FeV mitgeteilten Auffälligkeiten … ein Kraftfahrzeug der Gruppe 1/2 (FE-Klasse …) sicher führen?"

§ 11 (3) Nr. 5–7 FeV: Straftaten im Zusammenhang mit dem Straßenverkehr, der Fahreignung, unter Nutzung eines Fahrzeugs oder mit hohem Aggressionspotenzial:

„Ist trotz der aktenkundigen (erheblichen) Straftat(en) (in Klammern: im Zusammenhang mit dem Straßenverkehr/im Zusammenhang mit der

Kraftfahreignung/aufgrund von Anhaltspunkten für hohes Aggressionspotenzial/die unter Nutzung eines Fahrzeugs begangen wurde) zu erwarten, dass Herr/Frau … die körperlichen und geistigen Anforderungen an das sichere Führen eines Kraftfahrzeugs der Gruppe 1/2 (FE-Klasse …) im Verkehr erfüllt und dass er/sie nicht erheblich gegen verkehrsrechtliche Bestimmungen verstoßen wird?"

§ 11 (3) Nr. 8 und § 48 (9) FeV: Gewähr für die Erfüllung der besonderen Verantwortung bei der Beförderung von Fahrgästen

„Erfüllt Herr /Frau … die körperlichen und geistigen Anforderungen, und bietet er/sie Gewähr dafür, dass er/sie der besonderen Verantwortung für die Beförderung von Fahrgästen mit … gerecht wird?"

§ 13 Nr. 2 a) und e) FeV: Alkoholmissbrauch und Überwinden der Alkoholabhängigkeit:

„Kann Herr /Frau … trotz der Hinweise auf Alkoholmissbrauch/Alkoholabhängigkeit ein Kraftfahrzeug der Gruppe 1/2 (FE-Klasse …) sicher führen? Ist insbesondere nicht zu erwarten, dass er/sie ein Kraftfahrzeug unter Alkoholeinfluss führen wird?"

§ 13 Nr. 2 b) und c) FeV: Wiederholte Zuwiderhandlungen unter Alkoholeinfluss oder Führen eines Fahrzeugs mit BAK > 1,6 Promille:

„Ist zu erwarten, dass Herr/Frau … auch zukünftig ein (Kraft-)Fahrzeug unter Alkoholeinfluss führen wird, und/oder liegen als Folge eines unkontrollierten Alkoholkonsums Beeinträchtigungen vor, die das sichere Führen eines Kraftfahrzeuges der Gruppe 1/2 (FE-Klasse …) in Frage stellen?"

§ 14 (1) FeV: Gelegentlicher Cannabiskonsum und zusätzliche Eignungszweifel

a) bei Verstoß nach § 24a StVG:

„Kann Herr/Frau … trotz der Hinweise auf gelegentlichen Cannabiskonsum sowie der bekannten Verkehrsteilnahme unter Cannabiseinfluss ein Kraftfahrzeug der Gruppe 1/2 (FE-Klasse …) sicher führen? Ist insbesondere nicht zu erwarten, dass er/sie auch zukünftig ein Kraftfahrzeug unter Einfluss von Betäubungsmitteln oder deren Nachwirkungen führen wird (Fähigkeit zum Trennen von Konsum und Verkehrsteilnahme)?"

b) in den übrigen Fällen:

„Kann Herr/Frau … trotz der Hinweise auf gelegentlichen Cannabiskonsum sowie zusätzlicher Zweifel an der Eignung (in Klammern: Gründe für zusätzliche Zweifel analog Anlage 4 Nr. 9.2.2 FeV) ein Kraftfahrzeug der Gruppe 1/2 (FE-Klasse …) sicher führen. Ist insbesondere nicht zu erwarten, dass er /sie ein Kraftfahrzeug unter Einfluss von Betäubungsmitteln oder deren Nachwirkungen führen wird (Fähigkeit zum Trennen von Konsum und Verkehrsteilnahme)?"

§ 14 (2) Nr. 1 und 2 FeV: Neuerteilung nach Entzug wegen Einnahme oder Abhängigkeit von BtM bzw. Klärung, ob weiterhin Einnahme oder Abhängigkeit besteht:

„Kann Herr/Frau … trotz der Hinweise auf Drogeneinnahme/Drogenabhängigkeit ein Kraftfahrzeug der Gruppe 1/2 (FE-Klasse …) sicher führen? Ist insbesondere nicht zu erwarten, dass Herr/Frau weiterhin Betäubungsmittel nimmt?"

Oder Neuerteilung nach Entzug wegen missbräuchlicher Einnahme von psychoaktiv wirkenden Arzneimitteln oder anderen Stoffen:

„Kann Herr/Frau … trotz der Hinweise auf Arzneimittelmissbrauch ein Kraftfahrzeug der Gruppe 1/2 (FE-Klasse …) sicher führen? Ist insbesondere nicht zu erwarten, dass Herr/Frau … ein Kraftfahrzeug unter dem unkontrollierten Einfluss von Arzneimitteln oder anderen psychoaktiven Stoffen führen wird?"

§ 14 (2) Nr. 3 FeV: Wiederholter Verstoß nach § 24a StVG:

„Kann Herr/Frau … trotz wiederholter Verkehrsteilnahme unter der Wirkung berauschender Mittel ein Kraftfahrzeug der Gruppe 1/2 (FE-Klasse …) sicher führen? Ist insbesondere nicht zu erwarten, dass er/sie auch zukünftig ein Kraftfahrzeug unter der Wirkung von berauschenden Mitteln führen wird (Fähigkeit zum Trennen von Konsum und Verkehrsteilnahme)?"

Die hier wiedergegebenen Standardfragestellungen werden von den Behördenmitarbeitern häufig abgewandelt. Ein „bewusstes Lesen" der Fragestellung durch den Gutachter ist auf jeden Fall notwendig, da eine Veränderung oder das Einfügen weniger Worte bereits einen ganz neuen Sinn (Konnotation) ergeben kann.

Auch ist der Umfang der Fragestellung zu prüfen. Nicht selten kommt es vor, dass sich ein Teil einer doppelten Fragestellung auf der Vorderseite, ein weiterer Teil auf der Rückseite oder der zweiten Seite des Anschreibens befindet. Der zweite Teil der Fragestellung sollte vom Gutachter keinesfalls übersehen werden!

1.2 Aufbau der MPU

Eine MPU besteht – wie der Name schon nahelegt – aus einem medizinischen Teil und einem psychologischen Teil. Oft wird gegenüber Kunden auch von einer Dreiteilung gesprochen, in diesem Fall wird der Bereich der psychophysischen Leistungstests als eigenständiger Teil der Untersuchung dargestellt, obwohl er streng genommen Teil der psychologischen Untersuchung ist.

Aus Sicht einer amtlich anerkannten Begutachtungsstelle für Fahreignung (BfF) ergibt sich jedoch ein differenzierterer Ablauf. Folgendes Schema für den Ablauf der MPU ist nicht verbindlich, die Untersuchung wird aber im Allgemeinen so ablaufen:

1. **Empfang des Kunden und Überprüfung der Identität**
   Kunde wird begrüßt, die Identität wird anhand eines amtlichen Dokumentes, in der Regel Pass oder Personalausweis, überprüft. Falls die Untersuchung mit Unterstützung eines Dolmetschers durchgeführt werden soll, wird auch dessen Identität, Qualifikation und Zulassung (Vereidigung) überprüft.

2. **Information des Kunden über Ablauf der Untersuchung gemäß den Vorgaben aus dem trägereigenen Qualitätsmanagement-Handbuch**
   Der Kunde wird in der Regel durch die Verwaltungskraft über den weiteren Ablauf der Untersuchung informiert, die vorgesehenen Gutachter werden namentlich genannt. Der Kunde wird über eventuell bestehende Wahlmöglichkeiten informiert.

3. Aushändigung von Fragebögen

Der Einsatz von Fragebögen wird durch die Träger der BfF geregelt und liegt in deren Ermessen. Häufig werden Fragebogen zur (Verkehrs-) Biografie verwendet sowie anlassspezifische Fragebögen. Es gibt jedoch auch Träger, die weitgehend auf den Einsatz von Fragebögen verzichten.

4. Überprüfung der psychisch-funktionalen Leistungsfähigkeit (testpsychologische Untersuchung)

In diesem Teil der Untersuchung, der vom Psychologen oder von einer ausgebildeten Testassistenz durchgeführt wird, geht es um die Ermittlung der psychisch-funktionalen Leistungsfähigkeit. Untersucht wird vor allem, ob die nach psychologischen Standards erforderlichen Mindestvoraussetzungen für die Teilnahme am Straßenverkehr vorhanden sind. Es wird z. B. geprüft, ob komplexe (Verkehrs-)Situationen ausreichend strukturiert werden können und ob Reaktionen ausreichend schnell und koordiniert erfolgen.

Darüber hinaus steht inzwischen eine ganze Reihe von Testverfahren zur Verfügung, mit deren Hilfe eine wesentlich verfeinerte Diagnostik in diesem Bereich möglich ist. Insbesondere kann bei Bedarf geprüft werden, ob vorhandene Defizite oder Minderleistungen kompensiert werden können (zum Beispiel relativ langsame Reaktionen durch eine überdurchschnittliche Reaktionssicherheit = wenig/keine Fehlreaktionen). Die testpsychologische Untersuchung wird – wie die MPU insgesamt – anlassbezogen durchgeführt.

Hinweis: Bei der testpsychologischen Untersuchung ist im Standardfall lediglich zu prüfen, ob die Mindeststandards im Bereich der psychisch-funktionalen Leistungsfähigkeit für das Führen von Kraftfahrzeugen der entsprechenden Gruppe erreicht werden. Ist dies nicht der Fall, sind die daraus für den Straßenverkehr resultierenden Folgen im Gutachten darzustellen.

5. **Medizinische Untersuchung**
Die medizinische Untersuchung wird ebenfalls anlassbezogen durchgeführt, die notwendigen Untersuchungsschritte orientieren sich an der Fragestellung der Behörde und an der vorliegenden Deliktstruktur. Der medizinische Teil hat das größte Gewicht bei medizinischen Fragestellungen, z. B. bei vorliegenden Körperbehinderungen oder eignungsrelevanten Erkrankungen. Auch bei Drogen- und Alkoholfragestellungen leistet die medizinische Untersuchung wichtige Beiträge zum Gesamtergebnis des Gutachtens, z. B. durch Diagnose von Anzeichen, die auf früheren oder sogar aktuellen Suchtmittelkonsum hinweisen, oder bei der Überprüfung von Angaben zur Alkohol- und Drogenabstinenz.

Die Bedeutung der medizinischen Untersuchung ist bei verkehrsrechtlichen oder strafrechtlichen Fragestellungen im Allgemeinen geringer. Trotzdem kann im Einzelfall die „medizinische Seite" auch bei diesen Fragestellungen wesentliche Inhalte zur Beurteilung der Fahreignung beisteuern.

6. **Psychologisches Gespräch (Exploration)**
Während der Schwerpunkt der medizinischen Untersuchung im Bereich des körperlichen Zustandes liegt, geht es im psychologischen Gespräch um die Hintergründe und die Prognose des Problemverhaltens. Unter Problemverhalten werden hier Verhaltensweisen verstanden, die Anlass zur MPU gegeben haben. Von Interesse sind in der MPU in der Regel die Genese des Problemverhaltens und der Ablauf der aktenkundigen Delikte. Darüber hinaus ist zu explorieren, ob die problematischen Verhaltensweisen vom Kunden als solche erkannt worden sind und welche Maßnahmen inzwischen ergriffen oder welche Vorsätze zur Verhaltenssteuerung gefestigt worden sind, um ein vergleichbares Geschehen in Zukunft zu vermeiden.

Schließlich hat der Psychologe auch zu beurteilen, ob die gefassten Vorsätze bzw. erzielten Verhaltensänderungen als zweckdienlich und stabil anzusehen sind.

Explorationsstrategien und -techniken für den psychologischen Gutachter werden in späteren Kapiteln ausführlich dargestellt.

7. **Ergänzende Untersuchungsschritte (bei Bedarf)**
   Hierzu gehören z. B. ergänzende psychologische Tests zur Abklärung spezieller Fragestellungen, Durchführung einer psychologischen Fahrerverhaltensbeobachtung, eventuell erforderliche Nachgespräche, Anforderung von (externen) Befunden.

1.3 Rechtliche Rahmenbedingungen

An dieser Stelle werden die rechtlichen Rahmenbedingungen der MPU im Überblick dargestellt. Die Darstellung kann keinesfalls vollständig sein, dazu steht an dieser Stelle nicht genug Raum zur Verfügung, und die Intention dieses Buches ist eine andere. Für detailliertere Darstellungen sei auf weiterführende Literatur, insbesondere auf die „Begutachtungsleitlinien zur Kraftfahrereignung“ (Schriftenreihe der BASt, Heft 115) und den dazugehörigen Kommentar (Schubert et al.; 2003, 2005), sowie die originalen Gesetzestexte verwiesen, von denen die wesentlichen im Folgenden benannt werden.

Übersicht über die gesetzlichen Grundlagen

Für die Frage der Belassung der Fahrerlaubnis oder des Wieder-/Ersterwerbs ist die Feststellung der Eignung oder Nichteignung eines Kraftfahrers zentral.

Eine Verurteilung wegen Straftatbeständen im Zusammenhang mit dem Straßenverkehr (§ 69, § 69a, § 142, § 315c, § 316, § 323 StGB) stellt in der Regel die Nichteignung zum Führen von Kraftfahrzeugen fest und führt zum Entzug der Fahrerlaubnis durch Gerichtsurteil. Sowohl im Straßenverkehrsgesetz (StVG) als auch in der Fahrerlaubnisverordnung (FeV) werden sehr umfänglich die Fälle geregelt, die im Dienst der allgemeinen Verkehrssicherheit nicht geeignete Fahrer von der Teilnahme am öffentlichen Straßenverkehr ausschließen. Dies betrifft sowohl die Teilnahme am motorisierten Verkehr als auch das Führen von Fahrzeugen allgemein. Des Weiteren werden dort die Maßnahmen beschrieben, um nicht mehr geeigneten, noch nicht geeigneten oder bedingt geeigneten Kraftfahrern die aktive Teilnahme am öffentlichen Straßenverkehr wieder zu ermöglichen.

Grundlage bilden zunächst § 2 Abs. 2 Satz 1 Nr. 3 StVG sowie § 2 Abs. 8 StVG zu dem Bereich Fahrerlaubnis und Führerschein, die besagen, dass die Erteilung einer Fahrerlaubnis Fahreignung voraussetzt und dass die Fahrerlaubnisbehörde bei Bekanntwerden von Tatsachen, die gegen die Eignung oder Befähigung des Verkehrsteilnehmers sprechen, Maßnahmen wie Begutachtung oder Prüfung anordnen kann. Gemäß § 2a Abs. 2 Satz 4 und 5 (Fahrerlaubnis auf Probe) kann die Behörde auch bei wiederholten Zuwiderhandlungen in der Probezeit eine Begutachtung fordern.

Geeignet zum Führen von Kraftfahrzeugen ist derjenige, der die notwendigen körperlichen und geistigen Anforderungen erfüllt und der nicht erheblich oder wiederholt gegen verkehrsrechtliche Vorschriften bzw. gegen Strafgesetze verstoßen hat. Liegen Tauglichkeitsmängel vor (körperlich-geistige Mängel), so kann die Fahrerlaubnis mit Beschränkungen oder unter Auflagen erteilt werden (vgl. § 2 Abs. 4 Satz Nr. 1 StVG). Die Befähigung zur Teilnahme am Straßenverkehr wird mit dem ordnungsgemäßen Bestehen der theoretischen und praktischen Fahrprüfung nachgewiesen.

§ 3 StVG regelt schließlich die behördliche Entziehung der Fahrerlaubnis, sofern sich – durch Tatsachen oder im Ergebnis einer Begutachtung – die Ungeeignetheit bzw. Unfähigkeit eines Verkehrsteilnehmers erwiesen hat.

Die Fahrerlaubnisverordnung (FeV) enthält detaillierte Regelungen zur Zulassung von Personen zum Straßenverkehr. Die Anlässe zur Anordnung einer MPU sind in § 11, Abs. 3 sowie §§ 13 und 14 in Verbindung mit den Anlagen 4 und 5 zur FeV aufgeführt. Die aktive Mitwirkung des Betroffenen ist zur Erstellung eines medizinisch-psychologischen Fahreignungsgutachtens erforderlich. Geht der Betroffene gegen die Anordnung vor und lässt die MPU nicht durchführen oder legt er ein Gutachten nicht fristgerecht vor, darf die Fahrerlaubnisbehörde auf Nichteignung schließen.

In jedem Fall trifft die Fahrerlaubnisbehörde nach Vorlage eines von ihr angeordneten Gutachtens selbstständig die Entscheidung in der Fahrerlaubnisangelegenheit. Im Gutachten ist die Beantwortung der behördlichen Fragestellung mit der Erwartung weiterer Auffälligkeiten enthalten sowie die Feststellung der aktuellen körperlich-geistigen Leistungsfähigkeit. Ein Gutachten kann mit Empfehlungen von Maßnahmen zur

Wiederherstellung der Fahreignung nach § 70 FeV oder Vorschlägen für Beschränkungen und Auflagen enden.

Ein Betroffener, der ein medizinisch-psychologisches Gutachten vorzulegen hat, geht mit dem Träger der ausgewählten BfF einen Werkvertrag ein. Näheres regeln die allgemeinen Geschäftsbedingungen des Vertragspartners.

Grundlegend ist in diesem Zusammenhang, dass ein Kunde keinen Einfluss auf die Wahl des Gutachters haben darf. Er kann einen Gutachter allerdings bei begründet bestehendem Verdacht der Befangenheit ablehnen (z. B. Gutachter lebt in der Nachbarschaft, ist von früher persönlich bekannt, bestehende verwandtschaftliche Beziehungen etc.). Auch ein Gutachter kann einen Kunden ablehnen, wenn er aus nachvollziehbaren Gründen der Ansicht ist, die Fahreignung des Kunden nicht aus neutraler gutachterlicher Sicht beurteilen zu können. Er muss dies sogar tun, wenn er den Kunden in der Vergangenheit therapeutisch behandelt oder auf die MPU vorbereitet hat. Schubert et. al (2005, S. 27 f.) schreiben in diesem Zusammenhang: *„Dieselben Gründe, die einen Zeugen berechtigen, das Zeugnis zu verweigern (siehe hierzu u. a. §§ 52 bis 53a StPO), berechtigen einen Sachverständigen zur Verweigerung des Gutachtens.“*

Spezielle Vorgaben zum Aufbau eines Gutachtens und die zu beachtenden Fristen zur Gutachtenerstellung sind in den Anforderungen der BASt an die Träger von Begutachtungsstellen formuliert (vgl. hierzu auch Kapitel 6). Der Gutachter hat sich an die von der Fahrerlaubnisbehörde vorgegebene Fragestellung zu halten und wertet in dieser Hinsicht die ihm überlassenen Unterlagen (Behördenakten) aus. Ein entsprechend der Fragestellung angelegter Untersuchungsplan sichert am Untersuchungstag die wesentlichen medizinischen und psychologischen Befunde. Bei der Erstellung des Gutachtens hat sich der Gutachter an die fachlichen Standards zu halten, er unterliegt jedoch keiner Weisung im Einzelfall. Das Ergebnis eines Gutachtens muss also aus dem Gutachten heraus nachvollziehbar sein, kann (und darf) jedoch nicht von anderen Personen (Vorgesetzten, Geschäftsleitung) beeinflusst werden.

Befunderhebungen oder Schlussfolgerungen, die über die behördliche Fragestellung hinausgehen, sind nicht zulässig. Zur Fundierung von Gutachten auf wissenschaftlicher Basis können die allgemein anerkannten Begutachtungsleitlinien zur Kraftfahrereignung (ständige

Aktualisierung!) und die Beurteilungskriterien, die aus ehemaligen internen Beurteilungsverfahren des VdTÜV hervorgegangen sind, herangezogen werden, wobei aktuelle Gesetzesänderungen und Erlasse, die dort noch nicht berücksichtigt wurden, in jedem Fall umzusetzen sind.

Die gutachterliche Tätigkeit unterliegt einer strengen Schweigepflicht. Personen- und gesundheitsbezogene Informationen sind sensible Daten, die nicht nach außen getragen werden dürfen. Der Verwendungszweck der Befunderhebung im medizinisch-psychologischen Gutachten ist auch aus diesem Grund streng festgelegt. Die ausnahmslose Verschwiegenheit über personenbezogene Daten, Ergebnisse von Untersuchungen etc. gilt auch gegenüber Familienangehörigen des Klienten, seinem Rechtsbeistand oder anderen Interessensgruppen, etwa seinem Arbeitgeber. Alleiniger Ansprechpartner für jeglichen Schriftwechsel, auch für die Übersendung des Gutachtens, bleibt der Klient. Ausnahmen sind nur möglich, wenn eine detaillierte Schweigepflichtsentbindung erteilt wird, die mindestens die Themen und den Umfang der Informationen, die Aufzählung der Inhalte und die namentliche Bestimmung der Gesprächspartner enthalten muss. In jedem Fall muss bei einer Kontaktaufnahme zum Zweck der Datenerhebung oder -weitergabe eine sichere Identifikation des Gegenübers erfolgen.

Die rechtliche Stellung des Gutachters

Der Gutachter erstellt das Gutachten für den Auftraggeber. Dies ist in aller Regel die zu begutachtende Person. Diese ist somit Vertragspartner und Kostenschuldner der begutachtenden Stelle. Nur dem Auftraggeber ist das Gutachten auszuhändigen, es sei denn, es liegt eine ausdrückliche Erklärung des Kunden vor, in der eine Überlassung des Gutachtens an einen anderen (dritten) Empfänger zugelassen wird. Das kann z.B. ein mit der Verfolgung des Falls beauftragter Rechtsanwalt sein. Wird ein erstelltes Gutachten einem Dritten überlassen, obwohl keine Erklärung des Kunden vorliegt, ist dies ein Verstoß gegen § 203 StGB (Schweigepflicht): Der Gutachter (oder im gegebenen Fall ein anderer Mitarbeiter des Trägers) macht sich in diesem Fall strafbar.

Der Gutachter hat sich stets der Tatsache bewusst zu sein, dass er nicht die entscheidende Instanz ist, die über Erteilung bzw. Nichterteilung/Entzug einer Fahrerlaubnis zu entscheiden hat. Dies obliegt vielmehr den Verwaltungsbehörden und den Gerichten.

Diesen Institutionen obliegt es auch, eine im Gutachten unter Umständen gegebene Empfehlung zur Teilnahme an einem Nachschulungskurs nach § 70 FeV zu akzeptieren oder die Teilnahme – trotz einer ausgesprochenen Empfehlung – zu verweigern.

Der Gutachter hat gegenüber diesen Institutionen (Verwaltungsbehörden und Gerichte) jedoch die Funktion eines Beraters. Dabei bleibt es unbestritten, dass je nach Sachlage nur der begutachtende Arzt oder der begutachtende Psychologe (bei der überwiegenden Zahl der behördlichen Fragestellungen interdisziplinär) die Kompetenz hat, eine Krankheit oder einen Eignungsmangel festzustellen und sich im Hinblick auf die Auswirkungen auf die Teilnahme des Betroffenen am motorisierten Straßenverkehr zu äußern (vgl. Schubert et. al. 2005, S. 28).

Das angefertigte Gutachten stellt für die Rechtsinstanz ein Hilfsmittel für begründete Aussagen und Maßnahmen hinsichtlich der Fahrerlaubnis eines Kunden dar. Die Beurteilung der Sachlage durch den Gutachter muss daher

- klar
- folgerichtig
- widerspruchsfrei
- verständlich

sein. Darüber hinaus soll das Gutachten aufzeigen, welche Gefahren von den zu beurteilenden Sachverhalten ausgehen, wenn der Kunde die gestellten (Mindest-)Anforderungen oder (Mindest-)Voraussetzungen nicht erfüllt.

Weiter ist es notwendig, dass ein Gutachten nachprüfbar, d. h. auf wissenschaftlichen Grundlagen beruhend und nachvollziehbar zu gestalten ist. Wesentliche wissenschaftliche Quellen sind daher im Gutachten zu benennen. Allerdings ist dies nicht in dem Ausmaß notwendig, wie es von einer wissenschaftlichen Arbeit erwartet wird (vgl. hierzu auch Kapitel 6).

Ein Gutachten muss individuell auf den Kunden bezogen sein. Es sind daher die Sachverhalte zu erheben, die für seine individuelle Verkehrsprognose von wesentlicher Bedeutung sind. Es ist aber die Entscheidung des Betroffenen selbst, inwieweit er sich gegenüber dem Gutachter offenbart. Soweit er Sachverhalte bewusst oder wegen einer Erinnerungssperre verschweigt oder Sachverhalte schildert, die nicht zutreffen, liegt dies in seiner Verantwortung. Der Gutachter hat den Kunden zwar auf Schlussfolgerungen, die sich aus diesem Verhalten ergeben, hinzuweisen, es kann einem Gutachter jedoch nicht zugemutet werden, fehlende Kooperation des Klienten durch immer neue Versuche, realistische, eignungsrelevante Befunde zu erheben, zu kompensieren. Nach einem deutlichen Hinweis auf die Folgen seines Verhaltens muss der Klient selbst entscheiden, wie weit er zu einer realistischen Darstellung seines Falls gelangen will.

Bei der Erstellung des Gutachtens selbst sind durch den Gutachter Begriffe wie „geeignet“ oder „ungeeignet“ in den Kernaussagen des Gutachtens aus den dargelegten Gründen unbedingt zu vermeiden.

Beispiel: So nicht!

Die behördlichen Eignungsbedenken konnten im Rahmen dieser Begutachtung ausgeräumt werden, Herrn … ist daher geeignet, Kraftfahrzeuge im öffentlichen Straßenverkehr zu führen.

Sondern z. B. so:

Herr … verfügt über eine ausreichende Leistungsfähigkeit im psychisch-funktionalen Bereich, die Mindestanforderungen zum Führen von Fahrzeugen der Gruppe II werden erfüllt.

Es ergaben sich im Verlauf der Begutachtung keine Hinweise darauf, dass Herr … erneut unter Alkoholeinfluss am motorisierten Straßenverkehr teilnehmen wird.

Beispiel Kursempfehlung:

Herr … verfügt über eine ausreichende Leistungsfähigkeit im psychisch-funktionalen Bereich. Die Mindestanforderungen zum Führen von Fahrzeugen der Gruppe II werden erfüllt.

Es ergaben sich im Begutachtungsprozess noch Hinweise auf eine erhöhte Wahrscheinlichkeit erneuter Auffälligkeiten unter Alkoholeinfluss. Diese Eignungsbedenken sind jedoch nicht so schwerwiegend, als dass sie nicht durch Teilnahme an einem amtlich anerkannten Rehabilitationskurs nach § 70 FeV auszuräumen wären. Wir empfehlen daher, Herrn … auf diese bestehende Möglichkeit hinzuweisen.

Es ist unbedingt notwendig, dass ein Gutachter **alle** von der Behörde gestellten Fragen beantwortet und nicht nur einen Teil davon. Dies kann (handwerklich) relativ leicht sichergestellt werden, indem die Frage der

Behörde zur Formulierung der Antwort genutzt wird (was bei den oben aufgeführten Beispielen so nicht gehandhabt wurde).

Beispiel behördliche Fragestellung:

Kann Herr/Frau … trotz der Hinweise auf gelegentlichen Cannabiskonsum sowie der bekannten Verkehrsteilnahme unter Cannabiseinfluss ein Kraftfahrzeug der Gruppe 1/2 (FE-Klasse …) sicher führen? Ist insbesondere nicht zu erwarten, dass er/sie auch zukünftig ein Kraftfahrzeug unter Einfluss von Betäubungsmitteln oder deren Nachwirkungen führen wird (Fähigkeit zum Trennen von Konsum und Verkehrsteilnahme)?

Aus der Frage heraus formulierte Antwort im Gutachten:

Herr … erfüllt – mit hoher Wahrscheinlichkeit aufgrund des gelegentlichen Cannabiskonsums – nicht die Voraussetzungen, um ein Kraftfahrzeug der Gruppen 1 + 2 sicher zu führen. Es ergaben sich erhebliche Minderleistungen im psychisch-funktionalen Bereich.

Es ist darüber hinaus nicht mit der erforderlichen Sicherheit auszuschließen, dass er auch zukünftig ein Kraftfahrzeug unter Einfluss von Betäubungsmitteln oder deren Nachwirkungen führen wird. Die Fähigkeit zur Trennung von (Cannabis-)Konsum und Verkehrsteilnahme ist gegenwärtig nicht gegeben.

Bei der Begutachtung sind auch eventuell vorhandene behördliche Ergänzungen der Fragestellung zu beachten und in die Beantwortung mit aufzunehmen.

2 Methoden in der MPU

In diesem Kapitel werden wesentliche Untersuchungsmethoden in der MPU im Überblick dargestellt. Ausgenommen ist das Explorationsgespräch als wesentliche psychologische Methode, das den Schwerpunkt in allen folgenden Kapiteln darstellt.

2.1 Medizinische Methoden

Die medizinischen Methoden werden in diesem Handbuch – welches sich in erster Linie an psychologische Gutachter wendet – nur überblicksartig dargestellt, um bestehende medizinische Untersuchungsmöglichkeiten, insbesondere der Labormedizin, aber auch deren Grenzen aufzuzeigen. Die Ausführungen sind der aktuellen einschlägigen Literatur entnommen. Dies schließt aber nicht aus, dass die Befunde im Einzelfall anders zu interpretieren sind. Dies kann jedoch nur der in die Untersuchung involvierte medizinische Sachverständige beurteilen und entscheiden. Darüber hinaus ist zu berücksichtigen, dass künftige Forschungsergebnisse unter Umständen eine andere, veränderte Interpretation nahelegen oder den Anwendungsbereich der beschriebenen Verfahren einengen oder erweitern.

2.1.1 Untersuchungsanlass Alkohol

Die folgenden Ausführungen für den Bereich „Alkohol“ basieren weitgehend auf den von Rösler und Frey auf dem Verkehrsgerichtstag in Goslar 2003 gehaltenen Vortrag mit dem Titel „Der Beitrag medizinischer Untersuchungen bei der Beurteilung alkoholauffälliger Kraftfahrer – medizinische Marker bei Alkoholabhängigkeit und Alkoholgebrauch“.

Alkoholmarker

Bei den Alkoholmarkern lassen sich sogenannte Assoziationsmarker, Statemarker und Traitmarker unterscheiden.

- **Assoziationsmarker:**
  Assoziationsmarker des Alkoholismus sind eine Reihe genetischer und serologischer Merkmale wie z. B. einzelne Blutgruppen, HLA-Antigene, aber auch Farbenblindheit. Diese Merkmale werden bei Alkoholkranken sehr viel häufiger als bei Gesunden beobachtet. Die Assoziationsmarker sind derzeit zur Diagnosestellung eines Alkoholproblems aufgrund ihrer niederen Sensitivität und Spezifität nicht geeignet.

- **Statemarker:**
  Statemarker sind im hier zu behandelnden Kontext von größerem Interesse. Es handelt sich dabei um zustands- beziehungsweise zeitabhängige biochemische Variablen, die während der akuten Erkrankung, nicht aber vor oder nach ihrem Abklingen nachweisbar sind. Es handelt sich um unspezifische Indikatoren für eine erhöhte Alkoholaufnahme über einen gewissen Zeitraum. Die Statemarker haben, wie in Tabelle 2.1-1 angeführt, unterschiedlich lange Nachweisfenster und lassen sich diesbezüglich in „kurze“ und „lange“ Marker einteilen.

Tab. 2.1-1: Nachweisdauer verschiedener Statemarker.

Marker	kurz	mittel	lang	Zeitfenster
Blutalkohol (BAK)	x			Abbau von 0,1–0,2 Promille pro Stunde
5-Hydoxytryptophol (5HTOL)	x			5–15 Stunden länger im Urin als Ethanol
Ethylglucuronid (EtG)		X		Bis zu 80 Stunden länger als Ethanol
Phosphatidylethanol		X		Halbwertzeit 2–3 Tage
Gamma-Glutamyl-Transferase (GGT)			X	2–3 Wochen, längstens 60 Tage
Carbohydrate-Deficient Transferrin (CDT)			X	Eliminations-Halbwertszeit 15 Tage
Mittleres korpuskuläres Erythrocytenvolumen (MCV)			X	Ca. 2–3 Monate

- **Blutalkoholkonzentration (BAK)**
Sie ist der empfindsamste der Laborparameter der akuten Alkoholintoxikation. Im Kontext mit dem klinischen Beeinträchtigungsgrad, (verwaschene Sprache, Gangstörung, Koordinationsstörung, kognitive Defizite und Psychopathologie) erlaubt die BAK auch Rückschlüsse auf eine eventuell vorliegende Alkoholgewöhnung, wenn beispielsweise bei einem Alkoholspiegel von zwei Promille nur eine geringfügige Verhaltensbeeinträchtigung festgestellt werden kann. Ohne weitere Kontextinformationen hat allein die BAK in Bezug auf das Trinkverhalten wenig Aussagekraft.

- **5-Hydoxytryptophol (5HTOL)**
Dieses Stoffwechselprodukt entsteht während der akuten Alkoholintoxikation. 5HTOL ist nach der Eliminierung von Ethanol noch für fünf bis 15 Stunden im Urin nachweisbar. Wie beim EtG erlaubt diese Methode keine sicheren Rückschlüsse auf die Trinkgewohnheiten, sondern zeigt lediglich an, dass zeitnah Alkohol konsumiert wurde. Dies wäre aber unter Umständen zum Nachweis einer abstinenten Lebensführung im Rahmen eines Überwachungsprogramms einsetzbar und interpretierbar.

- **Etylglucuronid (EtG)**
Ihm wird eine den etablierten Markern vergleichbare Spezifität nachgesagt. EtG kann bis zu 80 Stunden länger als Methanol in den Körperflüssigkeiten nachgewiesen werden und ist deshalb in der Lage, eine forensisch relevante Lücke zwischen den kurzen (Ethanol/Methanol) und den langen Markern (CDT, MCV, GGT) zu schließen. Über die Trinkgewohnheiten erlaubt EtG als Ethanolmetabolit keine sicheren Rückschlüsse, da es bisher keine abgesicherten Befunde zu dieser Frage gibt (Vortrag von H. W. Schultis [Labor Synlab-Weiden] auf dem Erfahrungsaustausch der BASt am 18.06.2009).

- **Phosphatidylethanol**
Es handelt sich um ein pathologisches Phospholipid, welches nur in Verbindung mit Alkoholexposition entsteht. Nach einer isolierten Alkoholexposition ist es nicht erhöht. Die Halbwertszeit wird mit zwei

bis drei Tagen angegeben. Die breite klinische Anwendung ist bislang nicht etabliert.

- **Gamma-Glutamyl-Transferase (GGT)**
  Dieser Wert steigt nicht nach einmaliger, sondern nur bei andauernder Alkoholexposition an, ab ca. zwei Wochen, hervorgerufen durch Enzyminduktion. Unter Abstinenz normalisiert er sich innerhalb von zwei bis drei Wochen, längstens aber nach 60 Tagen. Er steigt bei Lebererkrankungen unterschiedlicher Ätiologie, toxisch oder auch kreislaufbedingt, ferner bei einem Aufstau der Gallenflüssigkeit oder bei Entzündungen der Bauchspeicheldrüse an, wobei letztere Erkrankung wiederum sehr häufig auf einem erhöhten Alkoholkonsum beruht. Die Spezifität liegt deshalb bei maximal 80%. Liegen weitere Anhaltspunkte für einen chronisch erhöhten Alkoholkonsum vor, ist GGT ein durchaus brauchbarer Marker.

- **Carbohydrate-Deficient Transferrin (CDT)**
  Bei dem CDT handelt es sich um ein Protein, das für den Transport von Eisen durch die Zellmembran zuständig ist und das unter anhaltender Alkoholexposition einen reduzierten Gehalt an Carbohydratgruppen aufweist, woher es seinen Namen hat. Die Spezifität und Sensitivität wurden wiederholt mit über 90% angegeben. In der Regel führt ein täglicher Alkoholkonsum bei Männern ab ca. 60 Gramm im Zeitraum von mindestens drei, bei Frauen ab ca. 50 Gramm über zwei Wochen zu einer CDT-Erhöhung. Die Eliminationshalbwertszeit liegt bei ca. 15 Tagen.

- **Mittleres korpuskuläres Erythrocytenvolumen (MCV)**
  Das MCV steigt vermutlich durch alkoholtypische Knochenmarksschädigung in charakteristischer Weise auf Werte über 100 fl (Normbereich i. d. R. 80–99 fl) an. Es normalisiert sich erst ca. zwei bis drei Monate nach Eintreten der Abstinenz und ist resistent gegen kurzzeitige Alkoholkarenz. Isoliert betrachtet ist es mit ca. 50-prozentiger Sensitivität und ähnlicher Spezifität nicht genügend aussagekräftig. Falschpositive Ergebnisse können zum Beispiel durch Leberschädigungen aller Art, Vitamin-B-12- oder Folsäuremangel entstehen, wobei zu bedenken ist, dass genau diese körperlichen Folgeschäden sehr wohl auch auf Alkoholmissbrauch zurückführbar sein können.

- **Begleitstoffanalyse**
  Durch die Analyse der Begleitstoffe (Methanol, Propanole, Butanole) im Blut kann eine Getränkedifferenzierung durchgeführt werden. Wodka beispielsweise enthält kaum, Brandy fast alle Begleitstoffe. Forensisch relevant ist dies z. B. bei der Nachtrunkproblematik. Allerdings kann auch der Verzehr großer Obstmengen (z. B. elf Bananen) zu relevanten Methanolspiegeln führen. Für die Untersuchungen bei einer MPU kommen Begleitstoffanalysen praktisch nicht in Betracht.

- **Traitmarker**
  Traitmarker sind vererbbare Indikatoren für die Disposition zum Alkoholismus und zeitunabhängig variante Merkmale, die während des ganzen Lebens vorhanden sind. Sie treten in der Gesamtbevölkerung im Allgemeinen seltener auf als bei Verwandten ersten Grades eines Betroffenen. In Familien, die von der Krankheit betroffen sind, werden diese Traitmarker zusammen mit der Krankheit gekoppelt vererbt.

- **Monoaminoxidase (MAO)**
  Eine Aktivitätssenkung der MAO, welche für den Abbau neuronaler Überträgersubstanzen verantwortlich ist, wurde bei Alkoholabhängigen als Vulnerabilitätsparameter beschrieben. Die in den Thrombozyten vorkommende B-Form der MAO soll auch ein Statemarker sein.

- **Adenylatcyclase (AC)**
  Der im Vergleich zu Kontrollpersonen geringere Aktivitätsanstieg der AC in den Thrombozyten und Lymphozyten bei Alkoholabhängigen nach gezielter Stimulierung gilt als einer der zuverlässigsten Traitmarker. Diese veränderte Eigenschaft des Thrombozytenenzyms war bei Alkoholabhängigen noch nach mehrjähriger Abstinenz (ein bis vier Jahre) nachweisbar.

Alkoholfolgeerkrankungen

Experten vertreten die Meinung, dass bei ca. 90% der Patienten mit chronischem Alkoholmissbrauch oder Alkoholabhängigkeit allein durch sorgfältig erhobene Anamnese und gründliche körperliche Untersuchung die entsprechende Verdachtsdiagnose gestellt werden kann. Dazu bedarf es einer ausreichend großen Erfahrung in der Behandlung alkoholabhängiger Patienten sowie ausreichender Kenntnisse der alkoholbedingten Funktionsstörungen und Erkrankungen.

- **Somatische Folgekrankheiten**
  - Entzündungen der Mundschleimhaut und des Zahnfleisches
  - Karies
  - Schwellungen der Ohrspeicheldrüse
  - Entzündungen der Speiseröhre, dort auch gefährliche Blutungen durch Krampfadern
  - Magenschleimhautentzündungen
  - Resorptionsstörungen
  - bakterielle Fehlbesiedlung des Dünndarms

Weitere Folgekrankheiten können sein: die bekannte Fettleber (ca. 35%), akute Leberentzündungen (Alkoholhepatitis), fibröser oder schließlich zirrhotischer Umbau der Leber (zehn bis 20 Prozent) mit Störung in der Syntheseleistung und dadurch Blutgerinnungsstörungen, Ausbildung sogenannter Leberhautzeichen (Spider naevi, Palmarerythem, Dupuytrenkontraktur, Lacklippen, Bauchhautglatze, Caput medusae). Weitere typische Zeichen sind Teleangiektasien, akute oder chronische Pankreasentzündungen mit charakteristischem gürtelförmigen Bauchschmerz, letale Gefahr durch Autolyse.

Neben den Störungen des Fett-, Zucker- und Harnstoffwechsels (Diabetes, Gicht) sind auch Störungen des Hormonstoffwechsels – beispielsweise Feminisierung bei Männern bis hin zur Impotenz – auffällig und zu berücksichtigen.

Herzmuskelerkrankungen, Herzrhythmusstörungen, Störungen der Blutbildung, Neigung zu Infektionskrankheiten mit dann protrahiertem Verlauf sind immer wieder zu finden.

In Bezug auf das Nervensystem ist auf epileptische Anfälle (30%), Hirnatrophie mit Störungen im Bereich der Kognition und des Verhaltens zu achten. Bei Kleinhirnatrophie findet man Gang-, Sprach- und Koordinationsstörungen. Weitere mit Alkoholmissbrauch und -abhängigkeit im Zusammenhang stehende Leiden sind Apoplex, Polyneuropathie (20%) mit Parästhesien, motorischer Schwäche und Muskelkrämpfen.

Die alkoholtoxische Wirkung erhöht die Wahrscheinlichkeit von Muskel- und Knochenstörungen mit erhöhter Fraktionsgefahr und führt zu einem erhöhten Krebsrisiko, insbesondere Mundhöhlen-, Speiseröhren-, Leber- und Enddarmkrebs.

Frauen haben ein vergleichsweise höheres Risiko, eine Alkoholfolgeerkrankung zu entwickeln. Findet der erhöhte Alkoholkonsum auch während der Schwangerschaft statt, ist mit vielfältigen negativen Folgen für das ungeborene Kind zu rechnen.

Tab. 2.1-2: Organbezogene Beispiele von Alkoholfolgeerkrankungen.

Gastrointestinaltrakt:	Entzündungen, Resorptionsstörungen
Leber:	Fettleber, Alkoholhepatitis, Zirrhose
Pankreas:	akute, chronische Entzündung
Stoffwechsel:	Fett-, Zucker-, Harnstoff-, endokrine Stoffwechselstörung
Herz-Kreislauf-System:	Herzmuskelerkrankungen, Bluthochdruck
Nervensystem:	Schlaganfall, Polyneuropathie
Knochenmark:	Blutbildungsstörungen
Haut:	Teleangiektasien, Leberhautzeichen wie Spider naevi, Palmarerythem, Dupuytren'sche Kontraktur etc.

- **Psychopathologie**
  An psychischen Folgen sind zu unterschieden die akute Entzugssymptomatik mit starker psychomotorischer Unruhe, Angst, manchmal auch gehobener Stimmung (Schubert et al. 2009) und die langfristigen Folgen. Sollte sich das lebensbedrohliche Delir (20% letaler Verlauf) als höchste Stufe des Alkoholentzugs einstellen, kommen Bewusstseinsstörungen, Desorientierung, Halluzinationen, Schwitzen, Pulsbeschleunigung, Zittern der Hände, Fieber sowie häufig epileptische Anfälle hinzu.

  Unabhängig vom Alkoholentzug kann eine Alkoholhalluzinose auftreten, welche monatelang andauern kann. Es kommt zu Halluzinationen, verbunden mit starken Angstgefühlen bis hin zur Panikstimmung und resultierenden Selbstmordabsichten. Im Gegensatz zum Delir fehlen Störungen des Bewusstseins oder des Vegetativums.

Als psychische Hinweise auf Alkoholmissbrauch gelten auch ausgeprägte innere Unruhe, Schlafstörungen sowie Stimmungslabilität.

Nach jahrelangem Alkoholmissbrauch oder -abhängigkeit kann es im Rahmen hirnatrophischer Veränderungen zu Störungen der Wahrnehmungsfähigkeit, der Aufmerksamkeit, der Konzentrationsfähigkeit und des Gedächtnisses kommen. Darüber hinaus finden Persönlichkeitsänderungen statt, z. B. mit Kritiklosigkeit und distanzgemindertem Verhalten. Aus den psychischen Veränderungen resultiert eine zunehmende soziale Isolation, die ihrerseits wieder fortgesetzten Alkoholkonsum begünstigt.

2.1.2 Medizinische Methoden bei der Begutachtung von Drogen-/Medikamentenmissbrauch

Schubert und Mattern (2009, S. 156) schreiben: „*Die chemisch-toxikologische Analyse ist ein zentrales Hilfsmittel im Rahmen der Begutachtung von Personen, die durch Alkohol-, Drogen- oder Medikamentenmissbrauch aufgefallen sind.*“

Mit der zweiten Auflage der Beurteilungskriterien haben chemisch-toxikologische Analysen zum Abstinenznachweis in der Fahreignungsbegutachtung noch erheblich an Gewicht gewonnen. Beigetragen haben hierzu verfeinerte Analyseverfahren, die es erlaubt haben, die Cut-off-Werte deutlich zu senken, womit der Nachweis auch geringerer Drogenmengen (und ihrer Abbauprodukte) verbessert werden konnte. Tabelle 2.1-3 gibt einen Überblick über die früher geltenden und die aktuellen Cut-off-Werte, wobei anzumerken ist, dass die für den Zeitraum bis zum 01. Juli 2009 benannten Werte nicht verbindlich waren und von einigen Trägern abgewandelt, i. d. R. erhöht wurden.

Tab. 2.1-3: Frühere und aktuelle (nach Schubert et al. 2009) Cut-off-Werte für chromatografische, identifizierende Verfahren in Urin und Haaren bei illegalem Substanzkonsum.

	im Urin (ng/ml)		im Haar (ng/mg)	
Substanzgruppe	aktuell	bis 01.07.2009	aktuell	bis 01.07.2009
Cannabinoide	10	20	0,02	0,10
Opiate	25	200	0,10	0,20

Kokain	30	30	0,10	0,20
Amphetamine	50	300	0,10	0,20
Methadon	50	100	0,10	- -
Benzodiazepine	50	100	0,05	- -
Buprenorphin	3.0	- -	- -	- -
Tilidin/Tramadol	250 (?)	- -	- -	- -

Dass diese Werte inzwischen für alle Träger verbindlich vorgegeben sind und die Analysen – sollen sie im Rahmen der MPU anerkannt werden – ausschließlich in Laboren durchzuführen sind, die nach DIN ISO EN 17025 für forensische Zwecke nach den Standards der GTFCh akkreditiert sind, sorgt für einen sehr hohen fachlichen Standard und eine einheitliche Interpretation der Untersuchungsergebnisse durch alle Träger. Dies hat zu einer hohen Wertigkeit von Laborergebnissen in der MPU geführt, und zunehmend werden MPU-Gutachten, in denen trotz unauffälliger Ergebnisse von Laboranalysen die behördlichen Eignungsbedenken nicht ausgeräumt werden konnten, von juristischer Seite in Frage gestellt. Die Argumentation lautet in der Regel (sinngemäß): Der Kunde habe durch Vorlage der Laborwerte und angesichts der unauffälligen Werte vom Untersuchungstag seine abstinente Lebensführung ja bewiesen. Diese Argumentation greift jedoch angesichts der vielfältigen Faktoren, die menschliches Verhalten determinieren, deutlich zu kurz. Gerade im Bereich der noch nicht voll entwickelten Abhängigkeit sind Betroffene oft in der Lage, aufgrund externer Faktoren (laufendes Programm zum Abstinenznachweis, bevorstehende MPU) ihr Verhalten über einen definierten Zeitraum zu kontrollieren und auf den Konsum zu verzichten. Tatsächlich kann in solchen Fällen jedoch nicht davon ausgegangen werden, dass die Abstinenz auch nach Wegfall der externen Faktoren aufrechterhalten wird, da die Verhaltensänderung subjektiv durch den Kunden von vornherein nur für einen begrenzten Zeitraum angelegt war.

Ebenso unberücksichtigt bleibt bei der Interpretation der qualitativ zweifellos hervorragenden Laborbefunde die Qualität der entnommenen Proben. Zunehmend werden Proben nicht nur von BfF-Trägern entnommen und zur Analyse an entsprechend akkreditierte Labore eingesandt, sondern ebenso von MPU-vorbereitenden Institutionen, von denen nicht alle den besten Ruf genießen. Die Identität einer Probe kann daher bei vielen MPU nur geglaubt werden (Prinzip Hoffnung). Nur selten kann ein Betrug so leicht nachgewiesen werden wie im Falle eines stadtbekannten Glatzenträgers, der seinen Antrag auf Wiedererteilung der Fahrerlaubnis (mit Glatze) bei der Behörde gestellt hat, mit Glatze nach ca. acht Wochen bei der MPU erschien, hier aber die Ergebnisse einer angeblich zwischenzeitlich durchgeführten Kopfhaaranalyse von sechs Zentimetern Länge vorlegte.

Ebenso sollten diverse Methoden zur Manipulation von Untersuchungsergebnissen nicht außer Acht gelassen werden. Zwar sind nicht alle bekannten Methoden geeignet, um im Sinne des Klienten unauffällige Ergebnisse zu erzielen, einige haben sogar eher den gegenteiligen Effekt, ein Teil dieser Manipulationsmöglichkeiten erweist sich jedoch als außerordentlich wirksam und gibt somit ausreichend Anlass, auch die scheinbar „objektiven" medizinischen Befunde im Rahmen der Begutachtung sehr kritisch zu betrachten.

Im Verlauf der MPU sind am Untersuchungstag gewonnene Proben auf Rückstände von legalen wie illegalen Rauschmitteln und/oder psychoaktiven Stoffen zu prüfen. Die Prüfung hat nach den vorgegebenen Standards – i. d. R. festgelegt durch das QMH des jeweiligen Trägers – bzw. Anforderungen durch das Labor zu erfolgen. Am Untersuchungstag gewonnene Proben können sein:

- Blut
- Urin
- Haare.

Nachweisbarkeit von Drogen im Blut

Der wesentliche Vorteil einer Blutprobe besteht in der relativ großen Sicherheit gegen Verfälschungen. Nachteilig ist dagegen zu sehen, dass die Dauer des möglichen Nachweises von Drogensubstanzen und Abbauprodukten etwa um die Hälfte bis ein Drittel kürzer ist als im Urin. Die Blutanalyse eignet sich in diesem Bereich in erster Linie zur Überprüfung, ob aktueller Drogeneinfluss vorliegt.

Im Blut steigt die Konzentration eines Stoffes abhängig von der Art des Konsums mehr oder minder rasch an und nimmt entsprechend der Intensität der Eliminationsvorgänge wieder ab. Solange die Stoffwechselkapazitäten nicht ausgelastet (gesättigt) sind, wird bei höherem Stoffangebot auch mehr abgebaut (konzentrationsabhängiger Abbau). Der Vollständigkeit halber sei allerdings ausdrücklich darauf hingewiesen, dass dieser Zusammenhang im Fall von Alkohol nicht zutrifft.

In der Praxis sind geringere Stoffkonzentrationen nach etwa sieben bis acht Halbwertszeiten, höhere Stoffkonzentrationen nach acht bis zehn Halbwertszeiten analytisch nicht mehr nachweisbar. Mit etwas Zeitversatz gilt dies entsprechend für die resultierenden Stoffwechselprodukte.

Tab. 2.1-4: Drogennachweis im Blut (nach Schubert et al. 2005).

Substanz im Blut	Nachweisbarkeitsdauer seit letztem Konsum
THC und Metabolite	Im Serum 4–6 Stunden nach Einzelkonsum, bei regelmäßigem oder wiederholtem Konsum auch über 24 Stunden Bei Einbeziehung der Metabolite abhängig von Konsumpraxis 1–<5 Tage
Opiate	Heroin: Minuten Morphin: 3–10 Stunden, nach höchstdosiertem Heroin auch bis zu 20 Stunden (und mehr) 6-MAM: Minuten bis zu 2 Stunden Codein: 24 Stunden Dilhydrocodein: 8–10 Stunden
Kokain	Aufnahme über Nase: ca 2–8 Stunden Crack: 20 Minuten bis eine Stunde Benzoylecgonin: > 48 Stunden

Nachweisbarkeit von Drogen im Urin

Aufgrund der größeren Nachweisdauer eignet sich Urin als Probenmaterial im Bereich der Fahreignungsdiagnostik besser als Blut.

Ein Problem in diesem Bereich sind jedoch Täuschungsversuche, in denen Fremdurin oder synthetisch hergestellter Urin der Analyse zugeführt werden oder der Nachweis von kritischen Stoffen im eigenen Urin verhindert werden soll. Die Techniken der Betroffenen gehen dabei bis zur Injektion von Fremdurin in die eigene Blase. Auch eine Probenentnahme unter Sichtkontrolle kann ein solches Täuschungsmanöver nicht verhindern. Im Internet finden sich immer wieder neue Manipulationshinweise. Es sei daher der dringende Vorschlag unterbreitet, sich auch als Gutachter dort einmal umzusehen und sich auf dem Laufenden zu halten.

Bekannte Methoden zur Probenverfälschung:

- Externe Anwendung
  - Abgabe mitgeführten Fremdurins, synthetischen Urins
  - Abgabe anderer wässriger Substanzen
  - Zusatz zum Urin von Essig, Seife, Zitronensaft, Enzymen, reaktiven Chemikalien, gelb gefärbten Chromaten, wasserklaren Bleichmitteln, Nitriten, Glutanraldehyd, Puder mit dem Ziel, den Nachweis von Drogensubstanzen zu erschweren

- Interne Anwendung
  - Verdünnung der Urinprobe durch Einnahme von Diuretika, Konsum großer Mengen von Wasser, Tee oder anderen Getränken

In diesem Zusammenhang oft

- Einnahme von Kräuterkapseln oder Vitamin-B-Komplexen, um den Urin bei starker Verdünnung einzufärben.
- Einnahme von Kreatinin, um das ausgeschiedene Kreatinin als Verdünnungsmarker zu ersetzen. Hierbei kann es zu Überdosierungen kommen, was sich durch extrem hohe Kreatininwerte in der entnommenen Probe zeigt.

Eine Überprüfung des Urins auf Verfälschung bzw. Verdünnung muss deshalb regulärer Bestandteil einer Urinuntersuchung sein. Kriterien, nach denen Urinproben beurteilt werden können, finden sich in Schubert & Mattern 2005, S. 148).

Tab. 2.1-4: Drogennachweis im Urin (nach Schubert et al. 2005).

Substanz im Urin	Nachweisbarkeitsdauer seit letztem Konsum
THC und Metabolite	Hauptmetabolit THC-COOH-Glucuromid Probierkonsum: 2–3 Tage Vereinzelter/gelegentlicher Konsum: 2–4 Tage Konsum mehrmals wöchentlich: 5–14 Tage Dauerkonsum: 2–6 Wochen

Substanz im Urin	Nachweisbarkeitsdauer seit letztem Konsum	
Opiate	Heroin: 6-MAM: Freies Morphium: Konjugiertes Codein:	dosisabhängig 2–4 Tage nur wenige Stunden, je nach Blasen entleerung bis zu 10 Stunden nachweisbar 1–2 Tage 2–3 Tage
Kokain	Unverändertes Kokain: Benzoylecgonin: Ecgoninmethylester:	dosisabhängig bis zu 12 Stunden dosisabhängig 2–3 Tage bis 2 Tage
Amphetamine	Unterschiedliche Wirkstoffe, abhängig vom pH-Wert des Urins und der Dosis 1–3 Tage	

Nachweis von Drogen in Haar (Haaranalyse)

Drogenbestandteile und deren Abbauprodukte (Metabolite) werden, soweit sie im Blut zirkulieren, in die Haarsubstanz eingebaut. Da Haare mit ca. 1,1 cm pro Monat wachsen, kann ein der Haarlänge entsprechender Zeitraum mit Hilfe einer Haaranalyse überprüft werden. Zu berücksichtigen ist dabei, dass in einer Haarprobe auch ein gewisser Anteil an Haaren ist, die nicht mehr wachsen, aber noch relativ fest in der Haarwurzel verankert sind (telogene Haare). Der tatsächliche Analysezeitraum wird also etwas länger sein, als es der Haarlänge entspricht.

Die Aussagekraft der Haaranalyse ist allerdings auch Einschränkungen unterworfen. So ist der Nachweis von Drogen im Haar allein noch kein sicherer Hinweis auf Drogenkonsum, da Drogenbestandteile durch Ärosole, Rauch und Staub von außen auf die Haare gelangen und angelagert werden können. Allerdings ist in diesen Fällen noch immer ein Aufenthalt im drogenaffinen Umfeld zu unterstellen (was eine Eignung i. d. R. ausschließen wird). Erst wenn auch Abbauprodukte, die nur durch die Körperpassage der Drogensubstanz entstehen, in den Haaren nachgewiesen sind, ist dies ein sicherer Hinweis auf Drogenkonsum im fraglichen Zeitraum. Andererseits werden Haare, bevor sie auf Drogen bzw. deren Abbaustoffe analysiert werden, in den zertifizierten Laboren mehrfach gewaschen, bevor die eigentliche Analyse beginnt.

Auch im Bereich der Haaranalyse sind Manipulationstechniken bekannt.

Angewendete Methoden sind

- Ausbleichen mit UV-Strahlung
- chemisches Bleichen und Rückfärben in der eigenen Haarfarbe
- häufiges Waschen, z. T. mit Spezialshampoo, erschwert oder verhindert den Drogennachweis
- Abgabe anderer Haare (nicht der eigenen)

Weitere Methoden des Drogennachweises

- **Nachweisbarkeit von Drogen im Speichel**
  Dieses Verfahren wird in der MPU nicht angewendet, wohl aber zur Kontrolle im Straßenverkehr. Speichel ist eher ein Medium zur Kontrolle des aktuellen, kurz zurückliegenden Drogenkonsums.

- **Nachweisbarkeit von Drogen auf der Haut**
  Ebenso wie der Nachweis im Speichel wird dieses Verfahren in der MPU nicht verwendet, jedoch durchaus zu Kontrollzwecken im Straßenverkehr.

  Drogenbestandteile gelangen durch Schweißdrüsen, Talgdrüsen oder Diffusion aus Kapillaren durch die Epidermis zur Hautoberfläche. Wie bei der Haaranalyse gilt auch hier, dass ein Nachweis der Drogensubstanz allein Drogenkonsum noch nicht sicher belegt, da eine Kontamination von außen nicht ausgeschlossen werden kann. Ebenso wie bei der Haaranalyse gilt auch hier der Drogenkonsum erst durch Nachweis entsprechender Drogenmetabolite als sicher.

  Die Absonderung von Drogenbestandteilen über Talgdrüsen erfolgt relativ langsam, die über Hautzellen noch langsamer. Die Möglichkeit eines Drogenachweises hängt dabei stark von der Reinigungsfrequenz des fraglichen Hautareals ab. Lediglich die Schweißflüssigkeit erreicht die Hautoberfläche relativ schnell. Entsprechend lassen sich Drogen, die wasserlösliche Bestandteile enthalten (z. B. die Amphetamingruppe), einfacher durch diese Methode nachweisen als Drogen, die eher fettlösliche Bestandteile enthalten (z. B. Cannabis).

2.2 Psychologische Methoden in der MPU

In diesem Abschnitt werden die testpsychologischen Methoden und die psychologische Fahrerverhaltensbeobachtung behandelt. Dem Explorationsgespräch als der umfassendsten psychologischen Methode in der MPU bleiben die folgenden Kapitel vorbehalten.

2.2.1 Aktenanalyse

Die Aktenanalyse ist sowohl für den medizinischen als auch für den psychologischen Sachverständigen der erste Schritt zur Durchführung einer medizinisch-psychologischen Untersuchung.

Als Erstes sollte dabei die genaue und vollständige (!) Fragestellung der Behörde ermittelt werden. Zwar wird dieser Schritt im Vorfeld oft schon von Verwaltungskräften übernommen, es ist jedoch auch im Interesse des Gutachters, die Fragestellung nochmals zu überprüfen, um spätere Mehrarbeit zu vermeiden.

In einem nächsten Schritt sollte sich der Gutachter einen Überblick über die Aktenführung der Behörde verschaffen. Vom Prinzip her gibt es zwei Versionen:

- Chronologische Heftung (neueste Ereignisse werden jeweils hinten in die Akte eingefügt)
- Kaufmännische Heftung (neueste Ereignisse werden jeweils vorn auf die bereits vorhandenen Unterlagen geheftet)

Es gibt Behörden, welche die Akten ungeheftet führen, d. h. die Führerscheinakte besteht aus einer Sammlung loser, aber i. d. R. durchnummerierter Blätter.

Wichtig beim Umgang mit der Akte: Keine Unterlagen, Dokumente entnehmen oder hinzufügen, im Falle einer ungehefteten Akte auch nicht vertauschen. Sind Dokumente oder Unterlagen aktenkundig, welche voraussichtlich für die Erstellung des Gutachtens benötigt oder von Nutzen sein werden, sind diese zu kopieren. Bewährt haben sich in diesem Zusammenhang selbstklebende Notizzettel, auf denen die Gutachter Notizen machen können, die nach beendeter Untersuchung aber leicht wieder aus der Akte entfernt werden können.

Als Nächstes sollte sich der Gutachter einen Überblick verschaffen, ob die Akte ordnungsgemäß geführt worden ist, d. h. bereits verjährte, nicht mehr verwertbare Vorgänge aus der Akte entfernt worden sind. Anhaltspunkte für in der MPU verwertbare Vorgänge geben der neueste Auszug aus dem Verkehrszentralregister (KBA-Auszug) und – soweit vorhanden – das neueste polizeiliche Führungszeugnis. Hier aufgeführte Sachverhalte sind unter Berücksichtigung der Fragestellung in der MPU verwertbar.

In einem weiteren Schritt sollte sich der Gutachter einen Überblick über eventuell vorhandene Vorgutachten verschaffen und deren Inhalt in seinen wesentlichen Zügen zur Kenntnis nehmen. Ebenso sind Maßnahmen und Daten von Maßnahmen wichtig, die bereits vor der MPU stattgefunden haben und von denen eine verhaltensbeeinflussende Wirkung zu erwarten war, etwa Teilnahme an Aufbauseminaren, besonderen Aufbauseminaren und eventuell einer verkehrspsychologischen Beratung nach § 71 FeV.

Die eigentlichen Delikte sind nicht nur anhand des KBA-Auszuges, sondern anhand der weiteren aktenkundigen Unterlagen aufzuarbeiten. Wichtige Dokumente in diesem Zusammenhang sind Anzeigen, Strafbefehle, Gerichtsurteile, gegebenenfalls auch das Protokoll eines Prozesses, Polizeiprotokolle.

Zu ermitteln durch den Gutachter sind insbesondere der Zeitpunkt des Vorfalls und der Zeitpunkt der Probenentnahme (bei Alkohol und Drogen-/Medikamentenmissbrauch). Wichtige Informationen geben darüber hinaus oft Protokolle der Blutentnahme und der Zustand, in dem sich die Personen dabei befunden haben. So lässt z. B. die Angabe zum „klinischen Eindruck“, die Person habe „äußerlich leicht unter Alkoholbeeinflussung stehend“ gewirkt, eine spätere Angabe in der Exploration, dass die Trunkenheitsfahrt im Zustand eines Filmrisses begangen worden sei und man sich daher an nichts erinnern könne, sehr fragwürdig erscheinen. Natürlich ist dabei die zwischen dem Tatzeitpunkt und der Probenentnahme vergangene Zeit zu berücksichtigen.

Von Bedeutung für die spätere Exploration können weiter Inhalte der Anwaltskorrespondenz sowie Stellungnahmen des Kunden zum Fahrerlaubnisentzug sein, sofern diese vorhanden sind.

Auch die Unterlagen für den Neuantrag sind von Bedeutung. Oft befinden sich hier schon Dokumente/Bescheinigungen über vom Kunden in Anspruch genommene Maßnahmen zur Wiederherstellung der Fahreignung. Ist dies der Fall, sollten sie nicht übersehen werden.

Fehler, die bei der Aktenanalyse vorkommen können:
- Übersehen von Vorfällen
- Irrtümer/Übertragungsfehler bei der Erfassung von Daten durch den Gutachter
- Oberflächliche/unvollständige Analyse
- Berücksichtigung von Vorfällen, die bereits weit zurückliegen und deren Verwertbarkeit nicht mehr gegeben oder zumindest fraglich ist

Zum Bereich der Verwertbarkeit existiert die sehr sorgfältige Ausarbeitung von Bode & Winkler (2006, Schwerpunkt S. 280 f.). Aus praktischer Sicht ist anzumerken, dass dieses Thema außerordentlich komplex ist und vom Gutachter im Rahmen einer einfachen Aktenanalyse nur in seinen Grundzügen, kaum aber in allen Feinheiten berücksichtigt werden kann.

Bei der Aktenanalyse können folgende Angaben als Faustregeln gelten:

Zwei Jahre verwertbar:
- Tilgung bei Ordnunsgswidrigkeiten

Fünf Jahre verwertbar:
- Ordnungswidrigkeiten, wenn Tilgungshemmung eintritt (durch neue Verstöße innerhalb von zwei Jahren)
- Straftaten (Ausnahme: Alkohol und Drogen, wenn Fahrerlaubnis deshalb entzogen oder eine Sperrfrist ausgesprochen wurde, dann zehn Jahre)

Zehn Jahre verwertbar:
- Entzug der Fahrerlaubnis bei Alkohol- und Drogendelikten

Ein vor diesem Hintergrund in der Praxis bewährtes Vorgehen besteht darin, neben den bereits gegebenen Hinweisen auf polizeiliches Führungszeugnis und KBA-Auszug jeweils die neueren Delikte im Vergleich zu den älteren stärker zu gewichten und im Zweifelsfall ein Gutachten im Schwerpunkt nicht auf in der Verwertbarkeit zweifelhaften Vorgängen aufzubauen.

Der Gutachter wird sich in diesem Bereich öfter in dem Dilemma befinden, dass er einerseits Befunde hat, die aus psychologischer Sicht von erheblicher prognostischer Bedeutung sind, die andererseits aus juristischer Sicht jedoch in den Bereich „nicht mehr verwertbar" fallen. Dem Autor ist zu diesem Problem bisher keine aus psychologischer Sicht zufriedenstellende Lösung bekannt.[2]

Die für eine Aktenanalyse aufzuwendende Zeit schwankt sehr stark und ist abhängig vom Umfang des aktuellen Vorgangs, der Fragestellung – erfahrungsgemäß ist der Aufwand bei strafrechtlichen Fragestellungen und kombinierten Fragestellungen mit strafrechtlichen Anteilen besonders hoch – und ganz wesentlich von der Erfahrung des Gutachters.

Gegenwärtig gehen immer mehr Behörden dazu über, die Fahrerlaubnisakten elektronisch zu führen, d. h., die vorhandenen Unterlagen werden eingescannt und bei Bedarf wieder ausgedruckt und zur Verfügung gestellt. Sicher hat dieses Vorgehen für die Behörde eine Reihe von Vorteilen. Für den Gutachter in der praktischen Arbeit stellt es jedoch eine deutliche Erschwernis dar, da die Unterlagen deutlich schwerer lesbar sind und die in einer herkömmlich geführten Akte vorhandenen unterschiedlichen Papierformate, -qualitäten und -farben an sich schon wichtige Orientierungspunkte darstellen.

Abhängig von der behördlichen Fragestellung sind bei der Aktenanalyse Schwerpunkte zu setzen. Die im Folgenden benannten Punkte sind als Orientierungshilfe gedacht, jedoch können im Einzelfall immer auch weitere Bereiche von prognostischer Bedeutung sein. Hierauf ist bei der Aktenanalyse zu achten.

2 Ein hypothetisches Beispiel möge dies verdeutlichen: Der psychologische Sachverständige befindet sich in der Situation eines Arztes, der einen Patienten untersuchen soll, von dem er weiß, dass dieser vor elf Jahren einen schweren Arbeitsunfall mit Wirbelsäulenverletzung erlitten hat. Bei einer vergleichbaren gesetzlichen Regelung müsste er jedoch von einem gesunden Patienten ausgehen, dürfte von der Verletzung (mehr als zehn Jahre zurückliegend) keine Kenntnis mehr nehmen, obwohl die aktuellen Beschwerden auf genau diesen Vorfall zurückzuführen sind. Zum Glück gibt es im medizinischen Bereich nach Kenntnis des Autors solche Vorgaben (noch) nicht.

Tab. 2.2-1: Schwerpunkte der Aktenanalyse bei verschiedenen Fragestellungen.

Fragestellung	Wichtige Punkte der Aktenanalyse
Alkohol	• Daten der Trunkenheitsfahrt(en) • Tatzeitpunkt • Zeitpunkt Probenentnahme • Auffälligkeiten im Polizeiprotokoll • Klinischer Zustand bei der Probenentnahme • Hinweise auf Beratungs-/Rehabilitationsmaßnahmen? • Vorkommnisse außerhalb des Straßenverkehrs, bei denen Alkohol als Ursache vermutet werden kann (Körperverletzung, aggressives Verhalten, Ruhestörung, Gewalt gegen Ehepartner bzw. Familienmitglieder etc.)
Drogen	• Daten der Drogenauffälligkeit(en) ➔ oft sinnvoll: Wochentage der Auffälligkeiten ermitteln • Konsumierte Substanzen • Vorgefundene Substanzen bei polizeilicher Durchsuchung • Biografische Daten (Verlauf, Hinweise auf einen Bruch: privat, sozial, beruflich) • Hinweise auf Beratungs-/Rehabilitationsmaßnahmen
Verkehrsrechtliche Verstöße	• Erteilung der Fahrerlaubnis (auch Wiedererteilungen nach Entzug) • Seit wann ereignen sich die Auffälligkeiten (kontinuierlich oder erst seit einem bestimmten Zeitpunkt)? • Wo finden die Auffälligkeiten statt? • Lassen sich die Verstöße klassifizieren? • Vorhergehende Maßnahmen (Aufbauseminar, besonderes Aufbauseminar, verkehrspsychologische Beratung nach § 71 FeV) • Vorhergehende verkehrspsychologische Intervention • Liegen Verstöße vor, bei denen Alkohol eine Rolle gespielt hat?
Strafrechtliche Verstöße	• Art der Verstöße • Hergang/Ablauf der Verstöße • Entstandener Schaden • Hinweise auf Aggressionspotenzial • Selbstdarstellung/Verhalten im Prozess Ermittlung von Tatsachen, die im späteren Explorationsgespräch eine Feststellung darüber ermöglichen, ob die Person zu einer realitätsgerechten Einschätzung und Bewertung ihrer Taten gelangt ist.

Vorzeitige Erteilung	• Eventuell vorhandene Verkehrsdelikte (oft getunter Roller/ Mofa), in diesem Zusammenhang dann auch „Fahren ohne Fahrerlaubnis" etc. • Eventuelle strafrechtliche Delikte
Fahrgast-beförderung	• Eventuell vorhandene Verkehrsdelikte • Eventuelle strafrechtliche Delikte

Die Aktenanalyse ist als erster und ganz wesentlicher Schritt zur Durchführung einer MPU anzusehen. Sie ist bereits eine wichtige Grundlage für die Konzeption des später folgenden Explorationsgesprächs mit dem Klienten. Der Gutachter kann bereits anhand der Aktenlage Hypothesen darüber aufstellen, welche Bereiche in der Untersuchung vertiefend zu behandeln sind und welche Schritte/Unterlagen vom Klienten erwartet werden. Dies trägt wesentlich zur Arbeitsökonomie bei. Allerdings muss der Gutachter flexibel genug sein, sich einer Sachlage anzupassen, die sich anders darstellt, als es seinem erstellten Konzept nach der Aktenanalyse entspricht.

2.2.2 Testpsychologische Methoden

Mit Hilfe der testpsychologischen Untersuchung wird in der Regel die psychisch-funktionale Leistungsfähigkeit (andere Bezeichnung: psychophysische Leistungsfähigkeit) eines Kunden ermittelt. Bei Bedarf kann dieser Untersuchungsabschnitt jedoch wesentlich weiter gefasst werden: Entsprechende Fragestellungen bzw. Vorbefunde (Aktenanalyse) können z. B. den Einsatz von Intelligenz- oder Persönlichkeitstests rechtfertigen. Für eine angemessene und einzelfallbezogene Auswahl und für die Durchführung der psychologischen Tests ist der psychologische Gutachter verantwortlich.

2.2.2.1 Testauswahl und Testdurchführung

Die eingesetzten psychologischen Testverfahren müssen wissenschaftlich fundiert sein, über eine ausreichende Trennschärfe im Anwendungsbereich verfügen (Reliabilität) und im Hinblick auf das zu prognostizierende Verhalten Aussagekraft (Validität) besitzen.

Bei der Auswahl der Testverfahren im Einzelfall ist durch den untersuchenden Psychologen darauf zu achten, dass bestimmte Teilgruppen (z. B. schreib- oder leseschwache Personen oder Personen mit geringen Sprachkenntnissen) nicht benachteiligt sind.

In der Fahrerlaubnisverordnung sind im Zusammenhang mit der testpsychologischen Untersuchung lediglich folgende Dimensionen genannt:

- Orientierung
- Konzentration
- Aufmerksamkeit
- Reaktion
- Belastbarkeit

In der MPU werden diese Dimensionen überwiegend durch computergestützte Testbatterien vermittelt. Gebräuchlich sind derzeit drei unterschiedliche Testsysteme

- **Art 2020** vom Wiener Kuratorium für Verkehrssicherheit
- **Schuhfried Wiener Testsystem** von der Schuhfried GmbH
- **CORPORAL Testsystem** von I.T.E.A. (Dr. Berg)

Die Zulassung von Testsystemen ist nicht bundeseinheitlich geregelt, sondern obliegt den Bundesländern. Eine Übersicht über zugelassene Testverfahren über die oben genannten hinaus findet sich im Kommentar zu den Begutachtungsleitlinien zur Kraftfahreignung (Schubert et al. 2005, S. 55).

Die Testsysteme ermitteln die benannten Dimensionen zum Teil auf sehr unterschiedliche Weise. Eine Diskussion, welche Verfahren welche Dimensionen am validesten, ökonomischsten etc. ermitteln, kann und soll an dieser Stelle nicht geführt werden. Die folgende Darstellung kann jedoch einen Überblick über die Zuordnung von Subtests der einzelnen Verfahren zu den durch die FeV benannten Dimensionen geben.

Tab. 2.2-2: Zuordnung von Subtests zu den durch die FeV vorgegebenen Dimensionen.

	Testverfahren		
Dimension	**ART 2020**	**WTS (Wiener Testsystem)**	**Corporal**
Belastbarkeit	RST 3 (SET 3)	DT	Wert ermittelt aus allen Subtests oder aus dem letzten durchgeführten Testverfahren
Orientierungsleistung	LL 5 TT 15	LVT TAVT	Corporal – Dual A, Dual B, Dual C
Konzentrationsleistung	Q 1	COG (LVT, TAVT)	Corporal – InterOr
Aufmerksamkeitsleistung	FAT Q1	COG LVT TAVT	Corporal - InterLok
Reaktionsfähigkeit	RST 3 DR 2 SET 3	DT	Corporal – DgLok, DgOr

Leistungstestverfahren stellen einen obligatorischen Teil der MPU dar und sind als Leistung in der GebOSt (Gebührenordnung für Maßnahmen im Straßenverkehr) entsprechend berücksichtigt. Soll im Ausnahmefall auf Leistungstests verzichtet werden, ist dies im Gutachten hinreichend und nachvollziehbar zu begründen.

2.2.2.2 Bewertung der Leistungsergebnisse

Die Bewertung der psychophysischen Leistungsfähigkeit hat nach in den Begutachtungsleitlinien zur Kraftfahrereignung niedergelegten, auf psychologische Konventionen bezogenen Kriterien unter Verwendung kraftfahrspezifischer Normen im Hinblick auf die zu beantwortende Fragestellung zu erfolgen.

Hinreichend sind demnach für:
Fahrzeuge der Gruppe I: ein Prozentrang von mindestens 16.

Fahrzeuge der Gruppe II: ein Prozentrang von 33 in der überwiegenden Zahl der eingesetzten Untersuchungsverfahren. In keinem Verfahren darf ein Prozentrang von 16 unterschritten werden, wenn die Beurteilung der psychophysischen Leistungsfähigkeit damit abgeschlossen werden soll.

Bei Grenzwertunterschreitungen kann vom psychologischen Gutachter im Einzelfall ein Ergänzungsverfahren, ein Paralleltestverfahren, eine Wiederholungsuntersuchung oder eine psychologische Fahrverhaltensbeobachtung zur Prüfung von Kompensationsmöglichkeiten vorgeschlagen werden. Hierbei sind folgende Kriterien zu berücksichtigen:

- **Ergänzungsverfahren**
  Ein Ergänzungsverfahren erfasst einen Bereich, der mit den bisher durchgeführten Tests noch nicht untersucht wurde.
  Die Durchführung von Ergänzungsverfahren ist sinnvoll, wenn sich aufgrund behördlicher Fragestellungen, der Aktenanalyse, medizinischer Untersuchungsergebnisse oder des psychologischen Gesprächs eine für die Begutachtung relevante diagnostische Hypothese ergibt, die mit Testverfahren geprüft werden kann.

- **Paralleltestverfahren**
  Ein Paralleltestverfahren überprüft einen vergleichbaren Bereich wie ein bereits vorher eingesetztes Verfahren, es erfasst also denselben oder einen eng verwandten Bereich von Merkmalen. Die Durchführung von Paralleltests ist sinnvoll, wenn
  - nur eines von mehreren eingesetzten Testverfahren Ergebnisse liefert, die unter dem kritischem Prozentrang liegen (Ausreißereffekt).
  - der Einfluss interner und/oder externer Störeinflüsse auf das Testergebnis trotz aller ergriffenen Maßnahmen nicht auszuschließen ist.
  - die begründete Vermutung besteht, dass eine Person die Instruktion nicht oder nicht vollständig verstanden hat.

Der Sachverständige hat sich gegebenenfalls zu vergewissern und dafür Sorge zu tragen, dass mögliche Störeinflüsse bei der Paralleltestung nicht mehr vorhanden sind. Entsprechend ist das Ergebnis des Paralleltests stärker zu gewichten. In Tabelle 2.2-2 sind unter den von der FeV vorgegebenen Skalen in den meisten Fällen mehrere Tests benannt. Diese können bei Bedarf jeweils als Paralleltest eingesetzt werden.

- **Wiederholungsuntersuchung**
  Ein bereits durchgeführter Test wird erneut vorgegeben. Wiederholungstestungen sind angebracht, wenn zu vermuten ist, dass externe oder interne Störeinflüsse die Testleistung so erheblich beeinträchtigt haben, dass die Ergebnisse als ausfallartig angesehen werden müssen oder sogar ein Abbruch des Tests erforderlich wurde. Ein weiterer Grund besteht darin, dass das zum Einsatz kommende Testverfahren für genau diese Dimension keinen Paralleltest anbietet. Bei der Interpretation der Ergebnisse ist der zu erwartende Übungsgewinn zu berücksichtigen, der bei Nichtbeachtung zu einer Überschätzung der tatsächlichen Leistungsfähigkeit führen kann. Die Testergebnisse sind fortlaufend zu nummerieren (z. B. Testdurchgang 1, Testdurchgang 2), damit eine eindeutige Zuordnung der Ergebnisse und ihrer Reihenfolge möglich ist.

  Beim Testsystem Corporal A ist nach Anweisung des Herstellers eine Testwiederholung nur dann vorzunehmen, wenn ein unzureichendes Ergebnis nach Beobachtung des Testleiters oder nach Aussage der Testperson auf andere Ursachen als die Leistungsfähigkeit zurückzuführen ist (Handanweisung des I.T.E.A. aus dem Jahre 2007, S.21). Ein Übungsgewinn findet nach Angabe des Testautors bei Wiederholungsuntersuchungen bei diesem Testverfahren nicht statt (vgl. Berg, Psychometrisches Testsystem Corporal A, Experteninformation, S. 3).

2.2.2.3 Grenzen der testpsychologischen Erfassung

Auch wenn die im Bereich der MPU eingesetzten Leistungsprüfverfahren hohen Standards genügen, existieren dennoch eine Reihe von Faktoren/Sachverhalten, welche die Aussagefähigkeit dieser Verfahren einschränken und die daher eine Überprüfung der Fähigkeit zum Führen eines Kraftfahrzeuges im realen Verkehrsumfeld durch eine psychologische Fahrerverhaltensbeobachtung sinnvoll machen, um zu validen Untersuchungsergebnissen zu gelangen.

Testgütekriterien

Die in der MPU verwendeten Testverfahren zur Erfassung der psychisch-funktionalen Leistungsfähigkeit haben inzwischen einen hohen Standard erreicht (hohe Validität und Reliabilität). Trotzdem ist festzustellen, dass die Testergebnisse letztlich immer noch einen Teil unerklärter Varianz aufweisen. Im ungünstigen Fall kann dies zu einem falschpositiven Ergebnis (was in der MPU zunächst nicht auffallen wird) oder zu einem falschnegativen Ergebnis führen (vgl. hierzu auch die Ausführungen zum Thema in den Beurteilungskriterien zur Kraftfahreignung von Schubert & Mattern 2009, S. 180 f.). Diese Fälle (falschpositiv/falschnegativ) werden jedoch relativ selten eintreten. Hinsichtlich grundsätzlicher Überlegungen zu den in der MPU verwendeten Grenzwerten sei auf die Ausführungen im eingeschobenen Text: „Zur Frage der Grenzwerte bei Leistungstests in der MPU“ verwiesen.

Zur Frage der Grenzwerte bei Leistungstests in der MPU:
Die bei der Durchführung von testpsychologischen Untersuchungsverfahren gültigen Grenzwerte (PR 16 für Fahrerlaubnisse der Gruppe I bzw. 33 bei der Mehrzahl der eingesetzten Verfahren und in keinem Verfahren unter 16 bei der Gruppe II) ergeben sich aus den „Begutachtungsleitlinien zur Kraftfahrereignung", wo sie ohne nähere Begründung für ihre Gültigkeit aufgeführt werden. Schneider & Schubert (2007, S. 14) stellen dazu fest, dass diese Werte *„unter Berücksichtigung empirischer Erfahrungswerte [...] in der Verkehrspsychologie [...] festgelegt und vom Gemeinsamen Beirat für Verkehrsmedizin akzeptiert worden sind"* (vgl. auch Schubert 2005, S. 50), wobei die Verantwortung für diese *„aus Testnormen abgeleiteten ‚Grenzwerte' bei der Verkehrspsychologie als angewandter Wissenschaft"* gesehen wird.

Ein Problem dieser Vorgehensweise stellt die Tatsache dar, dass diese Grenzwerte in Form von Prozenträngen in Abhängigkeit von einem Testkollektiv angegeben werden, hier der „kraftfahrenden deutschen Bevölkerung". Methodisch sauberer wäre es zweifellos, solche Grenzwerte absolut zu formulieren, z.B. im Sinne von „zu langsames Reagieren liegt vor ab ..." oder „nicht ausreichende Orientierungsleistung liegt vor ab ...".

Derartige absolute Grenzwerte können von wissenschaftlicher Seite nicht konkret angegeben werden, sie wären dem Verordnungsgeber vorbehalten, wie es z. B. bei den Anforderungen an das Sehvermögen geschehen ist (vgl.

hierzu Schneider & Schubert [2007] in einer Verlautbarung der DGVP, die als ergänzende Korrektur zum „Kommentar" zu sehen ist). Insofern sollte der Gutachter in seiner praktischen Arbeit berücksichtigen, dass die kommentarlose Übernahme der Testergebnisse in ein Gutachten nicht ausreicht, wenn dieses einzig und allein aufgrund der nicht ausreichenden Testergebnisse zu dem Ergebnis einer nicht vorhandenen Eignung zum Führen von Kraftfahrzeugen kommt. Vielmehr sollten die Abweichungen/Unterschreitungen von den Grenzwerten Ausgangspunkt einer Argumentation sein, in der die Folgen der festgestellten Minderleistungen für die aktive Teilnahme am (motorisierten) Straßenverkehr dargelegt werden.

Verhalten der Testperson

Über die testtheoretische Problematik hinaus existieren weitere Sachverhalte, die einer Übertragung der Leistungstestergebnisse auf den Bereich des realen Straßenverkehrs entgegenstehen (vgl. auch Voss 2010). Dies ist der Fall, wenn

- Testergebnisse nicht die tatsächliche Leistungsfähigkeit wiedergeben, z. B. aufgrund von Test- und/oder Prüfungsangst, Anspannung in der Testsituation, eines nicht ausreichenden Verständnisses der Testinstruktion, einer persönlichen Strategie bei der Testdurchführung zum Erreichen besserer Ergebnisse, wobei sich die persönliche Strategie jedoch als untauglich erweisen kann.
- Leistungsdefizite sind bekannt und werden durch geeignete Strategien kompensiert, die zwar im realen Straßenverkehr tragfähig sind, nicht jedoch in der Testsituation (z. B. durch Antizipation von Verkehrssituationen).
- Leistungsdefizite sind zwar nicht explizit bekannt, trotzdem werden – weitgehend unbewusst – im realen Verkehrsumfeld Strategien eingesetzt, die zu einer Kompensation der Leistungsdefizite führen, z. B. eine an das verminderte Leistungsvermögen angepasste Fahrgeschwindigkeit.
- Bei offensichtlich durchgeführtem Testtraining (auffällig hoher Vertrautheitsgrad mit der Testsituation) und daraus resultierenden Testergebnissen, die deutlich besser ausfallen, als es der realen Leistungsfähigkeit entspricht.

Mangelnde Erfassbarkeit leistungsrelevanter Dimensionen

Im Leistungstestbereich existieren keine (in der MPU einsetzbaren) Verfahren, mit denen die Fähigkeit zur Antizipation[3] im Bereich des Straßenverkehrs zufriedenstellend erfasst werden kann. Gerade bei erfahrenen Kraftfahrern (Berufskraftfahrern) trägt die Fähigkeit zur Antizipation von Verkehrssituationen entscheidend zum richtigen Verhalten und zur Reduzierung der Beanspruchung im Straßenverkehr bei. Auch bei testpsychologisch nur gering ausgeprägter Leistungsfähigkeit sind erfahrene Kraftfahrer häufig noch immer sehr gut in der Lage, den Anforderungen des Straßenverkehrs zu entsprechen.

Mangelnde Motivation

Aufgrund der inneren Einstellung arbeitet die Testperson nicht im Bereich ihrer vollen Leistungsfähigkeit mit, weil sie z. B. nicht einsieht *„was dieser Test mit dem Autofahren zu tun hat“*. Die Ergebnisse spiegeln in diesem Fall nicht die tatsächliche Leistungsfähigkeit wider.

Besteht aus den oben genannten oder weiteren Gründen Anlass zu der Vermutung, dass die Testergebnisse nicht die tatsächliche Leistungsfähigkeit eines Kunden wiedergeben bzw. kann aus den Testergebnissen nicht mit hinreichender Sicherheit auf die tatsächliche Leistungsfähigkeit in der Realsituation, also im Straßenverkehr, geschlossen werden, ist eine sichere Prognose nicht mehr möglich. Nicht immer sind Leistungsbeeinträchtigungen, z. B. aufgrund von Ängsten, in der Testsituation erkennbar. Gerade in der MPU ist die Tendenz zur Dissimulation (absichtliches Herunterspielen bzw. Verbergen von Krankheitszeichen oder Symptomen, um für gesund bzw. nicht beeinträchtigt gehalten zu werden) verbreitet, da viele Teilnehmer befürchten, bei eingeräumten Beeinträchtigungen ein für sie negatives Gutachten zu erhalten.

Da Aussagen über die psychisch-funktionale Leistungsfähigkeit von Kunden in zahlreichen Fragestellungen der veranlassenden Behörden gefordert werden, ist in diesen Fällen eine erweiterte Diagnostik notwendig.

3 Antizipation (lat. anticipo: „vorwegnehmen“, von ante „vor“ und capio „nehmen“) steht im psychologischen Kontext im Allgemeinen für die mentale Voraussicht oder Vorwegnahme von Ereignissen, Entwicklungen oder Handlungen. Im hier zu erörternden Kontext bezeichnet ein antizipatorischer Fahrstil ein ausgeprägt vorausschauendes Fahrerverhalten.

2.3 Die psychologische Fahrerverhaltensbeobachtung

Das Fahren von Kraftfahrzeugen ist in industrialisierten Ländern ein völlig normaler, alltäglicher Vorgang. Trotzdem handelt es sich beim Fahren eines Kraftfahrzeugs aus psychologischer Sicht um eine anspruchsvolle Tätigkeit. Zwar ist es, einmal erlernt, nicht besonders schwierig, ein Kfz zu fahren, da sehr viele Vorgänge automatisiert, d. h. ohne Beteiligung des Bewusstseins ablaufen. Trotzdem finden bei diesem Vorgang informationsverarbeitende Prozesse in großem Ausmaß statt. Informationen aus dem Umfeld und dem Fahrzeug müssen aufgenommen, verarbeitet und in Handlungen umgesetzt werden. Eine weitere Herausforderung bei der Fahrzeugführung resultiert aus dem Zwang zur Daueraufmerksamkeit. Ein völliges Lösen von der eigentlichen Fahraufgabe ist nicht möglich. Zudem muss die Daueraufmerksamkeit unter unterschiedlichsten Rahmenbedingungen aufrechterhalten werden, wenn eine sichere Teilnahme am Straßenverkehr gewährleistet sein soll. Ein Fahrzeugführer muss seiner Aufgabe unter allen Verkehrsbedingungen nachkommen können.

Die an dieser Stelle noch pauschal formulierten Anforderungen legen den Umkehrschluss nahe, dass eine sichere Verkehrsteilnahme nicht mehr möglich ist, wenn die genannten Voraussetzungen nicht erfüllt sind. Dies trifft u. a. zu, wenn informationsverarbeitende Prozesse nicht (mehr) effektiv genug funktionieren oder das erforderliche Maß an Daueraufmerksamkeit nicht aufgebracht werden kann.

Darüber hinaus können normabweichende Einstellungen und Verhaltensweisen einer anforderungsgerechten Verkehrsteilnahme als Fahrzeugführer im Wege stehen. Zwar ist die psychisch-funktionale Leistungsfähigkeit in diesem Fall nicht beeinträchtigt, trotzdem kann in diesen Fällen nicht von einem sicherheitsorientierten Verhalten als Fahrzeugführer ausgegangen werden.

2.3.1 Grundüberlegungen zur Fahrzeugführung aus psychologischer Sicht

Der Vorgang der Fahrzeugführung kann unter verschiedenen Gesichtspunkten betrachtet werden. Im hier vorliegenden Kontext soll die

Betrachtung aus psychologischer Sicht erfolgen. Schwerpunkte werden dabei das menschliche Verhalten und dabei insbesondere Vorgänge der Informationsverarbeitung und daraus resultiere Prozesse der Belastung und Beanspruchung sowie deren Bedeutung (Haupt- und Nebenaufgabe) bei der Fahrzeugführung sein.

2.3.1.1 Das Fahrer-Fahrzeug-Umwelt-System

Um den komplexen Vorgang der Fahrzeugführung besser zu verstehen, ist es sinnvoll, das Gesamtsystem in Systemkomponenten zu zerlegen, da Einzelelemente in ihrer Funktion leichter zu analysieren sind und das Gesamtsystem so einer Analyse besser zugänglich wird.

Tab. 2.3-1: Tabellarische Übersicht über den Informationsfluss in FFU-System.

	Diese Systemkomponenten geben Rückmeldung an ...		
	Fahrer	**Fahrzeug**	**Umwelt**
Fahrer	--	(Betriebs-)Zustand, Straßenzustand	Verkehrssituation, Verkehrsregelung, Wetter, Tageszeit
Fahrzeug	Fahrzeugbetätigung, Längs- und Seitenführung, diverse Bedienvorgänge	--	Fahrbahnzustand
Umwelt	Fahrer-Fahrzeug-System wird Teil des Gesamtsystems und interagiert damit	Vermittelt Absichten und Ziele des Fahrers an die Umwelt	--

Zwischen den einzelnen Systemkomponenten findet ein Informationsfluss statt. Der Fahrer wird dabei als steuerndes Element in diesem System angesehen. Das Teilsystem „Fahrzeug" gibt an den Fahrer Informationen über Betriebszustände und erforderliche Eingriffe des Fahrers, bei entsprechender Ausstattung auch Informationen zur Orientierung. Mittelbar erfährt der Fahrer auch etwas über den Straßenzustand, der z. T. über Fahrzeugreaktionen vermittelt wird. Der Fahrer gibt seinerseits

Informationen in Form von Betätigungsvorgängen (diskret und/oder kontinuierlich) an das Fahrzeug.

Aus der Umwelt bekommt der Fahrer Informationen über seinen momentanen Aufenthaltsort, über die zu erwartende Fahrbahnbeschaffenheit (Witterung) und über die Verkehrssituation. Er signalisiert seinerseits weitere Absichten an die Umwelt, z. B. über die Fahrtrichtungsanzeige, aber auch durch sein Fahrerverhalten. Er beeinflusst hierdurch wiederum andere Verkehrsteilnehmer, als Teilnehmer am Straßenverkehr auch das Verkehrsgeschehen insgesamt.

Vom Fahrzeug gehen ebenso Informationen an die Umwelt, einerseits als vermittelnde Instanz für den Fahrer, der seine Absichten über Einrichtungen des Fahrzeugs mitteilt, andererseits durch die Veränderung der eigenen Position, welche von anderen Verkehrsteilnehmern bemerkt wird. Die Umwelt gibt Informationen an das Fahrzeug in Form von Witterungseinflüssen, Fahrbahnbeschaffenheit und Navigationshinweisen (z. B. über kommunikative oder „intelligente" Einrichtungen zur Verkehrsführung[4]).

Schwerpunkt der Interaktion in diesem System ist jedoch der Fahrer. Er trifft zahlreiche Entscheidungen und regelt/beeinflusst das System entsprechend seinen Anforderungen/Bedürfnissen. Er nimmt hierzu Informationen aus der Umwelt und dem Fahrzeug auf und verarbeitet diese (vgl. Tabelle 2.3-1). Als Ergebnis dieses Prozesses führt er Handlungen (Fahrzeugbetätigung) aus, die der Umsetzung seiner individuellen Bedürfnisse und Ziele dienen. Die Anforderungen an das wahrnehmungs- und informationsverarbeitende System des Fahrers in diesem Zusammenhang sind immens. Die folgende Abbildung verdeutlicht diesen Sachverhalt:

4 Kraftfahrzeuge können Informationen selbstverständlich nicht im psychologischen Sinne intelligent verarbeiten. Die Rolle des Kfz in diesem Zusammenhang beschränkt sich auf Weiterleitung der Informationen an den Fahrer, was sich in Ausmaß und Intensität durch Konstruktionsmerkmale des Fahrzeugs steuern lässt. Assistenzsysteme können den Fahrer allerdings durch Vorverarbeitung oder Aufbereitung von Informationen wesentlich unterstützen, z. T. auch Reaktionen einleiten, z. B. Notbremsassistent.

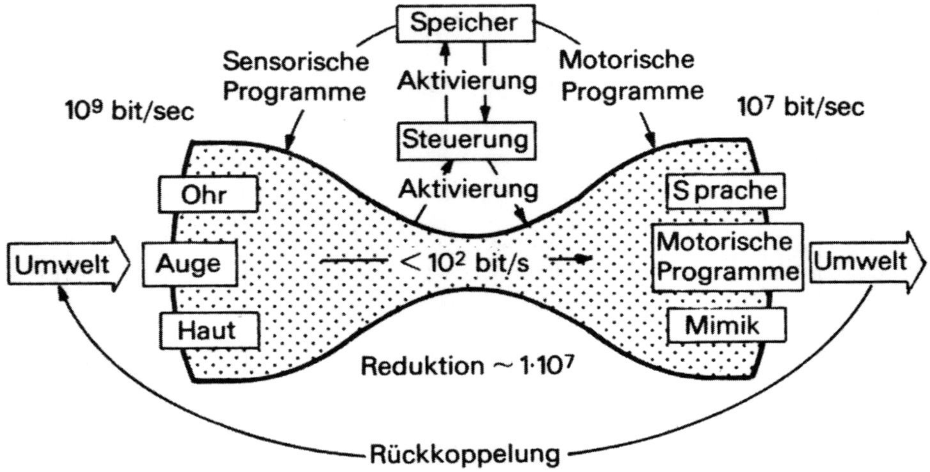

Abb. 2.3-1: Flaschenhalsmodel nach Keidel (Erklärung siehe Text).

Von allen Sinnesorganen eines Menschen werden etwa 10^9 bit/s aufgenommen. Dieser Input wird durch der bewussten Informationsverarbeitung vorgelagerte Prozesse in einem Verhältnis 1:10^7 bit/s außerordentlich stark reduziert. Durch Gestaltwahrnehmung und Invariantenbildung werden die wesentlichsten Merkmale einer konkreten Situation mit maximal 10^2 bit/s der bewussten Auswertung zugänglich (vgl. hierzu auch Wilhelm 2010).

Dem Input steht mit 10^7 bit/s auf der motorischen Seite (Output) eine vergleichbar große Informationsmenge gegenüber. Hierzu gehören angeborene Reflexe, die vom ausgefilterten Anteil der Eingangsinformationen ausgelöst werden, und eingespeicherte, weitgehend automatisierte Verhaltensabläufe ebenso wie bewusste Handlungen.

Abbildung 2.3-2 gibt dabei eine Vorstellung, wie die informationsverarbeitenden Prozesse in der Systemeinheit „Fahrer" ablaufen.

Der Prozess der Informationsreduktion (und die spätere Umsetzung in Handlungen, welche wiederum zu einem großen Anstieg von Informationseinheiten führt) erfolgt bei routinierten Tätigkeiten in einem weiten Bereich automatisiert (sensomotorische Ebene).

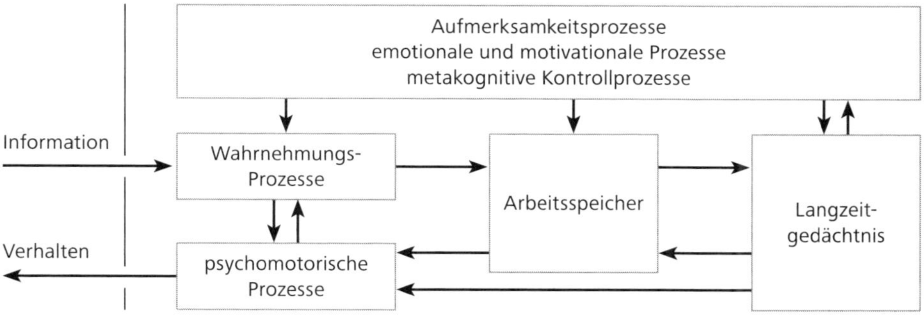

Abb. 2.3-2: Modell der Informationsverarbeitung (nach Leuner & Brünkes 2002). Der Doppelpfeil zwischen Wahrnehmungsprozessen und psychomotorischen Prozessen soll dabei verdeutlichen, dass bestimmte Verhaltensweisen als unmittelbare Antwort auf eingehende Informationen ausgelöst werden, ohne dass vorher eine bewusste Reizverarbeitung stattgefunden hat.

Darüber hinaus führt der Fahrer weitere Handlungen aus, die zumindest eine bewusste Entscheidung zum Abruf eines eingeübten Verhaltensprogramms erfordern, welche nach dem Aufruf automatisiert ablaufen (perzeptiv-begriffliche Ebene) oder sogar uneingeschränkte Zuwendung erfordern (intellektuelle Ebene). Tabelle 2.3-2 stellt die beschriebenen Sachverhalte zusammenfassend dar.

Die beschriebenen Prozesse setzen ein weitgehend intaktes (aber nicht zwangsläufig perfektes) System der Informationsverarbeitung voraus.

Tab. 2.3-2: Regulationsebenen des Fahrerverhaltens (in Anlehnung an Hacker 1980, S. 103 f.).

Regulationsebenen	Aktion	Inhalte der Fahrertätigkeit
Intellektuelle Ebene (bewusstseinspflichtig)	Überlegen, was zu tun ist	Antizipation und Redefinition von Fahrziel, Terminplanung, zu wählender Fahrstrecke, Verhalten bei Störungen am Fahrzeug
Perzeptiv-begriffliche Ebene (bewusstseinsfähig)	Sehen, was zu tun ist	Wahrnehmen von Signalen aus dem Verkehrsraum und von Informationen über Fahrzeugbetriebszustände, Orientieren in bekannten Gebieten, Fahrmanöver wie Überholen, Abbiegen

Sensomotorische Ebene (automatisiert, nur partiell bewusstseinsfähig)	Automatische Reaktion auf Wahrnehmungen	Fahroperationen wie Spurführung, Schalten, Bremsen etc.

An dieser Stelle sei schon einmal die Frage gestellt, was geschieht, wenn das System der Informationsverarbeitung nicht mehr perfekt funktioniert. Bevor diese Frage beantwortet wird, soll aber noch ein weiteres Modell, das Belastungs-Beanspruchungs-Konzept (Rohmert 1984), vorgestellt werden, welches es ermöglicht, die gestellte Frage differenziert zu beantworten.

2.3.1.2 Das Belastungs-Beanspruchungs-Konzept

Das Belastungs-Beanspruchungs-Konzept besagt im Wesentlichen, dass ein Mensch auf Anforderungen aus der Umgebung – die als **Belastungen** bezeichnet werden – reagiert. Er wird dadurch **beansprucht**. Während die Belastungen jedoch für alle Individuen in einer bestimmten Situation gleich und in der Regel objektiv erfassbar sind, trifft dies für die erfahrene Beanspruchung nicht zu. Das Ausmaß der Beanspruchung hängt vielmehr von den individuellen Voraussetzungen ab, die der betroffene Mensch mitbringt. Abbildung 2.3-3 stellt diesen Sachverhalt vereinfacht dar.

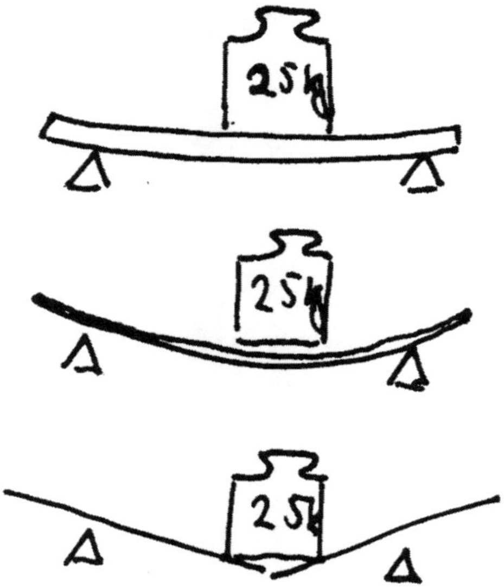

Abb. 2.3-3: Beispiel für den Belastungs-Beanspruchungs-Prozess (Erklärung siehe Text).

Ein Gewicht (Belastung) übt eine Kraft auf ein Brett aus. Das Brett reagiert auf diese Kraft, indem es sich durchbiegt (= beansprucht wird). Ein dickes Brett wird dabei weniger stark beansprucht (oben) als ein dünneres Brett (Mitte). Ein zu dünnes Brett hält der Beanspruchung nicht stand und zerbricht (unten).

Übertragen auf den hier zu erörternden Sachverhalt der psychologischen Fahrerverhaltensbeobachtung, besagt dieses Modell, dass eine objektiv gegebene Situation (u. a. definiert durch Verkehrssituation, Fahrzeugtyp und Fahrzeugausstattung) verschiedene Fahrer unterschiedlich stark beansprucht. So wird es den erfahrenen (Berufs-)Kraftfahrer mit intakter psychisch-funktionaler Ausstattung nicht vor besondere Probleme stellen, in einer größeren Stadt eine unbekannte Adresse zu finden (relativ geringe Beanspruchung). Die gleiche Aufgabe kann eine Person mit geringer Fahrerfahrung oder mit Beeinträchtigungen der psychisch-funktionalen Leistungsfähigkeit an die Grenzen ihrer Leistungsfähigkeit bringen. Die gleiche Aufgabe (Belastung) führt also in diesem Fall zu einer sehr hohen Beanspruchung, gegebenenfalls sogar zu einer Überbeanspruchung, woraus unsicheres Verhalten im Straßenverkehr mit deutlich erhöhter Unfallgefahr resultiert.

2.3.1.3 Fahrzeugführung als komplexe Tätigkeit

Aus den oben (zugegebenermaßen sehr kompakt) dargestellten Überlegungen wird deutlich, dass das Fahren eines Kraftfahrzeugs eine komplexe Tätigkeit darstellt, auch wenn Fahrzeugführern diese Tatsache aufgrund erworbener Fahrroutine nicht (mehr) bewusst ist. Beim Erlernen des Autofahrens wird jedoch deutlich, dass viele Handlungen z. T. parallel, z. T. unmittelbar hintereinander auszuführen sind (vgl. Leutner et al. 2009), was erst nach einem längeren Training zufriedenstellend gelingt.

Die Anzahl der (parallel) auszuführenden Prozesse und Handlungen erhöht sich weiter, wenn nicht nur die Fahrzeugführung isoliert betrachtet wird, sondern auch das Bewegen des Fahrzeugs im Verkehrsumfeld und die dazu notwendigen Vorgänge der Informationsaufnahme und -verarbeitung (vgl. Mensch-Fahrzeug-Umwelt-Modell).

Bei der Fahrzeugkonstruktion und bei der Gestaltung des Verkehrsumfeldes werden i. d. R. grundlegende ergonomische Erkenntnisse beachtet. Es ist für ausreichend geübte Menschen daher ohne übermäßige

Beanspruchung möglich, am motorisierten Straßenverkehr teilzunehmen. Dies gilt zumindest, soweit eine ausreichende Leistungsfähigkeit im psychisch-funktionalen Bereich vorliegt.[5] Die Belastung des informationsverarbeitenden Systems ist innerhalb eines gewissen Spielraums sogar vom Verkehrsteilnehmer selbst zu steuern, indem er z. B. die Fahrgeschwindigkeit erhöht oder auch vermindert, Nebentätigkeiten an Fahrzeuginsassen delegiert (Beifahrer achtet auf die Wegweisung), eine Route mit erfahrungsgemäß geringerer Verkehrsstärke wählt oder auch das Gegenteil tut.

Wird die Fahrzeugführung im engeren Sinne als „Hauptaufgabe" des Fahrers betrachtet, so können weitere für das Fahren notwendige Handlungen als „Nebenaufgabe" bezeichnet werden (detailliert und wesentlich ausführlicher zum Thema „Fahrzeugführung, Haupt- und Nebenaufgaben" vgl. Stephan et al. 2000 und Stephan et al. 2006).

Entsprechend bereits dargestellten Prozessen zur Wahrnehmung und Informationsverarbeitung muss die psychisch-funktionale Leistungsfähigkeit eines Fahrzeugführers ausreichen, um zumindest eine sichere Bearbeitung von Haupt- und Nebenaufgabe(n) zu gewährleisten, sonst ist eine sichere Teilnahme am Straßenverkehr nicht mehr möglich. Bei der ganz überwiegenden Zahl von Kraftfahrern reichen die vorhandenen Ressourcen deutlich aus. Es steht in den meisten Verkehrssituationen sogar noch eine relativ große Restkapazität zur Verfügung, was sich unter anderem darin zeigt, dass Fahrzeugführer während der Fahrt Musik hören, Gespräche mit Mitfahrern oder per Mobiltelefon führen, sich auf längeren Strecken sogar langweilen, was bei einer ausgefüllten Tätigkeit so nicht auftritt.

Die Menge der zu verarbeitenden Informationen und die daraus folgenden Handlungen des Fahrers hängen von den Rahmenbedingungen ab, unter denen die Fahrzeugführung stattfindet. Umweltbedingungen, Verkehrsumfeld, Art des Fahrzeugs (Zweirad, Pkw, Lkw) und Hintergrund der Fahrt definieren die auftretenden Belastungen. Weitere Belastungen ergeben sich im Bereich der Personenbeförderung durch erhöhte Anforderungen an die Fahrsicherheit sowie durch die Anwesenheit von Fahrgästen und eventuell erforderliche Betreuung.

5 Schon Ermüdung oder Krankheiten können dazu führen, dass die psychisch-funktionale Leistungsfähigkeit nicht mehr ausreicht, was die hohen Anforderungen an das menschliche System bei der Fahrzeugführung deutlich macht.

Aus den genannten Faktoren (es gibt noch weitere, die hier aber zu vernachlässigen sind) setzt sich die Gesamtbelastung eines Kraftfahrers zusammen. Diese Gesamtbelastung trifft auf die persönlichen Ressourcen des Fahrers. Aus beiden zusammen (Gesamtbelastung und Ressourcen des Kraftfahrers) ergibt sich die Beanspruchung des Fahrers. Ein Fahrer mit sehr guten oder guten Ressourcen wird bei der Teilnahme am Straßenverkehr weniger beansprucht als ein Fahrer mit ungünstigeren Voraussetzungen. Zu den persönlichen Ressourcen des Fahrers zählen u. a. Fahrerfahrung, Qualität der Sinneswahrnehmung, intellektuelle Fähigkeiten, Ortskenntnis, psychischer und physischer Zustand (es gibt ebenfalls weitere, die hier nicht weiter betrachtet werden). Je besser ein Kraftfahrer mit Ressourcen ausgestattet ist, desto geringer wird seine Beanspruchung in einer Fahraufgabe sein und umgekehrt. In besonderen Fällen kann es vorkommen, dass Verkehrssituationen Fahrer überfordern, diese überbeansprucht werden. In diesem Fall ist das Teilsystem „Fahrer" überfordert mit allen daraus resultierenden negativen Konsequenzen.

Die Gefahr einer Überbeanspruchung bzw. Überforderung besteht umso eher, je ungünstiger die individuellen Leistungsvoraussetzungen eines Fahrzeugführers sind. Da die Systemfunktionen im Fahrer-Fahrzeug-Umwelt-System komplex sind, fällt das Gesamtsystem nicht völlig aus, wenn das Systemelement „Fahrer" nicht mehr zuverlässig funktioniert. So können Fahrfehler bis zu einem gewissen Grad vom Fahrzeug (z. B. durch Fahrerassistenzsysteme) oder vom Umfeld (durch andere Verkehrsteilnehmer) aufgefangen bzw. kompensiert werden. Die Anzahl von Situationen mit relativer Orientierungslosigkeit, Verkehrskonflikten, Beinaheunfällen und tatsächlichen Unfällen häufen sich jedoch in dem Ausmaß, in dem das Systemelement „Fahrer" unzuverlässig reagiert, wovon bei Überbeanspruchung grundsätzlich auszugehen ist.

Sinkt die individuelle Leistungsfähigkeit eines Fahrzeugführers unter ein bestimmtes Niveau (z. B. durch Ermüdung, organische Mängel durch langjährigen Alkohol- oder Betäubungsmittelmissbrauch), sind Fahrfehler so häufig zu erwarten, dass eine aktive Teilnahme am motorisierten Straßenverkehr nicht mehr akzeptiert werden kann. Zwar kann unter bestimmten Umständen die Hauptaufgabe „Fahrzeugführung" noch aufrechterhalten werden, die für eine sichere Teilnahme am Straßenverkehr erforderlichen Nebenaufgaben werden jedoch mit nachlassender Leistungsfähigkeit zunehmend vernachlässigt. Problematisch dabei: Die Betroffenen merken selbst oft nicht, dass diese Vorgänge in ihrem Fall bereits ein sicherheitsgefährdendes Ausmaß angenommen haben, da sie die Situation als Ganze nicht mehr wahrnehmen.

2.3.2 Anforderungen beim Führen eines Kfz (nach Anlage 5 Nr. 2a–2e FeV)

Die vom Gesetzgeber definierten Anforderungen an die Fahrer von Kraftfahrzeugen sind in der Fahrerlaubnisverordnung in Anlage 5 unter den Punkten 2a bis 2e benannt.

Die hier benannten Dimensionen lauten (zitiert):
- Belastbarkeit
- Orientierungsleistung
- Konzentrationsleistung
- Aufmerksamkeitsleistung
- Reaktionsfähigkeit

Eine weitere bzw. vertiefende Erläuterung, was unter diesen Begriffen im Detail zu verstehen ist, liegt nicht vor. Festzustellen ist, dass diese Begriffe im alltäglichen Sprachgebrauch durchaus sinnhaft sind, aber nicht explizit an eine Theorie zur Fahrzeugführung gebunden sind. Im weiteren Text werden diese Begriffe jeweils als kognitive Funktionen, also als Funktionen, denen ein Informationsverarbeitungsprozess zugrunde liegt, verstanden.

Aus diesem Verständnis heraus war und ist es möglich, psychologische Testverfahren bzw. Testbatterien zu entwickeln, um diese Dimensionen zu erfassen.

2.3.3 Anforderungen an eine psychologische Fahrerverhaltensbeobachtung

2.3.3.1 Rahmenbedingungen

Da sich bei einer Fahrerverhaltensbeobachtung im hier besprochenen Sinn um eine Maßnahme im Rahmen der MPU handelt, die für den Betroffenen mit erheblichen (Rechts-)Folgen verbunden ist, ist es notwendig, die Maßnahme in wissenschaftlich abgesicherter und in nachvollziehbarer Weise durchzuführen. Die Gründe/Sachverhalte, die zu einer Beurteilung geführt haben, müssen aus dem erstellten Gutachten hervorgehen. I. d. R. werden Minderleistungen im Bereich der psychisch-funktionalen Leistungsfähigkeit der Anlass für eine PFB (psychologische Fahrerverhaltensbeobachtung) sein.

Die Maßnahme der Fahrerverhaltensbeobachtung sollte ein hohes Maß an Augenscheinvalidität besitzen, um auf Akzeptanz bei den betroffenen Kunden zu stoßen. Diese Forderung leitet sich aus der Erkenntnis ab, dass sich die betroffenen Kunden im Vorfeld häufiger über die „merkwürdigen Aufgaben" in den psychologischen Leistungstests beschwert haben, die ihrer Ansicht nach „nichts mit dem Autofahren zu tun" hätten.

Aus den gegebenen Anforderungen ist abzuleiten, dass bei der Fahrerverhaltensbeobachtung einerseits ein hohes Maß an Kontrolle über die Bedingungen vorliegen muss, um die Vergleichbarkeit der Maßnahme zwischen verschiedenen Teilnehmern zu gewährleisten, und sie andererseits eine hohe Realitätsnähe aufweisen sollte.

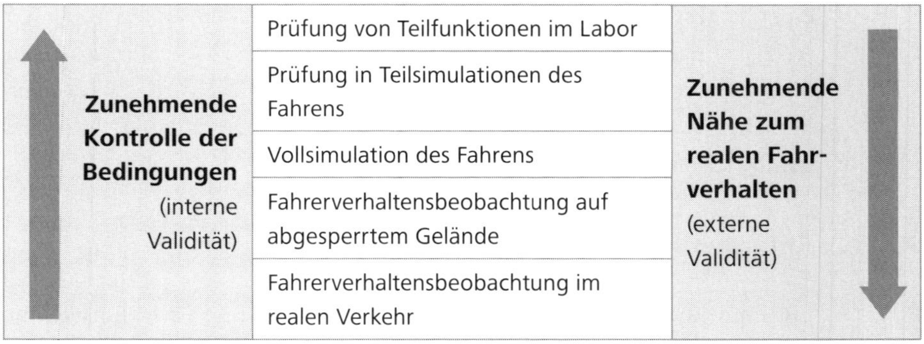

Abb. 2.3-4.: Überblick über den Zusammenhang zwischen der Kontrollierbarkeit einer Verkehrssituation und der Realitätsnähe (nach Krüger und Vollrath 2009; der Begriff „Fahrprobe" wurde durch „Fahrerverhaltensbeobachtung" ersetzt).

Abbildung 2.3-4 stellt verschiedene Methoden zur Überprüfung des Verkehrsverhaltens dar, wobei die beiden ersten Varianten (Prüfung von Teilfunktionen im Labor bzw. von Teilsimulationen des Fahrens) ausscheiden, da dies sinngemäß schon bei der Prüfung der psychisch-funktionalen Leistungsfähigkeit im Rahmen der MPU geschehen ist, wenn auch mit einem hohen Abstraktionsgrad.

Die Prüfung der Kraftfahrereignung im Rahmen einer Vollsimulation des Fahrens mag zunächst sehr sinnvoll erscheinen, den vermeintlichen Vorteilen (objektiv gleiche Bedingungen, geringer Aufwand bei der Durchführung) stehen jedoch wesentliche Nachteile entgegen. So ist es auch beim derzeitigen Stand der Technik (2011) noch immer außerordentlich aufwendig, überhaupt eine Simulationsumgebung zu schaffen, die einen auch nur halbwegs realistischen Eindruck vom Verkehrsgeschehen vermitteln kann. Die Simulation von Längs- und Querbeschleunigung erweist sich als technisch aufwendig und kann nicht einfach durch Neigen der Simulatorkabine in Längs- oder Querrichtung erreicht werden, da Menschen sehr wohl in der Lage sind, gradlinige Beschleunigung von Dreh- und Kippbewegungen zu unterscheiden. Darüber hinaus kann selbst bei einer sehr realitätsnahen Darstellung der Verkehrsumgebung den Teilnehmern nicht dass Bewusstsein genommen werden, in einem Simulator zu sitzen (eine ausführliche Diskussion zum Thema findet sich u. a. bei Kiegeland 1997).

Für die Praxis im Bereich der MPU kommt unter den gegebenen organisatorischen und wirtschaftlichen Bedingungen nur die Durchführung einer Fahrerverhaltensbeobachtung im realen Straßenverkehr in Frage. Auch bei der Durchführung auf einem abgesperrten Gelände kann eine realitätsgerechte Gestaltung des Verkehrsumfeldes einschließlich der erforderlichen weiteren Verkehrsteilnehmer nicht mit vertretbarem Aufwand gewährleistet werden.

2.3.3.2 Anforderungen Streckenprofil

Für eine psychologische Fahrerverhaltensbeobachtung ist es notwendig, dass die Beobachtungsstrecke standardisiert[6] ist und unterschiedliche Verkehrsräume umfasst. Da durch die Akkreditierungsbehörde (jetzt Begutachtungsstelle Fahrerlaubniswesen, BASt) gefordert wird, dass zumindest jede größere BfF eine entsprechende Erhebungsstrecke erarbeitet und für die Durchführung von Fahrerverhaltensbeobachtungen auch nutzt, hat sich die Streckenführung auch an lokalen Gegebenheiten zu

6 Inwieweit auf dieser Strecke bewusst Variationen vorzusehen sind, um eine systematische Vorbereitung von Kunden im Sinne einer Manipulation der MPU-Ergebnisse vorzubeugen, ist zu diskutieren. Diese Frage soll jedoch an dieser Stelle nicht vertieft werden.

orientieren. Ein sich aus diesem Vorgehen ergebender Nebeneffekt besteht darin, dass die Teilnehmer die Fahrerverhaltensbeobachtung in einem Umfeld absolvieren, in dem sie auch im Alltag unterwegs sind. Dies trifft zumindest zu, wenn die BfF für die MPU wohnortnah gewählt wurde.

Im Idealfall enthält eine PFB Streckenabschnitte aus folgenden Bereichen:
- Autobahn/Schnellstraßen (i. d. R. mindestens vierspurig)
- Bundes- und Landstraßen
- Innerortsverkehr verschiedener Intensitäten, darunter möglichst auch eine verkehrsberuhigte Straße/Zone
- Einparkaufgabe (Teilnehmer sucht sich innerhalb eines bestimmten Bereichs nach Aufforderung selbstständig einen geeigneten Parkplatz und parkt ein)

- Alternativ Lkw: Anfahren einer Laderampe oder eines anderen Lkw mit Fahrzeug/Anhänger/Auflieger mit Beachtung des notwendigen Sicherungsverhaltens
- Alternativ Personenbeförderung: Anfahren einer oder mehrerer Haltestellen bzw. im Pkw-Bereich eines Taxistandes (oft am Rand von Fußgängerzonen/verkehrsberuhigten Zonen)[7]

Liegt die Erhebungsstrecke in ländlich geprägten Gebieten, wird es nicht in allen Fällen möglich sein, die benannten Verkehrsräume mit vertretbarem Aufwand (Zeit, Entfernung) in die Erhebungsstrecke zu integrieren. Die Strecke selbst ist zu katalogisieren in dem Sinne, dass bestimmte Merkmale des Fahrerverhaltens (z. B. Geschwindigkeit) an bestimmten Punkten der Strecke dokumentiert (erhoben) werden. Grundsätzlich ist es auch möglich, die gesamte Erhebungsstrecke zu klassifizieren. Derartige computergestützte Klassifizierungsverfahren für Verkehrssituationen existieren, die Anwendung ist jedoch relativ aufwendig (Verfahren u. a. bei Kiegeland 1999). Falls die Notwendigkeit besteht, eine PFB auch mit Lkws durchzuführen, ist dies bei der Streckenauswahl zu berücksichtigen bzw. eine alternative Strecke auszuarbeiten.

7 Soweit vorhanden, ist im Falle der Personenbeförderung ggf. auch zu bewerten, inwieweit Sonderspuren, die dem ÖPNV bzw. Fahrzeugen zur Personenbeförderung vorbehalten sind, ordnungsgemäß genutzt werden.

Die katalogisierten Punkte sind den Dimensionen der FeV-Anlage 5, Punkte 2a bis 2e, zuzuordnen, woraus sich die Erhebungsskalen ergeben.

Pkt.	Ort	Anweisung	O	K/A	H	R	Anmerkungen
11	Beginn der Abfahrt	Richtung Zentrum					
12	Theodor-Heuss-Straße						R: 50 km/h
13	Europaplatz	Geradeaus der Straße nach					

Abb. 2.3-5: Auszug aus einem Protokollbogen zur PFB für den Ort Braunschweig.
Spalte 1 (von links): durchnummerierte Verkehrssituationen
Spalte 2: Ort, an dem eine Anweisung zu geben ist
Spalte 3: Anweisungstext
Spalten 4–7: Skalen; Helle Felder sind vom Psychologen auszufüllen
Spalte 8: Raum für Erläuterungen und Notizen

2.3.3.3 Anforderungen an das Fahrzeug

Eine psychologische Fahrerverhaltensbeobachtung wird überwiegend mit Personen vorgenommen, bei denen sich Minderleistungen in der Testsituation gezeigt haben. Es kann daher im Vergleich zum normalen (unbeeinträchtigten) Kraftfahrer nicht davon ausgegangen werden, dass auf alle Fahrsituationen adäquat reagiert wird, was besondere Vorsichtsmaßnahmen erfordert. Erforderlich ist daher die Ausstattung eines Fahrschulfahrzeuges mit doppelten Bedieneinheiten. Das Fahrzeug sollte von außen möglichst nicht als Fahrschulfahrzeug zu erkennen sein.

Aufgrund der unter Punkt 2 dargestellten Überlegungen ist darüber hinaus die Benutzung eines klassentypischen Fahrzeugs notwendig. Diese Forderung begründet sich aus der Tatsache, dass die MPU eine Grundlage über eine Entscheidung zur Neuerteilung/Belassung einer Fahrerlaubnis ist. Aus diesem Grunde muss aus der PFB hervorgehen, dass genau die dazu erforderlichen Fähigkeiten entsprechend der beantragten Fahrerlaubnisklasse geprüft wurden. Insofern ergeben sich zwingend aus dem Belastungs-Beanspruchungs-Konzept sowie einer Betrachtung der Fahrzeugführung als Tätigkeit mit Haupt- und Nebenaufgaben unterschiedliche Anforderungen an die persönliche Leistungsfähigkeit für die einzelnen Fahrerlaubnisgruppen A, B, C und D. Soll eine erteilte Fahrerlaubnis mehrere Gruppen umfassen, ist die PFB mit einem Fahrzeug der Gruppe durchzuführen, bei dem die höchsten Belastungen durch die Fahrzeugführung zu erwarten sind.

Zwar können aus grundsätzlichen Überlegungen heraus Einzelaspekte (z. B. Orientierungsfähigkeit) auch mit Fahrzeugen der Klasse B überprüft werden, stellt sich hierbei dann aber heraus, dass die Minderleistungen in der testpsychologischen Untersuchung beim Führen eines Kraftfahrzeugs der genannten Klasse kompensiert werden können, so sind trotzdem keine zuverlässigen Aussagen darüber möglich, ob dies angesichts der erhöhten Belastung (und der resultierenden Beanspruchung) beim Führen eines Fahrzeugs der Gruppen C oder D ebenfalls der Fall ist.[8]

2.3.3.4 Personelle Voraussetzungen

Neben dem Teilnehmer (Kandidaten) an einer psychologischen Fahrerverhaltensbeobachtung ist i. d. R. die Teilnahme eines ausgebildeten und für diesen Einsatz geschulten Fahrlehrers erforderlich, um eventuelle Fehlleistungen des Kandidaten zu kompensieren.

Es ist aufgrund der Rahmenbedingungen der PVB darüber hinaus erforderlich, dass der Fahrlehrer von der BfF bestimmt wird. Anders als bei Fahrerlaubnisprüfungen wird bei der PFB stets die gleiche Strecke – eventuell mit geringen Abweichungen – gefahren. Die Gefahr eines systematischen „Trainings“ auf der Erhebungsstrecke muss daher sicher ausgeschlossen werden können. Das ist nicht der Fall, wenn der Kunde die PFB mit einem „Fahrlehrer seines Vertrauens“ absolviert. Der die PFB leitende Psychologe ist für diese Tätigkeit zu schulen.

8 Zu Fragen der Belastung und Beanspruchung von Kraftfahrzeugführern liegen bereits umfangreiche Untersuchungen vor, z. B. Frieling, Bogedale, Kiegeland (1990), McDonald (1984), Beek (1994), Michon (1985), um nur einige zu nennen.

2.3.3.5 Beobachtungssituationen/-punkte

Es gibt zwei Arten von markanten Punkten bzw. Situationen, die für eine Fahrerverhaltensbeobachtung zur Beurteilung des Fahrerverhaltens aus psychologischer Sicht aussagekräftig sind:

a) Feste Beobachtungspunkte auf der Erhebungsstrecke (ortsgebundenes Verhalten): alle die Verkehrssituationen, die sich aus dem Verkehrsumfeld ergeben und die vom Kandidaten eine beobachtbare Reaktion erfordern (z. B. Verkehrsampel, Spurführung, Beschilderung, Wegweisung, Einsichtmöglichkeiten etc.). Das Verhalten an diesen Punkten kann jeweils bestimmten Skalen entsprechend bzw. nach der FeV zugeordnet werden. Diese Punkte ergeben **quantitative Daten**, die hinsichtlich ihrer Häufigkeit ausgewertet werden.

b) Definierte Verkehrssituationen (Verhaltensweisen, die an unterschiedlichen Punkten der Strecke praktiziert werden können): alle Situationen, die sich im Verlauf der Erhebungsfahrt aus der Teilnahme am Verkehrsgeschehen ergeben können, jedoch nicht zwangsläufig ergeben müssen (z. B. Überholvorgänge, Spurwechsel, Reaktionen auf andere Verkehrsteilnehmer, wenn diese sich ihrerseits in unerwarteter/nicht vorhersehbarer Weise verhalten etc.). Diese Art von Situationen ergeben **qualitative Daten**, die – da sie nicht zwangsläufig auftreten – nicht über die Häufigkeit, sondern über ihre Ausprägung (Ausführungsqualität) zu bewerten sind (qualitative Auswertung).

Zwar können bei entsprechendem Aufwand (speziell ausgestattetes Erhebungsfahrzeug, mit dem Daten zur Fahrdynamik und zusätzlich Videoaufzeichnungen des Verkehrsumfeldes sowie des Fahrerverhaltens dokumentiert werden können) diese Situationen ebenfalls einer quantitativen Auswertung unterzogen werden (Kiegeland 1999), der dafür zu betreibende Aufwand ist jedoch in einer PFB im Kontext einer MPU nicht realisierbar.

Um für die **quantitative Auswertung** eine tragfähige Beurteilung zu erhalten, müssen die Beobachtungspunkte bzw. das dort zu registrierende Verhalten einige grundlegende Anforderungen erfüllen:

- Fehlverhalten darf an diesen Stellen nicht zu selten auftreten (sonst keine Trennschärfe)
- Fehlverhalten an einem Punkt darf keine Auswirkungen auf Verhalten an anderen Beobachtungspunkten haben (Unabhängigkeit der Ereignisse voneinander)
- Die Beobachtungspunkte dürfen nicht zu dicht hintereinanderliegen (Überforderung des Gutachters)
- Fehlverhalten muss im Sinne der zugrunde liegenden Skalen interpretierbar sein (entsprechend FeV)
- Abweichungen vom Verhalten des idealen Fahrers müssen relativ leicht zu erkennen sein (Übereinstimmung der Ergebnisse verschiedener geschulter Beobachter)

Tab. 2.3-3: Definition von Skalen zur quantitativen Datenerhebung im Sinne der FeV-Anlage 5 sowie Beispiele zugeordneter Verkehrssituationen.

Kurzbez.	Dimension in Anlehnung Anlage 5 FeV	Definition	Beispiele
O	Orientierung	Fähigkeit zur großräumigen Orientierung (Wegfindung)	• Umsetzung von Richtungsanweisungen
		Fähigkeit zur kleinräumigen Orientierung (Fähigkeit, sich auch in komplexen Verkehrssituationen zurechtzufinden)	• Auch in komplexen Situationen richtig handeln
		Orientierung im Raum	• Erkennen der Fahrzeugposition relativ zur Verkehrssituation
K/A	Konzentration/ Aufmerksamkeit	Beachten relevanter Informationen, aktives Suchen von Informationen, Abschirmung von Störeinflüssen, Antizipation von Verkehrssituationen	• Veränderungen der Strecke (z. B. Ende Geschwindigkeitsbegrenzung) • Überwachung (Spiegel, Instrumente) • Vorrangsituationen

A/M	Ausdauer und Monotoniefestigkeit (wird nur bei entsprechender Fragestellung erhoben und setzt ein grundsätzlich anderes Design der Erhebung voraus)	Fähigkeit, die zur Fahrzeugführung notwendige Konzentration und Aufmerksamkeit auch in monotonen Fahrsituationen über einen längeren Zeitraum aufrechtzuerhalten	• Fähigkeit zur Spurhaltung • Angemessene Geschwindigkeit bei (in) Ausfahrten von Schnellstraßen/Autobahnen • Reaktionsfähigkeit (z. B. rechtzeitige Verminderung der Geschwindigkeit beim Auffahren auf vorausfahrende Fahrzeuge)
R	Risiko/Selbstkontrolle	Fähigkeit, sich beim Fahren an geltenden Gesetzen, Regeln und Normen zu orientieren, sicherheitsbewusstes Fahrerverhalten	• Grenzbereiche vermeiden • Angemessene Geschwindigkeit • Partnerschaftliches Verhalten • Gesetzlich zulässige Geschwindigkeit nicht ausnutzen (situationsorientiert)
B	Belastbarkeit (wird überwiegend im Bereich der qualitativen Auswertung berücksichtigt)	Wird verstanden im Sinne des rohmertschen B&B Konzeptes als Beanspruchungsfolge	• Stabiler Verlauf der PFB über die gesamte Strecke • Bei geringer Belastbarkeit Fehlerhäufung im letzten Teil • Unangemessene emotionale Reaktionen • Vegetative/körperliche Reaktionen (Schweißausbrüche etc.)
H	Handlungskompetenz (nicht in der FeV benannt, aber für die Beurteilung des Fahrerverhaltens unabdingbar)	Kompetenter Umgang mit dem Fahrzeug Der Situation entsprechende Reiz-Reaktions-Verbindungen	• Handhaltung Lenkrad, Koordination Fahrzeugbetätigung/Fahrzeugsignale • „Flüssige" Fahrweise mit wenigen Eingriffen (qualitativ) • Handhabung der Situation (nicht nur des Fahrzeugs!) bei Sonderaufgaben

Im Unterschied zur quantitativen Auswertung kann bei der **qualitativen Auswertung** nicht von einem regelmäßigen Auftreten der Verkehrssituationen ausgegangen werden. Bestimmte Situationen werden sogar nur ausgesprochen selten auftreten (z. B. Radfahrer kommt auf der eigenen Fahrbahn entgegen). Vom Teilnehmer einer PFB ist trotzdem zu fordern, dass auch diese Situationen angemessen bewältigt werden, da auch im realen Verkehrsablauf mit derartigen Vorfällen zu rechnen ist. An Verkehrssituationen, die in der qualitativen Auswertung berücksichtigt werden sollen, sind folgende Anforderungen zu stellen:

- Die zu bewertenden Ereignisse müssen unabhängig voneinander sein.
- Fehlverhalten sollte im Idealfall im Sinne der zugrunde liegenden Skalen interpretierbar sein (FeV). Dies ist jedoch nicht Bedingung, da auch Verhaltensweisen beurteilbar sein müssen, die außerhalb dieser Skalen liegen, für einen sicheren Verkehrsablauf aber von entscheidender Bedeutung sind.
- Abweichungen vom Verhalten des idealen Fahrers müssen relativ leicht zu erkennen sein (Übereinstimmung der Ergebnisse verschiedener geschulter Beobachter).

Beispiele für qualitativ zu beurteilende (Verkehrs-)Situationen

- **Fahrzeugbetätigung**
  Das Fahrzeug sollte in angemessener Weise und im Sinne guter, unauffälliger Fahrpraxis betätigt werden. Kriterium für eine gute Fahrweise ist ein Fahrstil, der ein effektives Vorwärtskommen bei gleichzeitig wenigen Fahrzeugbetätigungsvorgängen und Fahrmanövern ermöglicht.

- **Überholvorgang**
  Hier sind nicht Überholvorgänge auf mehrspurigen Straßen gemeint, sondern solche Überholvorgänge, wie sie i. d. R. auf zweispurigen Straßen stattfinden. Insgesamt werden solche Vorgänge während der Fahrerverhaltensbeobachtung eher selten vorkommen.

  Der Teilnehmer sollte sich in diesem Zusammenhang über die Verkehrssituation (auch die rückwärtige) vergewissert haben, ebenso, ob eventuell ein Überholverbot besteht.

- **Abbiegevorgang**
  Abbiegen sollte unter Beachtung des Verkehrsumfeldes (Gegenverkehr, andere Verkehrsteilnehmer) erfolgen. Beim Abbiegevorgang ist darauf zu achten, dass die Spur gehalten wird, anderen Verkehrsteilnehmern und auch dem ruhenden Verkehr nicht zu nahe gekommen wird. Die Lenkbewegung sollte nicht „sägezahnartig" erfolgen, sondern der vorgesehenen Fahrlinie möglichst exakt entsprechen.

- **Spurhalten**
  Ein Verkehrsteilnehmer sollte die Fahrspur nur bei bestehender Notwendigkeit oder Sinnhaftigkeit wechseln (z. B. langsam vorausfahrendes Arbeitsfahrzeug). Häufiger Spurwechsel zum Zwecke des schnelleren Vorwärtskommens ist als Fehlverhalten zu bewerten, ebenso die Nutzung der linken Spur (außerorts), obwohl dies von der Verkehrslage und von der aktuellen Fahraufgabe her nicht sinnvoll bzw. notwendig ist.

- **Spurwechsel**
  Ein Spurwechsel muss immer so erfolgen, dass eine Gefährdung anderer Verkehrsteilnehmer nicht stattfindet (Beobachten des rückwärtigen und seitlichen Verkehrs, Blinkzeichen, der Verkehrssituation angemessener Spurwechsel). Im Kontext der Orientierungsfähigkeit ist es notwendig, dass ein Spurwechsel rechtzeitig, d. h. nicht im letzten Moment durchgeführt wird und dann eventuell nur noch durch eine entgegenkommende Reaktion anderer Verkehrsteilnehmer möglich ist.

- **Abstandsverhalten**
  Auf Schnellstraßen/Autobahnen und außerorts sollte der Abstand im fließenden Verkehr nicht unter eineinhalb Sekunden liegen, d. h., wenn das vorausfahrende Fahrzeug eine bestimmte Stelle passiert, sollten mindestens eineinhalb Sekunden vergehen, bis das eigene Fahrzeug an der Stelle vorbeikommt, besser sogar zwei Sekunden. Unter besonderen Bedingungen (Witterung, Straßenbelag, besondere vorausfahrende Fahrzeuge) muss der Abstand größer sein.

- **Reaktion auf ungewöhnliche oder unerwartete Verkehrssituationen**
  Reaktion im Sinne der Verkehrssicherheit, Vermeidung von risikohaften Verhalten, Deeskalation, Kompensation von Fehlverhalten anderer Verkehrsteilnehmer.

  Weitere außergewöhnliche Verhaltensweisen (sowohl im positiven wie im negativen Sinne), die für die Beurteilung der Fähigkeit zur Kraftfahreignung von Bedeutung sind (Sachverständigenurteil).

2.3.4 Differenzierung PFB – Befähigungsprüfung

Oft wird die Frage gestellt, worin sich eine psychologische Fahrerverhaltensbeobachtung von einer „Befähigungsprüfung" (Führerscheinprüfung/Fahrprüfung) unterscheidet. Zu berücksichtigen ist in diesem Zusammenhang sicherlich, dass die Fahrerlaubnisprüfung über fast schon eine „historische Tradition" verfügt (hierzu auch Sturzenbecher & Hoffmann 2010), während psychologische Fahrerverhaltensbeobachtungen bestenfalls im Rahmen von Forschungsprojekten mit unterschiedlichen Zielsetzungen jeweils von Fall zu Fall kreiert wurden. Somit existieren neben einigen Gemeinsamkeiten (Schnittmengen) eine ganze Reihe von wesentlichen Unterschieden.

Grundsätzlich handelt es sich bei der **Fahrerlaubnisprüfung** um eine „Befähigungsprüfung". *„[...] sie überprüft im Rahmen festgelegter Verfahren und für abgegrenzte Themengebiete Wissen und Fertigkeiten, die ein Prüfungsbewerber bei der Lösung der Prüfungsaufgaben zeigt. Dabei werden keine Rückschlüsse auf die grundsätzliche Eignung des Bewerbers gezogen, sondern lediglich darauf, ob die Prüfungsaufgaben im Rahmen vorgegebener Fehlertoleranzen richtig gelöst wurden."* (Zitiert nach Leutner et al. 2009). Hinweise auf besondere Problembereiche liegen i. d. R. nicht vor.

Bei der **psychologischen Fahrerverhaltensbeobachtung** geht es dagegen um eine Begutachtung der grundsätzlichen Eignung. Kenntnisse zur Teilnahme am motorisierten Straßenverkehr sowie zur Fahrzeugführung werden vorausgesetzt. Es wird weniger eine erfolgreiche Bewältigung einzelner Fahraufgaben geprüft (gleichwohl auch dies gewährleistet sein muss), als viel mehr die Art und Weise, in der ein Teilnehmer Informationen wahrnimmt, verarbeitet und in Handlungen umsetzt, sowie die dabei gegebenenfalls auftretenden Defizite und bestehende Kompensationsmöglichkeiten (umfassende Diskussion zum Thema

Minderleistungen und Kompensation u. a. bei Stephan 2010). Der ideale Verkehrsteilnehmer soll sich dabei unauffällig in das Verkehrsgeschehen einfügen, das Gesamtsystem „Verkehr" möglichst wenig stören. Hinweise auf vorhandene Problembereiche ergeben sich dabei i. d. R. aus den vorgeschalteten testpsychologischen Untersuchungen.

Aus der geschilderten, grundsätzlich anderen Ausgangssituation resultieren bei der PFB gegenüber der Befähigungsprüfung eine Reihe von Unterschieden, die in der folgenden Tabelle 2.3-4 dargestellt sind.

Tab. 2.3-4: Gegenüberstellung von „psychologischer Fahrerverhaltensbeobachtung" und „Befähigungsprüfung" (Fahrprüfung).

	PFB	Befähigungsprüfung
Anlass	Prüfung, ob eine in testpsychologischen Untersuchungen festgestellte nicht ausreichende Leistungsfähigkeit (partiell oder insgesamt) im realen Straßenverkehr kompensiert werden kann (systemischer Ansatz)	Nachweis der Fähigkeit, ein Kraftfahrzeug sicher im Straßenverkehr zu fahren (Fehlerzählen)
	• Regelwissen wird vorausgesetzt • Handlungskompetenz wird vorausgesetzt • Systemischer Ansatz: Prüfung der Störung des Gesamtsystems (und daraus resultierende Gefährdungen) durch den Kraftfahrer	• Prüfung von Regelwissen • Prüfung von Handlungskompetenz bei der Fahrzeugführung
Grundgesamtheit	Hoch auffällige Personen	Normalpopulation
	• Personen mit Defiziten im Bereich der psychisch-funktionalen Leistungsfähigkeit • Personen mit zu vermutenden gravierenden Fehleinstellungen	Hoch auffällige Personen sind auch in der Normalpopulation enthalten, jedoch nur zu einem sehr geringen Anteil (von einem Teil wird wegen Auffälligkeiten in der Prüfung die Vorlage eines MPU-Gutachtens erwartet)

Vorbereitung des Kandidaten	Empfohlen, z. B. durch externe Fahrschule, aber nicht zwingend erforderlich	Vollständige theoretische und praktische Fahrschulausbildung und weitere Nachweise (Sehtest, Erste Hilfe etc.)
Strecke	Standardisierte Strecke, es gibt nur wenige Freiheitsgrade für Abweichungen (Baustellen, aktuelle Verkehrssituation)	Strecke steht (im Rahmen der geltenden gesetzlichen Vorschriften) weitgehend im Belieben des abnehmenden Prüfers, zahlreiche Variationsmöglichkeiten
Fahrtteilnehmer	Prüfperson Fahrlehrer Psychologischer Gutachter	Prüfperson Fahrlehrer Amtlich anerkannter Sachverständiger oder Prüfer
Fahrzeug	i. d. R. Pkw (z. T. durch Bundesländer vorgegeben)[9]	Klassentypisches Fahrzeug

2.3.5 Durchführung einer PFB

Im Rahmen einer medizinisch-psychologischen Untersuchung ist die Durchführung einer psychologischen Fahrerverhaltensbeobachtung immer dann zu erwägen, wenn die Durchführung von Leistungstests nicht möglich war, die Ergebnisse nicht uneingeschränkt auf das Verhalten im Straßenverkehr übertragbar sind (vgl. oben), oder in Fällen, in denen eine Aussage allein aufgrund der durchgeführten Leistungstests aus fachlicher Sicht nicht möglich ist.

Die Entscheidung, ob dem Kunden eine psychologische Fahrerverhaltensbeobachtung zu empfehlen ist, trifft der federführende Gutachter (i. d. R. der Psychologe), bei Bedarf in Absprache mit der zuständigen Fahrerlaubnisbehörde. Letzteres setzt allerdings das Einverständnis des Kunden voraus (Entbindung von der Schweigepflicht).

9 Nach den hier dargestellten Überlegungen führt dies nicht zu validen Ergebnissen. Sinnvoll ist die Durchführung mit klassentypischen Fahrzeugen (vgl. hierzu die Ausführungen im Text sowie in einschlägigen Untersuchungen zur Belastung/Beanspruchung von Kraftfahrern).

Aufgrund des mit der Maßnahme verbundenen Aufwandes ist jeweils sorgfältig und unter Berücksichtigung aller weiteren bis zu diesem Zeitpunkt vorliegenden Untersuchungsergebnisse abzuwägen, ob eine psychologische Fahrerverhaltensbeobachtung im Einzelfall sinnvoll und vertretbar ist. Die Entscheidung für eine psychologische Fahrerverhaltensbeobachtung ist insbesondere dann zu vertreten, wenn außer den vorliegenden Testergebnissen keine Befunde vorliegen, die einer im Sinne des Kunden positiven Beurteilung entgegenstehen, d. h., wenn es bei einer günstig verlaufenden psychologischen Fahrprobe möglich ist, die behördlichen Eignungsbedenken auszuräumen, und wenn diese Testergebnisse im grenzwertigen Bereich liegen oder stark „zerklüftet" sind, d. h., sehr geringen Leistungen auf einzelnen Skalen stehen relativ gute Ergebnisse auf anderen Skalen gegenüber, sodass die tatsächliche Leistungsfähigkeit nur schwer zu beurteilen ist.

Nach vorliegenden praktischen Erfahrungen ist es dagegen i. d. R. wenig aussichtsreich, eine PFB mit Kunden durchzuführen, deren Testergebnisse durchweg auf allen Skalen einen Wert unter dem Prozentrang zehn aufweisen. Diese Kunden haben aufgrund ihrer eingeschränkten Leistungsfähigkeit kaum eine Chance, die PFB erfolgreich zu bestehen.

Teilnehmer an einer PFB

Im Normalfall wird eine PFB mit drei Fahrzeuginsassen durchgeführt, dem Kandidaten, einem eingewiesenen Fahrlehrer und dem Psychologen (Diplom- oder Master-Abschluss). Die Sitzordnung der Personen ergibt sich aus der Funktion: Fahrlehrer auf dem Beifahrersitz, leitender Psychologe rechts hinten oder Mitte hinten. Eine Sicht auf die Fahrzeuginstrumente sollte gegeben sein.

Weitere Personen können auf Wunsch des Kunden an der PFB teilnehmen, wenn sie sich völlig passiv verhalten und die regulären Teilnehmer (Fahrlehrer, Psychologe) keine Einwände haben. Fährt zu Ausbildungszwecken ein weiterer Psychologe mit, so setzt dies die Zustimmung des Kandidaten voraus.

Alle Teilnehmer unterliegen der Schweigepflicht. Die Teilnehmer haben dies nach entsprechender Information schriftlich zu bestätigen. Dies gilt auch für den Kandidaten, der seinerseits Stillschweigen über die gefahrene Erhebungsstrecke zu wahren hat.

Erhebungsfahrt

Die Fahrerverhaltensbeobachtung wird abhängig von den Ergebnissen der testpsychologischen Untersuchung auf einer der zur Verfügung stehenden Beobachtungsstrecken durchgeführt. Weiteres Kriterium bei der Auswahl der Beobachtungsstrecken ist u. U. die vorliegende Deliktstruktur.

Die Fahrerverhaltensbeobachtung erfolgt mit einem für die Fahrerlaubnisklasse typischen Fahrzeug oder einer typischen Fahrzeugkombination, z. B. Motorwagen und Anhänger bei Klasse CE, Fahrzeug zur Personenbeförderung bei Klasse D, soweit die Vorgaben der zuständigen Landesbehörden nicht ein anderes Vorgehen fordern.

Der Kunde nimmt auf dem Fahrersitz Platz, der Fahrlehrer auf dem Beifahrersitz. Der begutachtende Psychologe setzt sich rechts hinten hinter den Fahrlehrer. So ist gewährleistet, dass Handlungen des Fahrers und das Verkehrsumfeld beobachtet werden können. Darüber hinaus besteht von dieser Position aus ein ausreichender Einblick auf die Anzeigeinstrumente des Fahrzeugs. Ebenfalls kann die Benutzung von Innen- und Außenspiegeln beurteilt werden.

Die Durchführung der Fahrerverhaltensbeobachtung obliegt dem Psychologen. Die Anweisungen sollten standardisiert und entsprechend den Vorgaben auf den Beobachtungsbögen durch den Psychologen oder durch den Fahrlehrer gegeben werden (erforderlich: Einweisung des Fahrlehrers). Rückfragen des Kunden werden beantwortet, wenn möglich und inhaltlich sinnvoll durch Wiederholung der Anweisung, sonst in freier, aber verhältnismäßig knapper Form (es sollte allerdings nicht unhöflich wirken). Erfolgt die Auskunft in freier Form, ist hierüber stichwortartig eine Aufzeichnung anzufertigen.

Der Fahrlehrer hat die Aufgabe, lediglich in gefährlichen Situationen einzugreifen oder wenn absehbar ist, dass sich – z. B. aufgrund der Fahrweise des Kunden – eine gefährliche Situation ergeben wird. Darüber hinaus obliegt es ihm, den Kunden auf die Beobachtungsstrecke zurückzuführen, wenn dieser aufgrund von Fahrfehlern oder Orientierungsproblemen von der vorgesehenen Strecke abgekommen ist oder aufgrund von vorübergehenden Veränderungen auf der Strecke (Baustellen) eine Abweichung erforderlich ist.

Die Fahrerverhaltensbeobachtung sollte nicht bei extremer Witterung (z. B. Eisregen) oder extremen Verkehrslagen (großflächige Staus) durchgeführt werden. Erschwerende Fahrbedingungen, z. B. starker

Regen, sind jedoch kein Grund, die Beobachtung zu verschieben, denn der zu beobachtende Kraftfahrer muss im realen Verkehrsgeschehen in der Lage sein, auch solche Situationen zu bewältigen. Die Entscheidung über die Durchführung (oder gegebenenfalls den Abbruch) der Fahrerverhaltensbeobachtung trifft im Bedarfsfall der Psychologe, gegebenenfalls nach Absprache mit dem Fahrlehrer, da dieser unter Umständen besser über die aktuelle Verkehrslage informiert sein wird.

Auswertung

Zur Beachtung: Das im Folgenden dargestellte Auswertungsverfahren ist als Beispiel anzusehen. Es beruht in erster Linie auf Experten-Ratings und fachlich begründeten Plausibilitätsüberlegungen. Wissenschaftliche Untersuchungen hinsichtlich testtheoretischer Gütekriterien liegen für den Bereich der PFB bisher nicht vor.

Die Auswertung erfolgt in zwei Phasen nach einem **quantitativen** und nach einem **qualitativen** Verfahren. Im quantitativen Verfahren wird anhand kriteriumsorientierter Normen gearbeitet. D. h., ein Kriterium gilt als ausreichend erfüllt, wenn die im folgenden Abschnitt genannten Anforderungen erreicht sind.

- **Positive Beurteilung:**
  Eine positive Beurteilung setzt voraus, dass zumindest bei 75% aller Beobachtungspunkte je Skala ein „richtiges Verhalten“ gezeigt wird. Darüber hinaus dürfen keine Fahrfehler auftreten, die ein Eingreifen des Fahrlehrers erfordern oder – im Falle einer Fahrprüfung – zu einer Beendigung der Prüffahrt (nicht bestanden) führen würden.

- **Positive Beurteilung mit Auflagen:**
  Eine positive Beurteilung mit Auflagen (z. B. räumlich begrenzte Fahrerlaubnis oder beschränkte Höchstgeschwindigkeit) kann gegeben werden, wenn zumindest an 50% der Beobachtungspunkte je Skala ein „richtiges Verhalten“ gezeigt wird. Besteht vom Wertebereich her die Möglichkeit einer positiven Beurteilung mit Auflagen, ist darüber hinaus die Ergebnisstruktur sorgfältig daraufhin zu prüfen, ob Beeinträchtigungen in einzelnen Dimensionen so gravierend sind, dass sie eine Fahreignung trotzdem ausschließen.

Weiter dürfen keine Fahrfehler vorkommen, die ein Eingreifen des Fahrlehrers erfordern oder – im Falle einer Fahrprüfung – zu einer Beendigung der Prüffahrt (nicht bestanden) führen würden.

Auflagen können z. B. folgender Art sein:
- Begrenzte Höchstgeschwindigkeit
- Fahrten nur zu bestimmten Tageszeiten (z. B. bei Tageslicht)
- Fahrten innerhalb eines begrenzten Raumes, in dem gute Ortskenntnis zu erwarten ist

- **Negative Beurteilung:**
Eine negative Beurteilung ist immer dann auszusprechen, wenn in weniger als 50% aller Beobachtungspunkte je Skala ein „richtiges Verhalten" festzustellen ist.

Darüber hinaus führt es zum Abbruch der psychologischen Fahrerverhaltensbeobachtung und somit zu einer negativen Beurteilung, wenn Fahrfehler auftreten, die ein Eingreifen des Fahrlehrers erfordern oder – die im Falle einer Fahrprüfung – zu einer Beendigung der Prüffahrt (nicht bestanden) führen würden, z. B.:
- Rotlichtmissachtung
- Gefährdung anderer Verkehrsteilnehmer
- Selbst verschuldeter Unfall
- Überfahren geschlossener Mittellinien

Die Fahrerverhaltensbeobachtung kann in diesem Fall durch den psychologischen Sachverständigen abgebrochen werden. Der Abbruch der Fahrerverhaltensbeobachtung ist in das Protokoll der Fahrerverhaltensbeobachtung aufzunehmen und im Ergebnis so zu werten, dass die in der testpsychologischen Untersuchung gezeigten Leistungsdefizite nicht kompensiert werden können.

Abweichungen von diesen Kriterien sind in besonderen Situationen möglich, bedürfen jedoch einer Begründung im Einzelfall. In Fachkreisen wird auch diskutiert, ob die oben genannten Verstöße zwangsläufig schon beim einmaligen Auftreten zum Abbruch der PFB führen müssen. Stattdessen wird angeregt, die jeweiligen Umstände, die zu dem Vorfall geführt haben, genau zu betrachten und in die Bewertung einfließen zu lassen. Auf jeden Fall sollte es jedoch zum

Abbruch führen, wenn die oben genannten Verstöße mehrfach auftreten.

Über die Auswertung der quantitativen Daten hinaus existieren noch die qualitativen Daten, die während der Erhebungsfahrt dokumentiert worden sind. Auch hier darf es nicht zu Auffälligkeiten gekommen sein, die einer sicheren Verkehrsteilnahme entgegenstehen. Die auftretenden Auffälligkeiten sind vom die PFB leitenden Psychologen hinsichtlich ihrer Bedeutung zu gewichten und bei der Urteilsfindung zu berücksichtigen. So ist z. B. ein positiver Abschluss der PFB nicht denkbar, wenn zwar einerseits an der ganz überwiegenden Zahl der Beobachtungspunkte ein korrektes Verhalten gezeigt wurde, andererseits aber ein hochriskanter Überholvorgang durchgeführt oder im Ansatz erkennbar wurde, wobei der Abbruch des Vorgans offensichtlich auf die Erhebungssituation zurückgeführt werden kann und nicht auf die Einsicht des Teilnehmers.

3 Das psychologische Explorationsgespräch

Warum überhaupt ein Explorationsgespräch? Lässt sich die Eignungsfrage der Behörde nicht durch medizinische Befunde und sorgfältig ausgeführte Tests beantworten?

Auf diesen Einwand ist zu erwidern, dass verbales Erfassen von Informationen immer dann als Methode der Datenerhebung geeignet ist, wenn es darum geht, Informationen für längere Zeiträume zu erfassen, und wenn im interessierenden Zeitraum keine weiteren Aufzeichnungen angefertigt wurden, z. B. weil noch nicht vorhersehbar war, dass diese Informationen einmal benötigt werden. Darüber hinaus können Informationen über Prozesse erhoben werden, die einer direkten Beobachtung nicht zugänglich sind, z. B. über gedankliche, intellektuelle Vorgänge und Emotionen. Auch die Rolle von Umweltvariablen kann auf verbalem Weg zumindest ansatzweise erfasst werden (vgl. Weinert 1981; Hubert & Mandl 1982).

Neben dem üblichen Gespräch, in dem die Gesprächspartner im Idealfall einen annähernd gleichen Status haben und somit von einer Gleichverteilung der Macht ausgegangen werden kann, existieren weitere Gesprächsformen. Im Zusammenhang mit vorliegender Thematik ist das Explorationsgespräch von Bedeutung.

Wagner & Kranich (2011), S. 2, definieren das Explorationsgespräch wie folgt:

> *„Unter der psychologischen Exploration in der Fahreignungsbegutachtung versteht man interviewbasierte Erhebungstechniken, die dazu dienen, ausgehend von aktenkundigen Anknüpfungstatsachen, entscheidungsrelevante Informationen über die subjektive Erlebniswelt des untersuchten Kraftfahrers und die Entwicklung relevanter, verkehrsbezogener Verhaltenselemente seit dem anlassbezogenen Fehlverhalten zu gewinnen."*

Der Unterschied zu einen „normalen" Gespräch besteht vor allem in der ungleichen Machtverteilung zwischen Gutachter und Kunde. Der Gutachter eröffnet und beendet in der Regel das Gespräch und bestimmt durch seine Fragen und Rückmeldungen an den Kunden den Verlauf und die Schwerpunkte. Darüber hinaus wird ein Explorationsgespräch in einer MPU sehr zielgerichtet, orientiert an der vorliegenden Fragestellung, geführt. Westhof & Kluck (2008) sprechen in diesem Kontext vom „entscheidungsorientierten Diagnostizieren" und verstehen darunter *„die Beschreibung, Erklärung und Vorhersage individuellen Verhaltens in einem definiertem Verhaltensbereich (kein Persönlichkeitsbild). Das heißt, es werden die entscheidenden Bedingungen für vergangenes, gegenwärtiges und zukünftiges Verhalten in einem bestimmten Verhaltensbereich eines Individuums aufgezeigt"* (Westhof & Kluck 2008, S. 11). Ein Explorationsgespräch weist also im Gegensatz zu einem gewöhnlichen Gespräch eine sehr viel stärkere Strukturierung auf, was einen weiteren wichtigen Unterschied darstellt. Diese Strukturierung ist erforderlich, denn angesichts der rechtlichen und persönlichen Folgen einer MPU ist unbedingt zu fordern, dass eine Exploration sachgemäß durchgeführt wird. Es muss daher eine für den Gutachter verbindliche Beschreibung der Durchführung einer Exploration vorliegen, an der ablesbar ist, ob im Einzelfall eine Exploration sachgemäß durchgeführt worden ist oder eben nicht.

Andererseits ist bei allen Unterschieden festzustellen, dass zahlreiche Regeln und Gesetzmäßigkeiten, welche für Gespräche (oder erweitert: für „verbale Daten") zutreffen, auch für den Bereich der Exploration gelten. Diese „Regeln und Gesetze" werden auf den folgenden Seiten im Überblick dargestellt. Darüber hinaus wird – soweit es nicht von der Thematik her schon offensichtlich ist – die Bedeutung für den Explorationsprozess herausgearbeitet.

Damit eine psychologische Diagnostik und somit auch das Explorationsgespräch sinnvoll ist, müssen laut Hossiep & Wottawa (1993) folgende Punkte gegeben sein:

- Es gibt systematische (also nicht auf Messfehlern beruhende) Unterschiede zwischen den Objekten.
- Die Unterschiede zwischen den Objekten lassen unterschiedliche Konsequenzen von Handlungsabläufen erwarten (z. B. unterschiedliche Reaktionen von Patienten auf die zur Verfügung stehenden Varianten eines Therapieprogramms).
- Die Konsequenzen der Maßnahmen sind unterschiedlich zu bewerten (bei identischer Nutzenfunktion für alle Maßnahmenvarianten ist es

sinnfrei, eine diagnostisch gestützte Zuordnung von Personen durchzuführen).
- Die beobachtbaren diagnostischen Indikatoren an den Objekten haben eine von null verschiedene Kraft hinsichtlich des Eintreffens der Handlungskonsequenzen; dieser Zusammenhang kann eventuell schwach oder nur sporadisch nachweisbar sein, muss aber im Prinzip vorliegen.

Diese – zugegeben relativ abstrakt formulierten Punkte – sind im Rahmen der MPU und somit auch im Explorationsgespräch als gegeben anzusehen.

Zur Vertiefung: Diskutieren Sie die aufgezählten Punkte und ihren Bezug zur Verkehrspsychologie in Ihrem Ausbildungsteam, mit Ihrem Ausbilder, in Ihrer Supervisionsgruppe oder mit Fachkollegen.

Wird eine MPU als eine Art umfassender Diagnostik im Hinblick auf die Eignung zum Führen von Kraftfahrzeugen betrachtet, stellt das psychologische Explorationsgespräch einen speziellen Teil der Diagnostik dar, dessen Ergebnis im Zusammenhang mit den Befunden der medizinischen Untersuchung, der testpsychologischen Untersuchung (Überprüfung der psychisch-funktionalen Leistungsfähigkeit) und den vom Kunden ausgefüllten Fragebögen zur Erstellung des in Auftrag gegebenen Gutachtens führt. Im Vergleich zur Diagnostik in der klinischen Psychologie beschränkt sich die Exploration in der MPU jedoch weitgehend auf eine Analyse der Entstehung des Problemverhaltens, auf dessen aktuelle Ausprägung und auf eine Prognose für zukünftiges Verhalten.

Der im klinisch-psychologischen Bereich wesentliche Punkt der Planung einer Interventionsstrategie hat im Rahmen der Exploration dagegen nur zweitrangige Bedeutung. Zwar wird durch den Gutachter darüber entschieden, ob die festgestellten Eignungsmängel durch einen amtlich anerkannten Nachschulungskurs nach § 70 FeV zu beheben sind. Für diese Entscheidung sind Zuweisungskriterien auf wissenschaftlicher Basis relevant. Darüber hinaus sind Gutachter i. d. R. angehalten, im Falle eines negativen Gutachtens Vorschläge zur Behebung der festgestellten Eignungsmängel zu unterbreiten. Die Maßnahmen selbst werden aber nicht durch den Gutachter durchgeführt, sondern z. B. durch niedergelassene (Verkehrs-)Psychologen oder sie bestehen in der Teilnahme an den Treffen einer Selbsthilfegruppe oder in anderen geeigneten Maßnahmen. Die Planung einer Interventionsstrategie oder eines therapeutischen Prozesses gehört nicht mehr zu den Aufgaben eines Gutachters.

3.1 Rahmenbedingungen des Explorationsgesprächs

Das Explorationsgespräch stellt für die meisten Kunden eine völlig neue Situation mit ganz bestimmten Hoffnungen, Ängsten und Erwartungen dar. Anders als bei der Anbahnung zu therapeutischen Gesprächen oder von einer therapeutischen Beziehung selbst, wo der Kunde Hilfe, Unterstützung und Rat bei der Bewältigung persönlicher Probleme sucht, geht es in der MPU aus Sicht der Kunden schlichtweg um den Führerschein. Dabei kommen die Menschen nicht freiwillig zur MPU, sondern empfinden diese Untersuchung i. d. R. als von der Behörde ausgeübten Zwang.[10] Für die meisten Menschen ist die Fahrerlaubnis dabei ein Gut, welches in hohem Maße emotional besetzt ist, z. T. sogar die Funktion einer Ergänzung oder Stützung der Persönlichkeit hat. In zahlreichen Fällen ist die Fahrerlaubnis für die Erwerbstätigkeit wichtig oder sogar unabdingbar notwendig. Es ist also nicht übertrieben, wenn die Behauptung aufgestellt wird, dass das Ergebnis des medizinisch-psychologischen Gutachtens für die betroffenen Menschen von existenzieller Bedeutung ist.

Das Explorationsgespräch in der MPU kann vom Psychologen nicht beliebig strukturiert werden. Es ist vielmehr anlassbezogen zu führen. Anlassbezogen bedeutet in diesem Zusammenhang, dass im Gespräch alle Sachverhalte angesprochen werden dürfen, die aus psychologischer Sicht zur Klärung der behördlichen Fragestellung beitragen können. Nicht erlaubt sind hingegen Fragen, denen ein ausschließlich psychologisches, wissenschaftliches oder gar persönliches Interesse des Gutachters zugrunde liegt.

10 Natürlich besteht für die Kunden die Möglichkeit, ganz auf die Fahrerlaubnis zu verzichten. Diese Option wird jedoch in der überwiegenden Zahl der Fälle nicht als wirkliche Alternative angesehen.

3.1.1 Örtliche Voraussetzungen

Die medizinisch-psychologische Fahreignungsuntersuchung wird in den amtlich anerkannten Begutachtungsstellen für Fahreignung (BfF) durchgeführt. Der Wegfall der Bedarfsprüfung durch die Bundesländer mit Einführung der „neuen" Fahrerlaubnisverordnung zum 1. Januar 1999 hat dazu geführt, dass sich eine Reihe neuer Träger von BfF am Markt etabliert und bereits am Markt tätige Träger BfF an neuen Standorten Niederlassungen eröffnet haben. Es existiert daher inzwischen ein dichtes Netz von amtlich anerkannten BfF in Deutschland, das weite Anfahrten durch Kunden im Grunde genommen überflüssig macht. Wenn eine Reihe von Kunden trotzdem ganz erhebliche Wege zur Durchführung einer MPU in Kauf nimmt, so vor allem deshalb, weil sie sich ein besseres Ergebnis, also eine „leichtere MPU" mit einen positiven Ausgang des Gutachtens, erhoffen. Beeinflusst werden die Kunden in ihrer Entscheidung durch mehr oder weniger seriöse Berater, eigene Einstellungen und (Vor-)Urteile, die z. B. zu der Aussage führen, keinesfalls zur Organisation XY zu wollen. Weitere Informationen bekommen die Kunden durch ausgehändigtes Informationsmaterial, durch Informationen aus diversen Quellen im Internet und – nicht zu unterschätzen – durch Mundpropaganda.

3.1.2 Räumliche Voraussetzungen

Da die Träger der BfF eine Begutachtung durch die BASt (früher Akkreditierungsverfahren) durchlaufen und darüber hinaus eine Zulassung durch das jeweils zuständige Bundesland erhalten haben, ist davon auszugehen, dass die Mindestanforderungen hinsichtlich räumlicher Gestaltung sowie sachlicher und organisatorischer Ausstattung erfüllt werden. Die bestehenden Anforderungen schließen es praktisch aus, dass eine MPU im Sinne von „Kundenfreundlichkeit" außerhalb einer BfF durchgeführt wird.

Die Einrichtung des Untersuchungszimmers wird im Fall der medizinischen Untersuchung durch die notwendigen Gerätschaften bestimmt sein. Im Falle der psychologischen Untersuchung bestehen mehr Freiräume.

Die Einrichtung zahlreicher Begutachtungsstellen orientiert sich an einer zweckmäßigen Büromöblierung, die Gespräche werden „über den

Tisch hinweg" geführt. Letztlich sitzen sich Kunde und Gutachter gegenüber, was von manchen Gutachtern – und sicherlich auch von manchen Kunden – als „konfrontative Situation" empfunden wird. Der Abstand zum Kunden kann vom Gutachter (und natürlich auch vom Kunden) durch den Abstand vom Tisch bis zu einem gewissen Grad variiert werden. Die Größe des Tisches spielt ebenso eine Rolle, kann aber in der Regel nicht kurzfristig verändert werden. Extreme hinsichtlich der Tischgröße sollten jedoch vermieden werden.

In manchen BfF mag die Möglichkeit bestehen, in einer anderen Situation – über Eck – zu sitzen. Diese Situation wird von vielen Menschen als weniger konfrontativ, eher als kooperativ empfunden. Bei dieser Sitzposition kann – abhängig vom Sitzmöbel – eventuell eine niedrigere Tischhöhe (Couchtisch) gewählt werden. Ob die veränderte Position Einfluss auf die Explorationssituation hat, kann vom Autor nicht beurteilt werden, da er keine persönliche Erfahrung mit dieser Art des Explorationsgesprächs hat.

Sicher haben beide Sitzanordnungen ihre spezifischen Vor- und Nachteile. Dem entspannteren Gesprächsklima der Über-Eck-Situation steht die schwierigere Arbeitssituation des Gutachters gegenüber, die es unter Umständen erschwert, die notwendige Distanz aufzubauen, aufrechtzuerhalten oder nach bestimmten Gesprächsphasen wiederherzustellen. In Verbindung mit einem niedrigeren Tisch ist es darüber hinaus schwieriger, im Gespräch eingereichte Unterlagen zu prüfen und zu bewerten; ebenfalls schwieriger ist die Mitschrift am Computer, wenn der Gutachter diese Arbeitsweise bevorzugt.

Letztlich kann nur die Empfehlung gegeben werden, bestehende Möglichkeiten auszuprobieren und die persönlich bevorzugte Arbeitsweise zu praktizieren.

Die Büroausstattung sollte sich an der Einrichtung der BfF orientieren. Der Raum sollte weder völlig steril noch mit Dekorationen überladen sein. Persönliche Accessoires des Gutachters sollten nur sparsam vorhanden sein (wenn überhaupt), da diese u. U. einen in der Explorationssituation nicht erwünschten Rückschluss auf persönliche Interessen, Vorlieben und den Lebensstil des Gutachters erlauben.

3.1.3 Personelle Voraussetzungen

Unbestreitbar ist das psychologische Gespräch – die Exploration – bei den meisten Fragestellungen innerhalb der MPU der wesentliche Teil der Untersuchung. Er ist gleichzeitig aus der Sicht der Kunden der Teil mit dem höchsten Grad an Ungewissheit

Während es für eine medizinische (ärztliche) Untersuchung im persönlichen Erfahrungsschatz der Kunden Entsprechungen und vergleichbare Situationen gibt – schließlich ist wohl nahezu jeder schon einmal bei einem Arzt untersucht worden –, trifft dies für den Kontakt mit dem Psychologen nicht zu.

Im Folgenden soll eine Reihe von Prozessen, wie sie sich im Explorationsgespräch abspielen können, und deren Folgen für den Prozess der Begutachtung dargestellt werden.

Entstehung und Bedeutung von Sympathie und Antipathie

Nach der Balancetheorie von Heider (ausführlich dargestellt u. a. in Herkner 1991[11], S. 252 f.) ist zwischen positiven und negativen Wertrelationen zu unterscheiden. Als Wertrelationen werden dabei „wert- oder gefühlsmäßige Relationen zwischen kognitiven Elementen“ verstanden, z. B. lieben, schätzen, bewundern, gern mögen. Negative Wertrelationen sind ablehnen, hassen, fürchten usw.

Beispiele für Wertrelationen:

A ————→ B **A schätzt B**

A ←———— B **B schätzt A**

A - - - - - - - → B **A hasst B**

Wertrelationen können balanciert oder nicht balanciert sein.

Beispiele für balancierte Strukturen:

A ⇄ B **A schätzt B, und B schätzt A**

11 Inzwischen sind neuere Ausgaben dieses Buches am Markt. Die hier dargestellte Theorie hat sich jedoch nicht verändert.

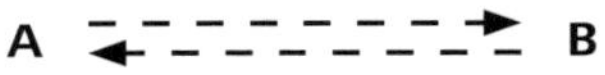

A hasst B, und B hasst A

Beispiele für unbalancierte Strukturen:

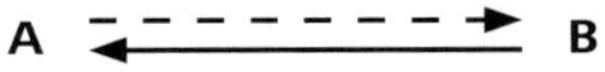

A mag B nicht, aber B schätzt A

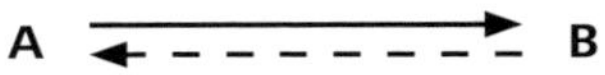

A schätzt B, aber B mag A nicht

Statt von Werterelationen spricht Haider in Bezug auf Gegenstände auch allgemeiner von Einheitsrelationen.

Unbalancierte Strukturen werden von den daran beteiligten Personen als unangenehm empfunden. Es besteht bei den Beteiligten eine ausgeprägte Tendenz, ausbalancierte Strukturen zu schaffen, indem entweder die eigene Einstellung verändert wird oder der „Relationspartner" dies tut bzw. in dieser Richtung beeinflusst wird.

Derartige Strukturen bestehen jedoch nicht nur zwischen zwei Personen oder einer Person und einem kognitiven Element (Sache, Einstellung etc.). In der Praxis hat man es sehr oft mit Situationen mit mehr als zwei „kognitiven Elementen" zu tun.

Die folgenden Darstellungen zeigen Relationen zwischen drei kognitiven Elementen; die ersten vier Darstellungen sind Beispiele für balancierte Dreierkonstellationen (zur Veranschaulichung möge der Leser die Position „P" als „Ich" interpretieren). Der Einfachheit halber sei vorausgesetzt, dass die Beziehungen zwischen zwei kognitiven Elementen jeweils ausbalanciert sind, d. h. keine unterschiedlichen Relationen im Sinne von „A mag B, aber B mag A nicht" bestehen.

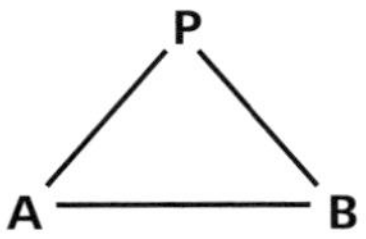

A schätzt B, und A und B schätzen P

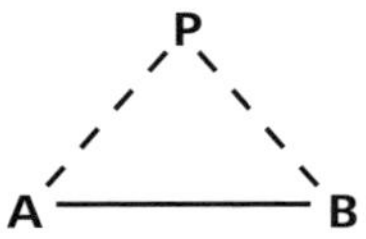

A schätzt B, und A und B schätzen P nicht

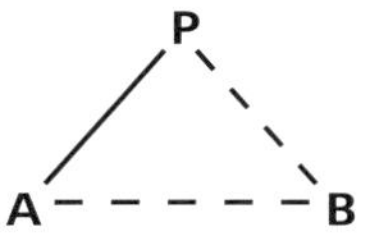

A schätzt P, A schätzt B nicht, und B schätzt P nicht

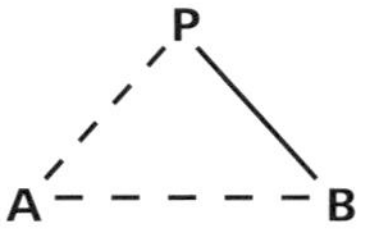

A schätzt P nicht und B nicht, aber B schätzt P

Die folgenden vier Dreierkonstellationen sind nach Heider unbalanciert und werden von den Betroffenen als eher unangenehm empfunden.

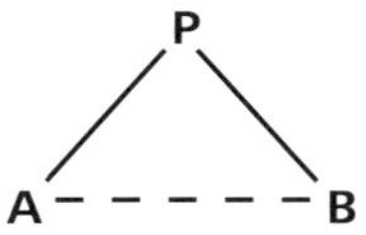

A und B schätzen P, aber A schätzt B nicht

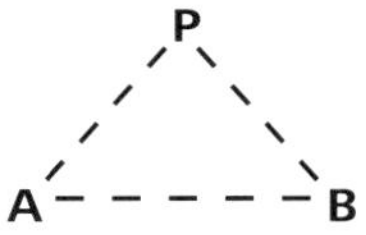

A schätzt P und B nicht, und B schätzt A und P nicht

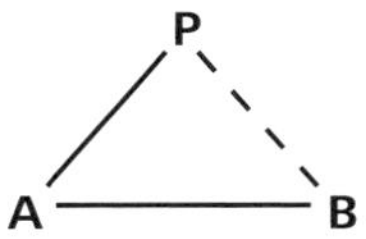

A schätzt B und P, aber B schätzt P nicht

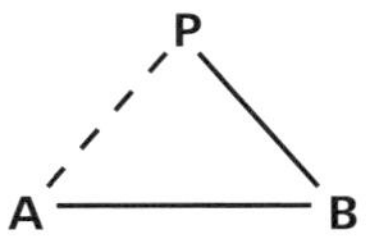

A schätzt B, aber P nicht, B schätzt A und P

Wenn die Balancetheorie von Haider auch sehr einfach aufgebaut ist – sie beschreibt nur Strukturen mit zwei oder drei Elementen –, so ist sie doch in sich widerspruchsfrei und experimentell abgesichert. Eine verallgemeinerte Form der Balancetheorie wurde durch Cartwright und Harary 1956 entwickelt, die jedoch aufgrund ihrer Komplexität – die im Explorationsgespräch so kaum anzutreffen ist – an dieser Stelle nicht dargestellt werden soll.

Tatsächlich bildet die Balancetheorie, wie sie von Heider formuliert wurde, sehr viele Situationen des Explorationsgesprächs recht gut ab, geht es doch hier i. d. R. um die Beziehung zweier Personen (Gutachter und Kunde) zu einem dritten „kognitiven Element", sei es eine weitere Person, eine Sache, eine Einstellung oder Verhaltensweise oder eine Gruppe von Personen etc.

Die Einschätzung einer anderen Person geht oft sehr schnell vor sich (vgl. auch Kap. 4.2.1 „Der erste Eindruck"). Es besteht eine Tendenz, Personen, die ein offenkundiges Positivmerkmal aufweisen (z. B. attraktives Aussehen, ausdrucksstarke Bewegungen, Redegewandtheit) auch andere Positivmerkmale zuzuweisen (z. B. Intelligenz, soziale Kompetenz etc.). Die geschilderten Sachverhalte gelten auch im Umkehrschluss.

Nachdem nun dargestellt worden ist, wie sich Beziehungen zwischen „kognitiven Elementen" darstellen und entwickeln können (unbalancierte Strukturen streben zu einem balanciertem Zustand), stellt sich die Frage, wie ein Gutachter bei seiner Arbeit diese Strukturen beeinflussen kann (was sich aus den Abbildungen eigentlich von selbst ergibt) und wie er durch dieses Wissen seine Arbeit beeinflussen kann.

Bei überwiegender Sympathie zwischen Gutachter und Klienten besteht die Gefahr eines falschpositiven Gutachtens, bei Antipathie dagegen die eines falschnegativen. Darüber hinaus besteht die Gefahr, im Explorationsgespräch bewusst oder unbewusst entsprechend der bestehenden Sympathierichtung Informationen zu bewerten und Rückmeldungen zu geben, die den weiteren Verlauf des Gesprächs beeinflussen.

Zur Vertiefung: Diskutieren Sie im Team die Auswirkungen von Sympathie und Antipathie, und überlegen Sie, welche Gegenmaßnahmen ergriffen werden können.

Rollenverteilung im Explorationsgespräch

Jede der an einem Gespräch beteiligten Personen hat bestimmte Rollenerwartungen, die im Falle eines Explorationsgesprächs in der MPU relativ festgelegt sind.

Da der Gutachter am Ende der Untersuchung ein Gutachten zu erstellen hat, ist es notwendig, dass er alle für diesen Zweck notwendigen Informationen erhält. Aus Gründen des Untersuchungsablaufs – der Tag der Untersuchung ist i. d. R. von seinem zeitlichen Ablauf her vorgeplant – und der Arbeitsökonomie des Gutachters steht hierfür nicht beliebig viel Zeit zur Verfügung. Es ist also erforderlich, die notwendigen Informationen in relativ kurzer Zeit zu erhalten, ohne dass der Klient dabei das Gefühl bekommt „durch die Untersuchung getrieben worden zu sein".

Dies ist nur dann sichergestellt, wenn der Gutachter die Führungsrolle im Gespräch innehat. Darüber hinaus wird vom Gutachter erwartet, dass er unvoreingenommen und sachkundig auftritt, die notwendige Distanz hält und die erhaltenen Informationen objektiv verarbeitet.

Vom Kunden (Klienten) wird erwartet, dass er kooperativ auftritt, ein ausreichendes Maß an Aktivität einbringt und sich den Fragen des Gutachters gegenüber offen zeigt.

Konfliktfelder in diesem Bereich:
Der Kunde wehrt sich gegen die (Gesprächs-)Führung durch den Gutachter; der Kunde neigt zu ausschweifenden Darstellungen oder antwortet nur das nötigste (Ja-Nein-Sager); der Gutachter missbraucht seine Führungsrolle (vgl. hierzu auch Kap. 3.5 und 4).

Machtverteilung und Kontrolle im Explorationsgespräch

Die Kontrolle im Explorationsgespräch ist asymmetrisch verteilt; sie wird i. d. R. vom Gutachter ausgeübt, und dies gleich in mehrfacher Hinsicht. Der Gutachter bestimmt den Verlauf des Gesprächs. Indem er Schlussfolgerungen direkt zurückmeldet oder indirekt durch weiteres Nachfragen für den Kunden kenntlich macht, beeinflusst er dessen Verhalten, da der Kunde das Begutachtungsergebnis für sich optimieren will. Der Kunde wird sich in seiner Darstellung u. U. an den bewussten oder unbewussten Rückmeldungen des Gutachters orientieren.

Weiter bestimmt der Gutachter das Ergebnis des Gesprächs, indem er seine Schlussfolgerungen für die Formulierung des Gutachtens benutzt. Da das Ergebnis des Gutachtens für den Kunden i. d. R. von großer Bedeutung ist, hat der Gutachter im Gespräch eine sehr starke Machtposition.

Konfliktfelder in diesem Bereich:
Ausüben zu geringer Kontrolle durch den Gutachter (Gespräch ufert aus, wichtige Sachverhalte kommen nicht zur Sprache); zu starke Kontrolle durch den Gutachter (Gespräch ist zu stark strukturiert, Kunde kann

ihm wichtig erscheinende Sachverhalte nicht anbringen, eventuell Einschüchterung des Kunden, vgl. hierzu auch Kap. 3.5 und 4).

3.1.4 Rechtlicher Status der Exploration

Die Exploration muss sich jeweils nach den Bedürfnissen des Auftraggebers und dem rechtlichen Rahmen der Begutachtung richten. Dieser kann einmal weiter gefasst sein als rechtlicher Rahmen allen diagnostischen Handelns. Er kann aber auch enger gefasst sein, mit genau bestimmten Grenzen, wie bei der Fahreignungsdiagnostik als einer selbstständigen Maßnahme der Beweiserhebung in der Prüfung der Fahreignung durch die Verwaltungsbehörde. Es kann daher auch keine Standardform der Exploration oder der Gutachten geben, die in allen Fällen der Begutachtung als Vorbild angesehen werden könnte. Die Untersuchung und die Gutachtenform müssen sich vielmehr nach Auftraggeber, Fragestellung und rechtlichem Rahmen richten. Bei der Exploration und der Darstellung ihrer Ergebnisse im Gutachten müssen wir daher vom rechtlichen Rahmen der Begutachtung ausgehen, in dem bei der Fahreignungsbegutachtung auch die Fragestellung genau definiert ist (weitere Ausführungen zu den rechtlichen Rahmenbedingungen der MPU in Kapitel 1.3 „Rechtliche Rahmenbedingungen").

3.2 Explorationstechnik

3.2.1 Ziele der Exploration

Die psychologische Exploration ist ein diagnostisches Gespräch, in dem Daten und Informationen erhoben werden, deren Kenntnis zur Erstellung des Gutachtens und zur Beantwortung der behördlichen Fragestellung unmittelbar notwendig ist. Das Explorationsgespräch ist nicht nur auf die „aktuelle, subjektiv gesehene Situation" des Kunden und seine Motivation gerichtet. Es beinhaltet ganz wesentlich auch die Beschreibung und Analyse des für die Fragestellung relevanten Verhaltens und seiner Ursachen, auch der für diese Fragestellung relevanten biografischen Daten.

Eine vergleichbare Auffassung vertritt Kunkel (1989), der die Exploration zur Erhebung der für die Beurteilung der Fragestellung der Behörde notwendigen Daten einsetzt und die Exploration „die zentrale Methode bei der Fahreignungsuntersuchung“ nennt. Die Fragestellung der Behörde bezieht sich auf das künftige Verhalten. Bei bereits auffällig gewordenen Fahrern kann sie nur beantwortet werden, wenn die Entwicklung des Problemverhaltens und dessen Integration in das gesamte Verhalten des Betroffenen bekannt sind. Die Exploration kann sich also gerade nicht nur auf die aktuelle Situation beschränken. Sie muss vielmehr alle Daten betreffen, durch die das Problemverhalten und seine (künftige) Entwicklung beschrieben werden können.

3.2.2 Phasen der Exploration

Formulierungshilfen für den Gutachter findet der Leser im Kapitel 5.1. Sie ergänzen die eher formale Beschreibung der Explorationsphasen im vorliegenden Kapitel.

Begrüßung:
Die Begrüßung im weiteren Sinne beginnt schon mit der (meist schriftlichen) Kontaktaufnahme der BfF mit dem Kunden. Dieser Bereich soll hier nicht weiter vertieft werden.

Die Begrüßung im Explorationsgespräch umfasst:
- Namentliche Vorstellung des Gutachters und seiner Funktion
- Erläuterung des Verfahrensablaufs bis zur Erstellung und zum Versand des Gutachtens (falls noch nicht schriftlich oder durch die Verwaltungskraft erfolgt)
- Aufforderung zur Kooperation und Mitarbeit, in diesem Zusammenhang Hinweis auf die „Positivauslese“, d. h., aus einer Gruppe nicht geeigneter Kraftfahrer sind diejenigen zu ermitteln, die (wieder) zur Fahrzeugführung geeignet sind (Entlastungsdiagnostik)
- Angaben zur Form der Mitschrift (handschriftlich, am Computer, Audioaufzeichnung)
- Erläuterung des Untersuchungsanlasses bzw. der Eignungsbedenken der Straßenverkehrsbehörde
- Auf Möglichkeiten von Rückfragen durch den Kunden hinweisen

Beziehungsarbeit:

Auch als „Warm-up“ oder Aufwärmphase bezeichnet. In dieser Phase des Gesprächs wird versucht, die Gesprächsgrundlage für die Begutachtung zu legen. Der Kunde soll in der Lage sein, in einem Gespräch über zunächst relativ unverfängliche Themen das notwendige Vertrauen zum Gutachter aufzubauen. Oft werden in dieser Phase des Gesprächs biografische Daten abgeglichen, es wird die berufliche und private Situation besprochen, die Lebenssituation des Betroffenen thematisiert, um über den Inhalt von Fragebögen hinaus weitergehende Informationen zu erhalten, z. B. über Freizeitgestaltung und soziales Umfeld.

Gespräch über die aktenkundigen Delikte:

- Genese des Problemverhaltens (umfassend!)
- Ablauf der aktenkundigen Auffälligkeiten (detailliert!)
- Hinweis auf Unstimmigkeiten in der Schilderung (falls vorhanden)
- Aufforderung zu stimmigen Angaben, gegebenenfalls Konfrontation mit wissenschaftlich gesicherten Grundlagen und dem Erfahrungswissen
- Falls das Problemverhalten des Kunden von diesem bereits früher erkannt wurde: Welche Lösungsansätze hat es bereits gegeben, warum haben sie nicht funktioniert, oder warum wurden keine Lösungen gesucht?
- Welche aktuellen Lösungsansätze gibt es, wie soll es in Zukunft weitergehen?
- Ergänzende Fragen durch den Gutachter
- Prüfen, ob der Kunde noch etwas hinzufügen möchte

Rückmeldung:

Der Kunde ist zum Ende des Gesprächs über das **voraussichtliche** Ergebnis zu informieren, wenn dem nicht besondere Gründe entgegenstehen. Da zu diesem Zeitpunkt oft noch Befunde ausstehen oder Unterlagen beizubringen sind, sollte statt von einer Ergebnismitteilung besser von einer Sachstandsmitteilung gesprochen werden.

Verabschiedung:

Die Verabschiedung kann gegebenenfalls mit Erläuterung der nächsten Untersuchungsschritte verbunden werden.

Das Explorationsgespräch muss nicht zwanghaft den beschriebenen Aufbau haben. Viele Kunden haben das ausgeprägte Bedürfnis, sich zunächst zu den aktenkundigen Delikten zu äußern. Grundsätzlich kann dies so gehandhabt werden, eine gewisse Variabilität in der Durchführung von Explorationsgesprächen ist sogar unbedingt zu befürworten, erschwert es doch wesentlich die Möglichkeiten für den Klienten, bewusst nicht realitätsgerechte Sachverhalte in der MPU schlüssig darzustellen. Auf jeden Fall hat der Gutachter jedoch darauf zu achten, dass er auch bei veränderter Gesprächsfolge alle notwendigen Informationen bekommt oder zumindest dokumentieren kann, dass er sich um diese Informationen in ausreichendem Maße bemüht hat. Ein erfahrener Gutachter wird im Vergleich zu einem Berufsanfänger dem Kunden hier i. d. R. mehr Freiräume lassen können.

Einige Schritte sind nicht in allen Fällen sinnvoll und notwendig. So entfällt der Punkt „Hinweis auf Unstimmigkeiten im Bericht", wenn keine Unstimmigkeiten erkennbar sind. Andere Schritte sind eventuell mehr als einmal notwendig, speziell wenn es hier um mehr als ein aktenkundiges Delikt geht.

Der Gutachter hat darauf zu achten, dass die Angaben des Kunden verwertbar sind. Bestehen an der Verwertbarkeit Zweifel, so ist dem Kunden hierüber Rückmeldung zu geben, verbunden mit der Aufforderung, realistische, nachvollziehbare Angaben zu machen, also den tatsächlichen Sachverhalt zu schildern.

Oft ist es für den Gutachter nicht einfach zu erkennen, ob die Angaben des Kunden verwertbar sind.

Nach Undeutsch (1990) können Aussagen dann als glaubhaft und wahrheitsgetreu angesehen werden, wenn folgende aussagepsychologische Kriterien erfüllt sind (ausführlicher wird dieser Bereich noch im Kapitel 3.6 „Der vorbereitete Kunde" behandelt):

- Verankerung des Geschehens in konkreten Lebenssituationen
- Konkretheit
- Detailreichtum
- Originalität, insbesondere keine Formelhaftigkeit, keine Klischees
- innere Stimmigkeit
- delikttypische Details

Außerdem müssen die in der Exploration erhobenen Daten folgenden Kriterien genügen:

- Widerspruchsfreiheit zu wissenschaftlichen Erkenntnissen
- Widerspruchsfreiheit zu anderen feststehenden Tatsachen
- Widerspruchsfreiheit der Aussage in sich selbst
- Widerspruchsfreiheit zu eigenen früheren Angaben zum gleichen Sachverhalt (z. B. in anderen Untersuchungsabschnitten)
- Widerspruchsfreiheit zur eigenen Person bei Aussagen über das eigene Verhalten

Sind diese Kriterien zunächst nicht erfüllt, sollte der Klient darauf hingewiesen werden, und es sollte ihm Gelegenheit gegeben werden, die aufgetretenen Widersprüche auszuräumen und zu klären. Sollte sich dies als nicht möglich erweisen – die Angaben des Klienten klären die Widersprüche nicht auf oder vertiefen sie sogar –, wird eine im Sinne des Kunden positive Beurteilung nicht mehr möglich sein.

3.3 Kommunikation im Explorationsgespräch

Das Explorationsgespräch beinhaltet neben verbalen Inhalten auch den Bereich der nonverbalen Kommunikation, der unter Punkt 3.3.2 behandelt wird. Der Bereich der verbalen Kommunikation wird ab Punkt 3.4 vertieft.

3.3.1 Vier-Seiten-Modell der Kommunikation

Nach Schulz von Thun (u. a. 1981) hat eine Nachricht nicht nur den eigentlich geschilderten Sachverhalt zum Inhalt. Vielmehr beinhaltet eine Nachricht vier Aspekte (vgl. Abb. 3.3-1).

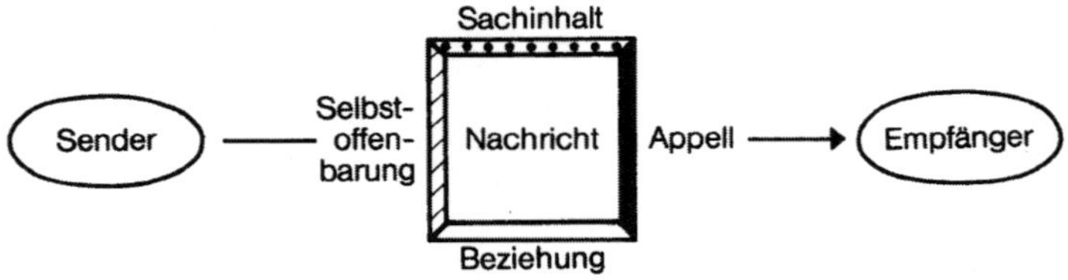

Abb. 3.3-1: Die vier Seiten (Aspekte) einer Nachricht (nach Schulz von Thun 1981).

- **Sachinhalt:**
  Übermittlung von Informationen über einen bestimmten Sachverhalt an den Empfänger, wie ihn der Sender sieht. Der Sachinhalt ist dem Empfänger direkt zugänglich.

- **Selbstoffenbarung:**
  Der Sender macht Aussagen, wie er sich selbst sieht. Wir erhalten hier also Informationen über den Sender.

- **Beziehung:**
  Der Sender gibt Informationen darüber, wie er die gemeinsame Beziehung sieht.

- **Appell:**
  Darunter werden Aussagen verstanden, die dem Empfänger signalisieren, was er nach Meinung des Senders tun soll. Der Sender versucht, beim Empfänger ein bestimmtes Ziel zu erreichen, ihn zu beeinflussen. Der Appell kann je nach Charakter des Gesprächs eine Bitte, eine Aufforderung, ein Befehl, eine Mahnung, ein Rat etc. oder auch Kombinationen aus diesen Dingen sein.

Genauso wie der Sender einer Nachricht letztlich Informationen auf allen vier Kanälen sendet, empfängt auch der Adressat einer Nachricht diese auf allen vier Kanälen.

Folgendes Beispiel mag diesen Sachverhalt verdeutlichen (aus Schulz von Thun 1981, S. 25 ff.).

Nachricht eines Mannes auf dem Beifahrersitz im Auto, seine Partnerin fährt: „Du, da vorne ist grün!“

Sachebene	Die Ampel ist grün.
Selbstoffenbarung	Ich habe es eilig!
Appell	Gib Gas!
Beziehung	Du brauchst meine Hilfestellung.

Je nachdem, welche Seite der Nachricht von der Partnerin überwiegend wahrgenommen wird (dies wird auch durch das Selbstbild der Partnerin, den Tonfall, den nonverbalen Ausdruck und die vorhergehende Kommunikation beeinflusst), wird die Partnerin unterschiedlich antworten. Im genannten Beispiel kommt als Erwiderung ein relativ aggressives: „Fährst du oder fahre ich?", woraus geschlossen werden kann, dass die Partnerin auf einer anderen als (nur) auf der Sachebene reagiert hat.

Ebenso wie der Sender einer Mitteilung ein „Senderquadrat" hat, hat auch der Empfänger ein gleichartig aufgebautes „Empfängerquadrat", d. h., eine Nachricht besitzt nicht nur für den Sender außer der Sachebene drei weitere Ebenen, sondern auf der Empfangsseite kommt auch mehr als nur das auf der Sachebene übermittelte an. Nun ist es so, dass das Empfängerquadrat mit dem Senderquadrat nicht zwangsläufig deckungsgleich ist, was zu Missverständnissen und Fehlinterpretationen führt. Das folgende Beispiel stammt ebenfalls aus Schulz von Thun (1981). Die Situation: Ein Ehepaar beim Essen, es gibt eine Soße mit Kapern, die dem Mann unbekannt sind. Er fragt: „Was ist das Grüne in der Soße?", worauf die Antwort erfolgt: „Mein Gott, wenn es dir nicht schmeckt, kannst du ja woanders essen gehen."

Eine Analyse der Situation könnte zu folgendem Ergebnis kommen, in dem die Unterschiede zwischen Sender- und Empfängerquadrat deutlich werden:

Nachricht: „Was ist das Grüne in der Soße?"

	Gesendet	Empfangen
Sachebene	Da ist etwas Grünes in der Soße.	Da ist etwas Grünes in der Soße.
Selbstoffenbarung	Ich weiß nicht, was es ist.	Mir schmeckt das nicht.
Appell	Sag mir, was das Grüne ist.	Lass nächstes Mal das Grüne weg.
Beziehung	Du als Köchin weißt es bestimmt.	Du bist eine schlechte Köchin.

Das Beispiel verdeutlicht die Eingebundenheit von „reinen Informationen" in subjektive Bedeutungsinhalte semantischer und pragmatischer Natur und macht deutlich, dass die Position von Sender- und Empfängerquadrat jeweils vom subjektiven Bezugssystem in der Situation abhängt.

Die Kenntnis dieser Zusammenhänge ist auch im Explorationsgespräch sehr nützlich. Neben dem Verständnis darüber, wie Missverständnisse im Gespräch zustande kommen können (denen ein Gutachter stets mit Professionalität gegenzusteuern hat), ergeben sich darüber hinaus interessante Möglichkeiten, die Gesprächsebene zu wechseln und so über die Sachebene hinaus an weitergehende, für die Begutachtung wichtige Informationen zu kommen. Folgende Beispiele sollen dies verdeutlichen.

1. Beispiel:

Äußerung eines Kunden bei der Exploration einer Trunkenheitsfahrt mit 2,3 Promille BAK nach einer Geburtstagsfeier: „Dann haben wir Rundentrinken gemacht – da musste ich einfach mittrinken."

Aspekt der Nachricht	Gesendet vom Klienten	Optionen zur weiteren Gesprächsführung durch den Gutachter
Sachebene	Beim Rundentrinken musste ich einfach mitmachen.	Wird auf Feiern, bei denen Sie anwesend sind, häufiger Rundentrinken veranstaltet?
Selbstoffenbarung	Ich wollte dazu gehören, mich nicht ausschließen.	Was wäre passiert, wenn Sie nicht mitgetrunken hätten?
Appell	Betrachten Sie (als Gutachter) mein Verhalten als normal.	Was machen Sie jetzt, wenn es wieder zum Rundentrinken kommt?
Beziehung	Sie sehen, ich bin völlig in Ordnung, es gibt kein Problem.	Schätzen Sie es als normal ein, dass man beim Rundentrinken bis zu einer BAK von gut 2,3 Promille trinkt?

2. Beispiel:

Exploration über eine Geschwindigkeitsüberschreitung innerhalb einer geschlossenen Ortschaft um 36 km/h: „Wenn man in Ortschaften 50 km/h fährt, hupen und blinken einen alle an.“

Aspekt der Nachricht	Gesendet vom Klienten	Optionen zur weiteren Gesprächsführung durch den Gutachter
Sachebene	Andere hupen und blinken, wenn man in Ortschaften 50 km/h fährt.	Wo ganz konkret ist Ihnen das schon passiert?
Selbstoffenbarung	Ich will nicht auffallen.	Was könnte man noch tun, um nicht aufzufallen?
Appell	Ich hatte nur Pech (dass man mich erwischt hat), alle fahren so.	Wie kommt es, dass Sie so oft Pech hatten? (Bei mehreren Geschwindigkeitsüberschreitungen)
Beziehung	Das ist kein Fehlverhalten, sondern jeder macht das, ich bin kein Raser.	Was glauben Sie, wie viele Kraftfahrer eine MPU machen müssen (so viele Punkte haben)? Oder: Wenn alle so fahren, wie kommt es dann, dass Sie so viele andere überholen?

Die Beispiele zeigen, dass neben dem Gespräch auf der Sachebene auf den anderen Ebenen eine Fülle weiterer Möglichkeiten existiert, ein Explorationsgespräch zu führen. Durch den bewussten Wechsel der Ebene können so zahlreiche für die Erstellung des Gutachtens wertvolle Hinweise und Sachverhalte gewonnen werden. Auch lässt sich ein Gespräch so aus einer Sackgasse führen, in die unter Umständen die rein sachliche Ebene geführt hat.

Zur Vertiefung: Überlegen Sie (im Ausbildungsteam oder in der Supervisionsgruppe), was passiert, wenn auch dem Kunden diese (oder andere) Modelle bekannt sind und sie bewusst eingesetzt werden. Bei welchen Kundengruppen müssen Sie am ehesten damit rechnen? Woran merken Sie, dass Ihr Gegenüber offenbar ganz gezielt ein Kommunikationsmodell einsetzt? Welche Vor- und Nachteile hat dies für die Exploration? Welche Strategien können Sie als Gutachter gegebenenfalls einsetzen?

3.3.2 Nonverbale Kommunikation

Bei der Übermittlung von Informationen kommt es nicht nur auf das gesprochene Wort mit seinem lexikalischen Bedeutungsinhalt an (oben als Sachebene bezeichnet), sondern zur Sendeleistung zählt auch das gesamte Gebiet der sprachfreien, nonverbalen Kommunikation. Neuberger (1980) zählt hierzu u. a. die Bereiche Tonfall, Körperhaltung, Kleidung und Mimik. *„In jedem Gespräch wird eine Fülle von Zusatzinformationen vermittelt, die aus der Bedeutung der Wörter allein (so wie sie z. B. einem schriftlichen Protokoll zu entnehmen wären) nicht hervorgehen."* (Neuberger 1980, S. 86) Unter Berücksichtigung dieser Tatsache wird deutlich, dass die Explorationsmitschrift – und sei sie noch so genau – stets nur eine Teilmenge der übermittelten Informationen enthalten kann und eine Interpretation letztendlich dem ausgebildeten Gutachter, der das Gespräch geführt hat, vorbehalten bleiben muss.

Über den Bereich der Mimik, Gestik und des Tonfalls hinaus existiert noch die Selbstdarstellung durch ein mehr oder weniger aufwendiges Arrangement aus Statussymbolen, Kleidung und Gehabe, das dem Gegenüber bestimmte Signale sendet und in unserem Kulturkreis, in dem Eigenlob verpönt ist, durchaus häufig vorkommt.

Die Bedeutung der nonverbalen Kommunikation liegt insbesondere in folgenden Punkten (vgl. Neuberger 1980):

- Sicherung gegenseitiger Aufmerksamkeit und Ansprechbarkeit. Es ist relativ leicht zu erkennen, ob ein Gesprächspartner interessiert, gelangweilt, geistesabwesend oder engagiert zuhört oder spricht.
- Steuerung des Gesprächsablaufs. „Unmerkliche" Signale wie Anblicken, Positionsveränderung etc. deuten an, wer zu sprechen beginnen und wer aufhören soll.

- Informationen zur Einstellung gegenüber dem Gesprächspartner (auch zu Gesprächsinhalten). Zuneigung, Sympathie und Wohlwollen, aber auch Drohungen, Misstrauen, Zorn etc. werden wesentlich stärker durch Gesten, Mimik und Tonfall als durch Wortinhalte ausgedrückt.
- Illustrieren, Unterstreichen und Akzentuieren gesprochener Inhalte.
- Rückmeldung an den Sprecher über die Aufnahme der von ihm gesendeten Information.

Für den Bereich der Begutachtung ist die nonverbale Kommunikation von großer Bedeutung. Einige wichtige Aspekte zur Interpretation werden in den Punkten 3.3.2.1 bis 3.3.2.4 dargestellt. Bilder sowie Anregungen zur Interpretation sind dem Buch von Conen (2003) entnommen, in dem dieser Aspekt der menschlichen Kommunikation umfassend behandelt wird. Die in diesem Kapitel verwendeten Abbildungen wurden vom Fotostudio Karl Holzhauser, Imhofstraße 7, 86159 Augsburg mit freundlicher Genehmigung zur Verfügung gestellt.

3.3.2.1 Gesichtsmimik

Die unbewegte Miene

Ein selten wechselnder Gesichtausdruck. Kaum Muskelbewegungen und Blickveränderungen, geringe Ablenkungsbereitschaft durch äußere Reize.

Hintergrund: seelische Abgeklärtheit; überzeugte innere Ruhe. Auch möglich: Eintönigkeit und Stumpfheit gegenüber wechselnden Stimmungen. In der Exploration oft auch bewusstes Kontrollieren der Mimik im Sinne eines indifferenten Ausdrucks, Verdeckungstendenz, häufiger zu Beginn des Explorationsgesprächs gezeigt.

Wirkung: gelassen, beständig, überlegen (Pokerface), aber auch antriebslos, temperamentlos, bequem.

Die lebhafte Miene

Ständig wechselndes Mienenspiel. Auf eine Vielzahl äußerer Reize wird mit lebhaften Augen- und Kopfbewegungen reagiert.

Hintergrund: gefühlsbestimmtes Erleben, impulsive Leidenschaft, vielseitige Interessen und Bereitschaft zu Aktivitäten. Auch möglich: Oberflächlichkeit, leichte Beeinflussbarkeit, wenig konsequent. In der Exploration weitgehend unproblematisch.

Wirkung: aktiv, lebhaft und aufgeschlossen, aber auch reizbar, labil und unruhig.

Die erstaunte Miene

Waagerechte Stirnfalten, hochgezogene Augenbrauen, weit geöffnete Augen.

Hintergrund: aktuell Bereitschaft zur Aufnahme von Informationen, Aufmerksamkeit, aber auch Erstaunen und Erschrecken.

Wirkung: Oft wird mit dieser Mimik bewusst versucht, etwas mitzuteilen. Dann auch wichtigtuerisch, blasiert und arrogant. Wird in der Exploration hin und wieder bewusst von Personen ausgeführt, die sich dem Gutachter ebenbürtig oder überlegen fühlen oder dies zumindest nach außen so darstellen wollen, insbesondere wenn der Gutachter Zweifel an den Ausführungen äußert.

Die konzentrierte Miene

Senkrechte Falten direkt über der Nase, Muskulatur um die Augen eng zusammengezogen, entsprechend gerunzelte Augenbrauen.

Hintergrund: Aufnahmebereitschaft gegenüber nicht zielgerichteten Informationen, verschlossen, aktuell mit einer klar definierten Aufgabe/Absicht befasst, z. B. Wille, Trotz, Konzentration, Wut, Kampfbereitschaft, Eigensinnigkeit. Auch Verarbeitung starker Sinnesreize (Schmerz) oder innerer Konflikte.

Wirkung: variabel, stark vom Kontext der Situation abhängig.

Die bedrängte Miene
Senkrechte und waagerechte Falten auf der Stirn.

Hintergrund: Person ist mit geistigen/körperlichen Möglichkeiten und Fähigkeiten (nahezu) am Ende. Nähe zum Weinen und zu Selbstaufgabe. Situationsbedingt auch bei Angst, Ratlosigkeit, Leid, Not, Sorgen, Problemen in der Verarbeitung von Erfahrungen, Denkschwächen, innerem Chaos. In der Exploration häufiger, wenn das Gespräch nicht im Sinne des Kunden verläuft.

Wirkung: variabel, vom Kontext der Situation abhängig.

3.3.2.2 Kopfhaltung und Blickrichtung

Die neutrale Kopfhaltung
Die neutrale Kopfhaltung ist ohne eine sichtbare Tendenz nach vorn, hinten oder zur Seite gut ausbalanciert. In Verbindungen mit einem nach vorn ausgerichteten, geraden und offenen Blick wirkt diese Haltung natürlich, offen, flexibel, vertrauensvoll. Die Haltung wird nicht durch Ausdrucksüberzeichnungen begleitet.

Im positiven Fall kann sich so eine Persönlichkeit ausdrücken, die nicht unverrückbare Positionen, sondern argumentative Auseinandersetzung bevorzugt und Heimlichkeiten verabscheut.

In Bezug auf das Charakterbild gilt dieser Ausdruck als ein Zeichen für Selbstbewusstsein und Aufrichtigkeit.

Die zurückgelehnte Kopfhaltung
Der Kopf wird mit einer deutlichen Tendenz nach hinten in Richtung Nacken gehalten. Aus dieser Kopfhaltung resultiert der Eindruck, dass die Kommunikation gegenüber dem Gesprächspartner von oben herab geführt wird. Es kann so leicht eine etwas abschätzige, überlegene und verächtliche Wirkung entstehen, auch mit der Intention verbunden, cool zu wirken. Die Distanz zum Gesprächspartner wird vergrößert.

Dieser Ausdruck kann beim Gegenüber unangenehme Gefühle entstehen lassen. Dies trifft besonders bei körperlich kleinen Personen zu, die sich so leicht geringschätzig betrachtet oder gar bedroht fühlen, wenn nicht durch Mimik und weitere Gesten der ausführenden Personen zusätzliche Signale geliefert werden. Personen, welche die zurückgelehnte Kopfhaltung als eingefahrenes Verhaltensschema gebrauchen, können dazu neigen, sich selbst zu überschätzen und hochmütig zu sein.

Die gesenkte Kopfhaltung

Der Kopf wird über den neutralen Mittelpunkt hinweg nach vorn mit dem Kinn in Richtung Brust gesenkt. Der Blick wird von unten nach oben zum Gesprächspartner geführt. Es kann sich ein mehrdeutiges Ausdrucksbild ergeben. Bei insgesamt geringer Körperspannung und gebeugtem Rücken kann diese Haltung eine Nähe zu Unterwürfigkeit, Ängstlichkeit oder Dienerverhalten anzeigen. Der mit gesenktem Kopf Blickende tendiert dazu, sein Gegenüber aus einer distanzierten und uneinsichtigen Position wahrzunehmen und auf Signale mit direkter Aktion oder mit Rückzug zu reagieren. Wird dieser Blick mit vermehrter Körperspannung ausgeführt, kann ein fester Blick von unten auch aktivieren, feindselig und mitunter überheblich wirken.

Die angelehnte Kopfhaltung

Der Kopf wird wie in ein Kissen seitlich oder seitlich nach hinten zurückgelegt. Der Blick einer Person mit solcher Kopfhaltung ist oftmals ins Leere gerichtet. Dadurch kann der Eindruck entstehen, die Person sei gedanklich nicht anwesend, träumend oder wolle sich in diesem Moment nicht direkt mit der Situation auseinandersetzen. Tritt diese Haltung und Blickrichtung während eines Gesprächs auf, wird man als Gesprächspartner mitunter verunsichert, da man einen „Blick ins Unendliche“ leicht auch als „Blick durch sich hindurch“ und als Form der Missachtung auffassen kann.

Kommt diese Kopfhaltung in einer Gesprächssituation mit einer schwärmerischen Beschreibung vor, will der Erzähler so ein angenehmes Erlebnis oder ein Gefühl möglichst intensiv ins Bewusstsein zurückholen.

Als festes oder oft wiederholtes Verhaltensschema kennzeichnet diese Haltung einen Menschen, der von seinem Charakterbild zu romantischen und idealistischen sowie nachdenklichen und besinnlichen Auffassungen neigt.

Die herausgeschobene Kopfhaltung

Die herausgeschobene Kopfhaltung zeigt sich durch einen nach oben hin lang gestreckten Hals. Sie lässt, verbunden mit einem umherwandernden, unruhigen und suchenden Blick, zunächst auf ein besonders großes Interesse der Person an der gesamten Umgebung schließen.

Sie kann aber auch auf die Nähe zu innerer Unruhe, Ängstlichkeit, Unbeständigkeit hindeuten. Je nach Umfeld ergeben sich unterschiedliche Ausdrucksbilder: Mit ernstem, schnellem Blick zwischen einzelnen Personen hin und her schweifend, kann sich in dieser Haltung aufdringliche Neugier und egozentrischer Besitzanspruch ausdrücken. Mit lächelnder Miene kann sie ein Ausdruck von aufgeregtem Entzücken sein.

Die hineingedrückte Kopfhaltung

Die hineingedrückte Kopfhaltung verbindet den Kopf gleichsam mit dem Rumpf. Der Hals scheint dabei weitgehend verschwunden zu sein.

An diese Haltung knüpft sich ein Wirkungsausdruck, der das Gegenteil von Empfindsamkeit formuliert. Kommt dazu – wie es meist der Fall ist – ein verdeckter und fixierter Blick, kann dadurch ein übersteigerter Wille zu Kraft und Unumstößlichkeit ausgedrückt werden. Diese Kopfhaltung und der entsprechende Blick lassen eine Person nicht nur bullig und unbeweglich erscheinen, sondern je nach Blickkontakt und weiterer Mimik auch misstrauisch, aufdringlich, frech und rücksichtslos.

Als eingefahrenes Verhaltensmuster kann sich hinter dieser Haltung zuweilen ein aggressiver, streitbarer, aber auch ein zielstrebiger und unbeirrbarer Charakter verbergen. Nicht auszuschließen ist auch ein Täuschungsmanöver eines sehr sensiblen und ängstlichen Menschen, der mit dem Rückzug des Halses in den Körper und einem starren Blick für einen Moment unangreifbar erscheinen will.

3.3.2.3 Gestik

In der Regel bezeichnet man mit dem Begriff „Geste“ ein Handzeichen, doch letztlich kann der ganze Körper einschließlich der Mimik einem einheitlichen gestischen Ausdruck unterworfen sein. Zu unseren Gesten gehören eine Vielzahl von Bewegungen und Handlungen, die wir ausführen, um etwas auszudrücken oder mitzuteilen.

Als „Gestikulieren“ bezeichnen wir das spezielle Zusammenspiel von Hand- und Armbewegungen beim Reden. Dazu zählen eine Anzahl großer und kleiner, kräftiger und weicher, spitzer oder runder Hand- und Fingerbewegungen, die ganz automatisch eingesetzt werden, ohne dass sie vorher überlegt und geplant werden. Mit ihrer Hilfe versuchen wir, einzelne sprachliche Äußerungen dem Inhalt gemäß zu beschreiben, auf den Punkt zu bringen und fassbarer zu machen.

Die Ausdrucksbewegungen der Händen beim Sprechen können auch etwas aussagen darüber, „wer wir sind“ und „wie wir sind“. Eine Reihe von Gesten während einer Unterhaltung stammt aus dem Repertoire des Kulturkreises, in dem man sich gerade befindet. Andere sind das Resultat einer bewusst vereinfachten Kommunikation. Sie ermöglichen es, mit „einem Fingerzeichen“ eine Information visuell zu übertragen. Im Verlauf eines Gespräches werden einige Gesten gewollt und mit Absicht eingesetzt, andere geschehen ungewollt und stellen es dem Beobachter frei, daraus Schlüsse zu ziehen über Stimmungen, Einstellungen oder emotionale Hintergründe einer Person.

Gesten lassen sich in verschiedene Gruppen einteilen:

Die mechanischen Gesten (auch Putzgesten)

Mechanische Gesten werden ohne konkrete Absicht ausgeführt. Sie sind meist das Resultat eines rein physischen Mechanismus, wie zum Beispiel beim Gähnen, Husten, Kratzen, Augenreiben oder Nasehochziehen.

Ausdruck: Rein mechanische Gesten können je nach Situation eindeutige Mitteilungen über die körperliche Verfassung und die Stimmung einer Person machen.

Die mimische Geste

Die mimische Geste ist immer mit einer Imitation verbunden. Personen, Tiere, Dinge oder Vorgänge werden nachgeahmt. Fest vereinbarte Zeichen für bestimmte Vorgänge gibt es nicht. Beispielhaft seien hier die Gesten mit einer zur Faust geballten Hand genannt, bei der Daumen und kleiner Finger jeweils abgespreizt sind. Je nach Stellung der Hand wird diese Geste als Telefonieren mit dem Handy verstanden (Daumen am Ohr, kleiner Finger in Richtung Mund) oder als Trinken von Alkohol (Daumen in Richtung Mund, kleiner Finger in die Luft bei zurückgelegtem Kopf).

Die stilisierte Geste

Diese Geste stellt nur ein einziges markantes Merkmal einer Sache oder Person schematisch dar. Dabei kann eine einfache Handbewegung als Kürzel dienen, um bei einem Betrachter eine konkrete Vorstellung davon wachzurufen, welche Sache oder welches Verhalten gemeint ist. Gesten dieser Gattung setzen voraus, dass der Empfänger das vereinfacht Dargestellte auch kennt. Die abgebildete Geste wird man in der Exploration wohl eher nicht sehen, dafür aber andere, die mit dem Trinken von Alkohol oder dem Konsum von Rauschmitteln zu tun haben.

Die symbolische Geste

Diese Geste deutet in Form eines Hand- oder Fingerzeichens abstrakte Inhalte und Eigenschaften an. Ihr Verständnis ist noch eingegrenzter als das stilisierter oder gar mimischer Gesten. Noch mehr als bei der stilisierten Geste wird vorausgesetzt, dass der Empfänger mit den übermittelten Inhalten vertraut ist.

Wirkung: Mit symbolischen Gesten lässt sich kurz und prägnant Stellung beziehen oder auch gezielt eine Stimmung ausdrücken. Symbolische Gesten sind z. T. auch nur Eingeweihten verständlich, z. B. Mitarbeitern einer Abteilung, dem Besucherkreis einer Gaststätte (oft verbunden mit einem bestimmten „Sprachjargon"), den Mitgliedern eines Vereins.

Über die beschriebenen Sachverhalte hinaus werden Gesten in vielfältiger Hinsicht als fachspezifische Ausdrucksweise, als Hilfsmittel zur Kommunikation unter erschwerten Bedingungen (z. B. Taucher, Feuerwehrleute, Börsenmakler) benutzt. Für einige Bereiche wurden ganze Gestensysteme ausgearbeitet, etwa die Gebärdensprache der Gehörlosen. Grundsätzlich ist bei Gesten zu berücksichtigen, dass vergleichbare Gesten in unterschiedlichen Kulturkreisen sehr unterschiedliche Bedeutungen haben können und die Bedeutung immer auch vom Kontext abhängt, in dem sie ausgeführt werden.

Die Gesten der Hände

Handflächen nach oben

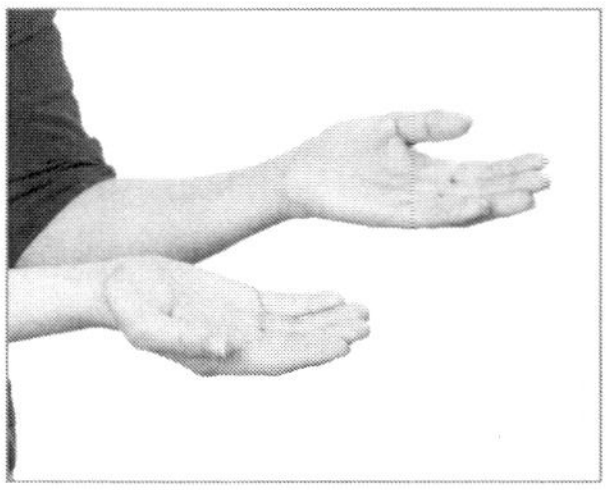

Offene dargebotene Handflächen vermitteln den Ausdruck von Offenheit, Aktivität, Klarheit und Mut sowie das Erscheinungsbild, dass jemand „ohne Waffen" oder nachteilige Absichten kommt. Sie haben die Wertigkeit des Positiven, Hohen, Erhabenen, Ideellen.

Handflächen nach unten

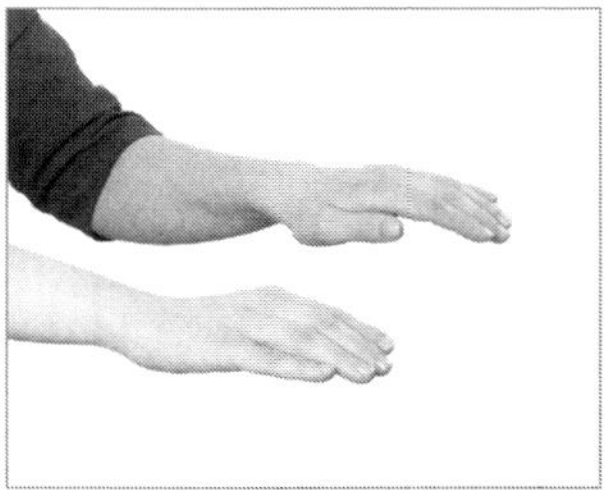

Diese Geste hat die Wertigkeit des Negativen, Niederen, Minderwertigen, Abgewandten. Verdeckte Handflächen symbolisieren den Ausdruck von Verschlossenheit, Passivität und Rückzug in die eigene Person sowie das Erkennungsbild, dass jemand sich „nicht in die Karten schauen" lassen will und aktuelle Stimmung sowie Typus momentan verbergen oder zurückhalten möchte.

Handflächen nach vorne

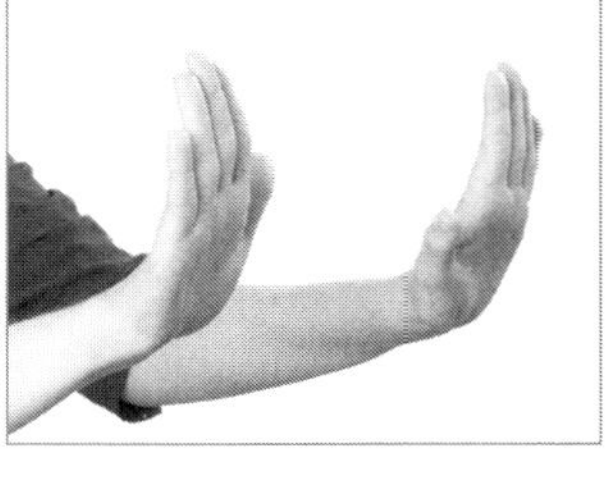

Diese Geste drückt einen Schutzmechanismus aus. Sie steht für Abwehren, Zurückweisen, Abgrenzen und baut gestisch einen Schutzwall auf. Angreifende Aussagen, Personen, Dinge, Fragen sollen mit dieser Geste auf Distanz gehalten werden. Sie wird auch verwendet, um deutlich zu machen, dass ein formulierter Sachverhalt auf keinen Fall zutrifft, in der Exploration oft „theatralisch" angewendet.

Handflächen nach innen

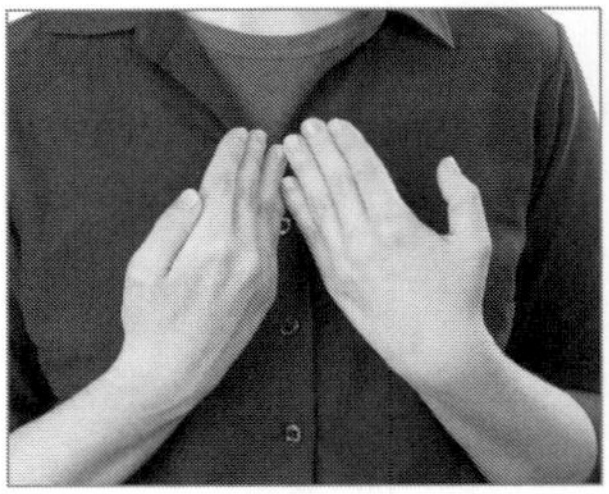

Wird die Bewegung weg von der Oberkörpermitte nach vorn ausgeführt, steht sie als Ausdruck für Übertragen, Überreichen und Transportieren. Sie drückt somit einen Vermittlungsmechanismus aus. Kenntnisse, Meinungen und Wissen können so bildlich „von innen nach außen" anderen Personen zugetragen werden.

Hände auf dem Rücken

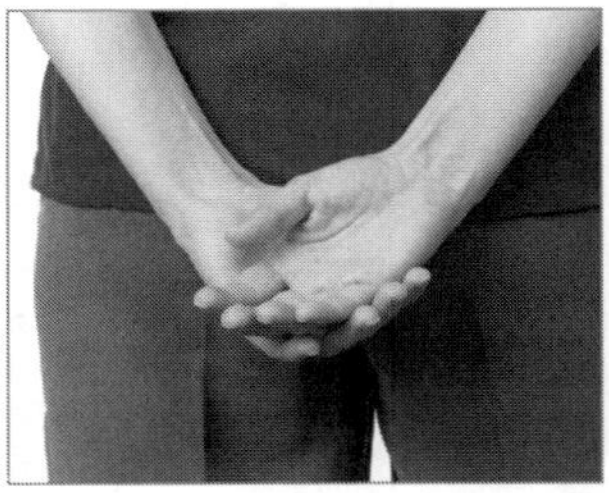

Diese Geste kommt in der Begutachtung naturgemäß kaum vor, da die Kunden sitzen. Möglich ist es immerhin, diese Haltung auch im Sitzen einzunehmen, indem die Hände hinter dem Stuhl verschränkt werden. Als anhaltende Geste, wenn auch der übrige Körperausdruck passiv wirkt, kann sich darin Verlegenheit, Zurückgezogenheit, Passivität, oder Ängstlichkeit ausdrücken. Wird diese Geste eingenommen, um eine passive Haltung absichtlich zu demonstrieren, kann damit auch Macht, Überlegenheit und abwartendes Herausfordern ausgedrückt werden.

Hände in den Hüften

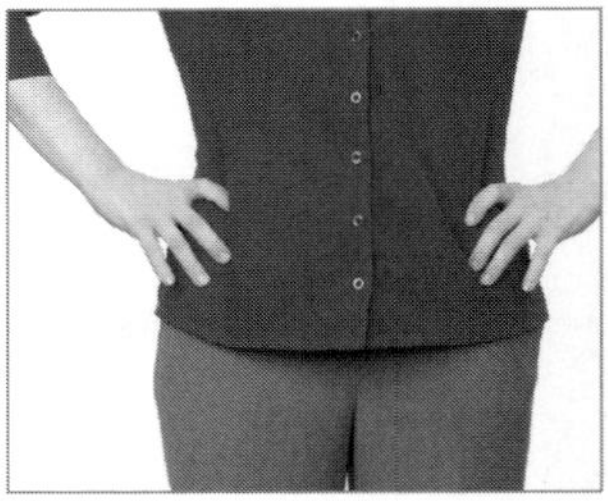

Ein Ausdruck vorübergehender Passivität. Dies kann einmal dafür stehen, dass sich eine Person nach einer aktiven Phasen kurzzeitig entlastet (etwa eine Pause macht), zum anderen kann eine solche Geste ein bewusst eingesetztes Zeichen sein, um Überlegenheit und Stärke vorzuführen, in diesem Fall oft mit herausforderndem Blick und zurückgelehnter Kopfhaltung. Zusätzlich kann durch das Spreizen der Ellenbogen ein Raum- und Territoriumsanspruch dargestellt werden.

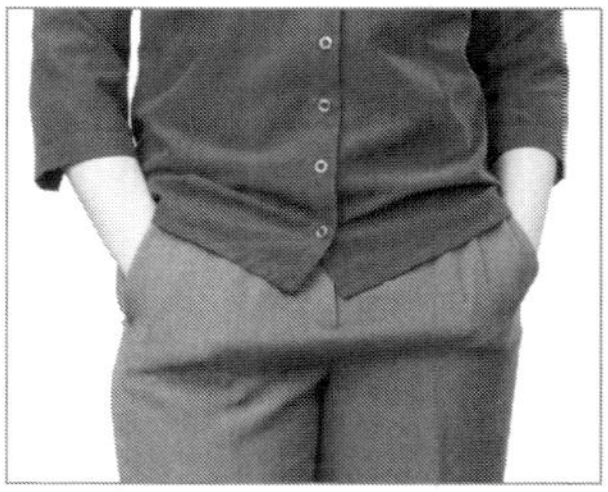

Hände in den Taschen

Diese Geste lässt von der Wertigkeit her auf eine kurzzeitige, aber auch auf eine längerfristige Passivität schließen. Absichtlich vorgeführt, kann sich in ihr Desinteresse, Nachlässigkeit oder Unhöflichkeit zeigen. Wird sie als eine Geste von Verunsicherung oder Verlegenheit benutzt, können so Einstellungen oder Absichten uneinsichtig gemacht, verdeckt werden. Als reine Rückzugsgeste ohne direkte Ursache werden hiermit die Hände aus dem aktiven Feld genommen, um zu entspannen oder abzuschalten.

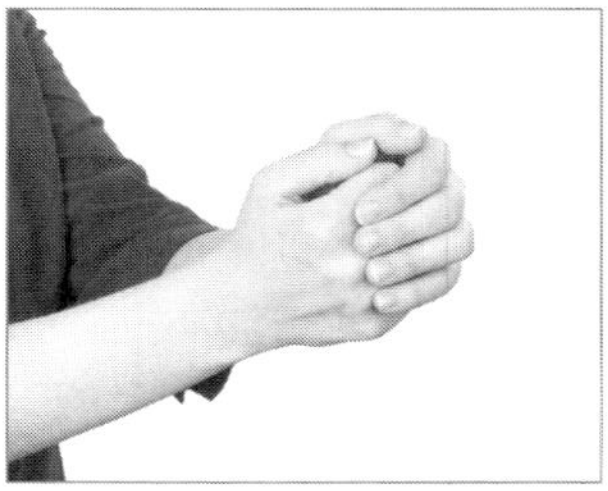

Hände gegeneinander/miteinander

Diese Geste drückt innere Spannung wie auch Kontaktbedürfnis einer Person aus. Das Falten der Hände, das Gegeneinanderlegen oder das Umfassen der anderen Hand kann Ausdruck eines aktuellen Wunsches nach Geborgenheit und Sicherheit sein. Wenn die Hände sich miteinander beschäftigen und spielen, kann sich mitunter Erregung, Unruhe oder Nervosität äußern. Ringen die Hände miteinander, kann dies ein Zeichen der Suche nach Ausdrucksmöglichkeiten sein, aber auch des anstrengenden Versuchs, ein inneres Problem zu lösen oder einen Sachverhalt zu klären.

Das spontane Aneinanderreiben der Hände kann ein Ausdruckssignal dafür sein, dass sich positive Spannungen aufgebaut haben. Wenn nicht gerade Kälte die Ursache ist, werden so innere Spannungen abgeleitet und umgesetzt, etwa die Freude über ein Gelingen oder Ausdruck eines Glücksmoments.

3.3.2.4 Sitzhaltungen

Der geöffnete Sitz

Diese Sitzhaltung ist gekennzeichnet durch weit und locker nach außen stehende Oberschenkel. Die Füße stehen schräg angewinkelt auf. Dieser breite Sitz gilt als sehr männliche Sitzweise. Je nach Oberkörper- und Armhaltung (zum Beispiel zusammengesackt, zurückgelehnt) kann diese Haltung ein Ausdruck von Lässigkeit, Unbekümmertheit und Entspannung sein. In manchen Situationen liegt auch ein Moment von Provokation darin.

Der neutrale Sitz

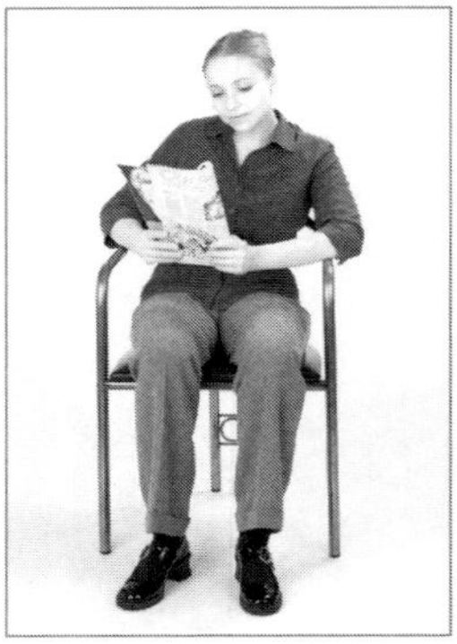

Diese Arten zu sitzen äußert sich durch leicht geöffnete, parallel zueinander stehende Oberschenkel. Die Füße stehen nur wenig schräg angewinkelt auf. Diese Haltung gilt als geschlechtsneutrale Sitzweise, die einen optimalen, geraden Aufbau der Wirbelsäule gewährleistet. Es besteht eine gute Durchblutung der Beine, da die Oberschenkel von der Sitzfläche etwas abstehen und keine Blutgefäße durch Druck beeinflusst werden. Der neutrale Sitz ist eine Langzeithaltung, in der ein Körper Ruhe und Kraft aufbauen kann, wodurch die Konzentration gefördert wird. Dieser Effekt ist besonders stark, wenn die Arme auf den Beinen oder auf Stuhllehnen abgelegt werden können. Bei erhobenem Oberkörper können sich so Festigkeit, Ausgewogenheit, Einklang und Aufmerksamkeit ausdrücken.

Der ausgestreckte Sitz

In dieser Position sitzt eine Person mit nebeneinander lang gestreckten oder übereinandergelegten Beinen und zuweilen mit durchgedrückten Knien. Die Füße haben nur noch über die Fersen Bodenkontakt, die Fußsohlen sind offen nach außen gerichtet. Dieser Sitz gilt allgemein als Entspannungshaltung, in der u. U. die Beine noch gespreizt werden. Personen in dieser Position lassen los, ruhen genießerisch aus und wollen passiv sein. Hinter dem Ausdruckssignal stehen die Grundstimmung, sich an Ort und Stelle einzurichten, ungestört zu bleiben, und die Absicht, nicht aktiv zu werden. In Bezug auf Ort, Anlass und Situation kann dies auch für Unbedarftheit, Gedankenlosigkeit, Revierbelegung oder Unhöflichkeit stehen, in der Exploration sicher auch als Provokation gegenüber dem Gutachter gemeint sein.

Der angewinkelte Sitz

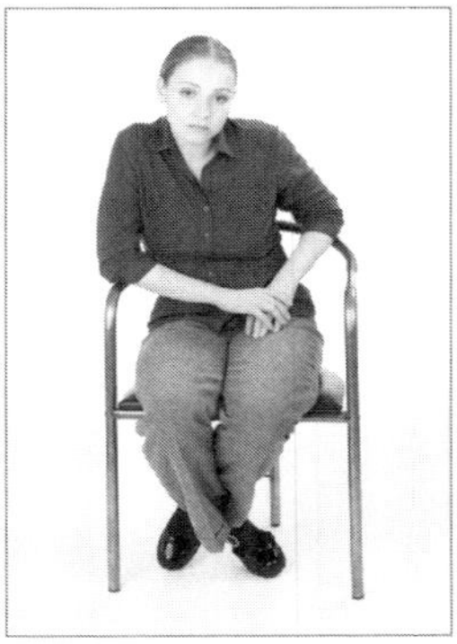

Ein Fuß oder beide werden unter dem Stuhl nach hinten zurückgenommen und eventuell noch um die Stuhlbeine gehakt. Diese Haltung ist ein Ausdruck von Zurückhaltung und Geschlossenheit. Sind die Füße um die Stuhlbeine geschlungen oder nach hinten noch einmal überkreuzt, kann sich darüber ein Bedürfnis nach Sicherheit und Halt ausdrücken. Ist dieser Sitz keine vorübergehende Wechselhaltung oder die bewusst zurückgenommene Haltung einer Dame, kann sich in ihr auch ein Wille zur Aktivität äußern, der bewusst zurückgehalten wird.

Der übereinandergeschlagene Sitz

Diese Haltung gilt vorrangig als weiblich, wird aber häufig auch von Männern benutzt. Sie kann ein Ausdruck von Entspannung sein. Hinter dem Einengen des Genitalbereichs kann auch eine bewusst defensive Position oder Verschlossenheit stehen, als ob sich die Person vorübergehend einigeln wolle. Ein wippender Fuß während des Gesprächs oder ein taktschlagender Fuß beim Reden leitet innere Spannung und Energie nach außen ab. Dies kann der positive Ausdruck von angestrengtem Denken oder Formulieren sein, aber auch ein Anzeichen für Unruhe, Unzufriedenheit und Fluchtverhalten.

Eine andere Möglichkeit ist das gekreuzte Überschlagen der Beine. Der Knöchel des einen Fußes liegt auf dem Knie des Standbeines. Dieser Sitz gilt als speziell männliche Sitzart. Auch sie ist in erster Linie ein Zeichen für Entspannung. Ebenso kann hierüber Burschikosität oder Kumpelhaftigkeit vermittelt werden. Hat der Betreffende eine Situation näher geprüft, kann auch die Absicht, sich breitzumachen und viel Raum zu beanspruchen, hinter dieser Geste stehen.

Der zusammengepresste Sitz

Die Beine sind vom Oberschenkel bis zu den Füßen eng aneinandergepresst. Die Füße berühren sich fast oder ganz und weisen nach vorn. Dieser

Sitz kann sowohl von Männern als auch von Frauen benutzt werden. Sind die Unterschenkel leicht schräg gestellt – eine typische Sitzhaltung mancher Frauen –, kann diese Haltung besonders bei Männern Signale aussenden für Schüchternheit, Hilflosigkeit, Ängstlichkeit oder übersteigerte Korrektheit. Der besondere Ausdruck dieser Sitzposition entsteht durch den Druck- und Spannungszustand in den Beinen. Ist er nicht auf Kälte (frieren) zurückzuführen, kann sich der Wunsch äußern, sich klein zu machen, und diese Position auf ein vermindertes Selbstwertgefühl hinweisen.

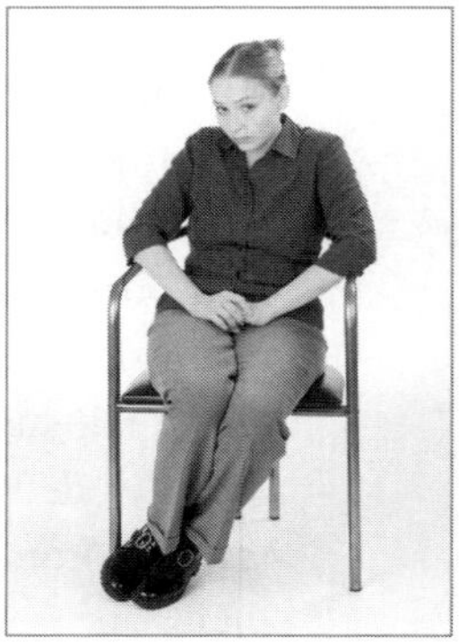

Der Bereich der nonverbalen Kommunikation wurde hier nur ausschnittweise dargestellt. Auswahlkriterium war dabei die Explorationssituation, in der der Gutachter die beschriebenen Haltungen und Gesten gut erkennen kann. Das Thema an sich ist deutlich umfangreicher, und eine intensive Beschäftigung mit dieser Thematik kann allen als psychologischer Gutachter tätigen Personen nur empfohlen werden.

3.4 Gestaltung der Exploration und Formen der Gesprächsführung durch den Gutachter

Der Gutachter sollte bei der Gestaltung des Explorationsgesprächs grundsätzlich das Axiom von Watzlawick – „Es ist nicht möglich, nicht zu kommunizieren" – beachten. Ferner ist zu berücksichtigen, dass trotz der umfangreichen Darstellung der nonverbalen Kommunikation unter Punkt 3.3.2 die erstrangige Bedeutung der sprachlichen Kommunikation nicht in Zweifel gestellt werden darf. Gerade weil sie jedoch so selbstverständlich die Hauptrolle spielt, darf darüber hinaus die „Begleitmusik" (Neuberger 1980) nicht außer Acht gelassen werden. Dies ist umso wichtiger, je mehr Inhalte sprachlich nur umständlich und aufwendig ausgedrückt werden können und beim Gesprächspartner die dazu erforderliche sprachliche Differenziertheit und Gewandtheit nicht vorausgesetzt werden kann.

3.4.1 Die Bedeutung der Sprachebenen

Gutachter und Kunden gehören häufig zwei verschiedenen sozialen Schichten an, deren Sprachverhalten sich signifikant unterscheidet. Es gibt eine ganze Reihe von Studien, die sich mit dem unterschiedlichen Sprachgebrauch in den einzelnen sozialen Schichten befassen. In der Unterschicht ist der eingeengte Sprachgebrauch (restringierter Code) weit verbreitet. In folgenden Punkten ergeben sich besonders deutliche Unterschiede zum in der sozialen Mittelschicht verwendeten „elaborierten Code“:

- Kurze, grammatikalisch einfache Sätze, die oft unvollständig sind und einen einfachen Satzbau haben (vor allem kaum Nebensätze)
- Unkomplizierter und wiederholter Gebrauch einfacher Konjunktionen (dann, weil, wegen; auch „die da unten“ und „die da oben“, Letzteres sind allerdings keine Konjunktionen)
- Starrer und eingeschränkter Gebrauch von Adjektiven und Adverbien (jetzt, gern, da, genug)
- Geringerer Wortschatz (weniger verschiedene Wörter)
- Häufiger Gebrauch kurzer Befehle und Fragen
- Häufiger Gebrauch von Personalpronomen (ich, wir, du) als Satzgegenstand anstelle unpersönlicher Pronomen (einer, es)
- Häufiger Gebrauch von Aussagen, die als Fragen formuliert sind, aber gegenseitiges Einverständnis herstellen sollen („is’ doch klar, oder?“, „nicht war?“)
- Häufig sind vernünftige Überlegungen und Schlussfolgerungen vermischt und führen zu kategorischen Aussagen, wie folgende Sequenz verdeutlichen mag:

  „Ey, was haste auf'm Brötchen?“
  „Thunfisch.“
  „Iih, ess ich nich – da sind Delfine drin.“
  „Egal, Fisch is' Fisch.“

  Hier hat jemand gehört, dass beim Thunfischfang oft Delfine mitgefangen werden, den Zusammenhang allerdings nicht wirklich verstanden. Die diffuse Kenntnis hat aber zu der Absicht geführt, keinen Thunfisch mehr zu essen. Der Gesprächspartner antwortet mit einer ebenfalls wenig reflektierten Sequenz (die inhaltlich falsch ist).

- Häufige Verwendung eingeschliffener (mundartlicher) Ausdrücke wie „haste Töne“, „wenn's nach mir ginge“, „is nun mal so“, „hälste nich aus“ etc.
- Stillschweigend eingeschlossene Bedeutungen, wobei Hintergrund, Annahmen und Konsequenzen der Bemerkung nicht erklärt werden

Um den anderen zu verstehen, muss jeder Gesprächspartner die Sprachgepflogenheiten des anderen kennen. Im Falle der Fahreignungsbegutachtung ist dabei insbesondere von Seiten des Gutachters Entgegenkommen in Bezug auf den Kunden zu erwarten und zu fordern. Zu seiner Professionalität gehört, dass er in der Lage ist, auch mit solchen Kunden angemessen zu kommunizieren, die eine andere als seine eigene Sprachebene benutzen. Er muss in diesen Fällen insbesondere in der Lage sein, die ergänzende, verändernde, unterstreichende und steuernde Bedeutung nonverbaler Äußerungen im Rahmen der Begutachtung angemessen zu berücksichtigen.

3.4.2 Die Gewinnung von begutachtungsrelevanten Informationen

Die Gewinnung begutachtungsrelevanter Informationen ist für den Gutachter keine leichte Aufgabe. Er benötigt einerseits eine ausreichende Menge an Informationen, um die behördliche Fragestellung sicher beantworten zu können. Andererseits ist ebenso zu vermeiden, dass er Informationen sammelt, die für den Begutachtungsprozess keine oder nur eine sehr geringe Bedeutung haben. Neben den rechtlichen Aspekten – die Begutachtung ist anlassbezogen und nach dem Prinzip des geringstmöglichen Eingriffs in die Privatsphäre durchzuführen – ist es eine Frage der Arbeitsökonomie, nur solche Informationen vom Kunden zu erfragen, die für die Begutachtung von Bedeutung sind.

Bewährt hat sich in diesem Zusammenhang, die Kunden zu Beginn des Explorationsgesprächs aufzufordern, die aktenkundigen Vorfälle zunächst aus ihrer Sicht zu schildern. Viele Gutachter gehen chronologisch vor, lassen sich die Entwicklung des Problemverhaltens aus Sicht des Kunden schildern und kommen dann zu den entsprechenden Zeitpunkten auf die aktenkundigen Delikte zu sprechen. Darüber hinaus sind weitere Explorationsstrategien denkbar und in Gebrauch. Dabei ist der Gutachter gefordert, sein „virtuelles Konzept“ jeweils dem aktuellen Gesprächsverlauf anzupassen, allerdings soll der Kunde nicht den Gesprächsverlauf steuern. Es erscheint in diesem Zusammenhang legitim, von einer „fließenden Gliederung“ zu sprechen.

Entscheidend für die „fließende Gliederung“ des Explorationsgesprächs sind für den Gutachter folgende Fragen:

- Welche Bereiche sind bereits erfasst worden?
- Inwieweit ist der Kunde bereit, spontan weitere Kommentare abzugeben?
- Wie viel Zeit steht zur Verfügung?
- Handelt es sich lediglich um ein zu explorierendes Delikt, oder müssen mehrere vergleichbare oder unterschiedliche Delikte exploriert werden?

Unabhängig von der verwendeten Strategie zum Aufbau des Explorationsgesprächs sollte der Gutachter anfangs bestrebt sein, ein möglichst breites Spektrum an Informationen zu erfassen, um sich ein umfassendes Bild von der früheren und gegenwärtigen Lebenssituation des Kunden, der Genese des Problemverhaltens und dem Zustandekommen der aktenkundigen Delikte zu machen. Weiter ist zu ermitteln, ob und gegebenenfalls welche Versuche zur Problembewältigung durch den Kunden in der Vergangenheit unternommen wurden und welche Effekte damit erzielt werden konnten.

Mit fortschreitendem Explorationsgespräch und in dem Maße, in dem der Gutachter sich ein Bild von der Lebenssituation des Betroffenen, von der Entwicklung des Problemverhaltens und vom Ablauf der aktenkundigen Delikte machen kann, wird er immer speziellere Fragen stellen, um die noch fehlenden Informationen zur Beantwortung der behördlichen Fragestellung zu erhalten. Der im Explorationsgespräch angesprochene Themenkreis geht also vom Allgemeinen zum Speziellen.

Es ist die Aufgabe des Gutachters, das Gespräch in der entsprechenden Weise zu strukturieren. Dabei hat sich gezeigt, dass Fragen, die ausschließlich den Sachaspekt berühren, leicht zu stark verkürzten Darstellungen durch den Kunden führen, die zahlreiche relevante Bereiche unberührt lassen und ständig weitere Nachfragen erfordern (Beispiel siehe unten).

Entscheidend für die Steuerung des Gesprächs sind die Gesprächsabschnitte, in denen es zu einem vom Befragten oder vom Gutachter initiierten Themenwechsel kommt. Bei diesen Gesprächsabschnitten muss der Gutachter entscheiden, welches Vorgehen angemessen ist und ob er den Themenwechsel an dieser Stelle zulassen will. An dieser Stelle wird es Zeit, die Grundtechnik der Exploration vorzustellen.

Die Sonnenblume – Grundtechnik in der Exploration

Kennzeichnend für diese Technik ist, dass der Gutachter bei seinen Fragen, die sich durchaus nicht ausschließlich auf der Sachebene bewegen müssen, vom Problemverhalten des Betroffenen ausgeht. Auch Antworten des Kunden werden stets auf das Zentrum der Sonnenblume, das Problemverhalten, zurückgeführt. Dem Gutachter erschließen sich so mit jeder Gesprächssequenz (Frage – Antwort) immer mehr Aspekte des Problemverhaltens. Abbildung 3.4-1 stellt die Sonnenblumentechnik am Beispiel einer Alkoholfragestellung mit einem Trunkenheitsdelikt dar.

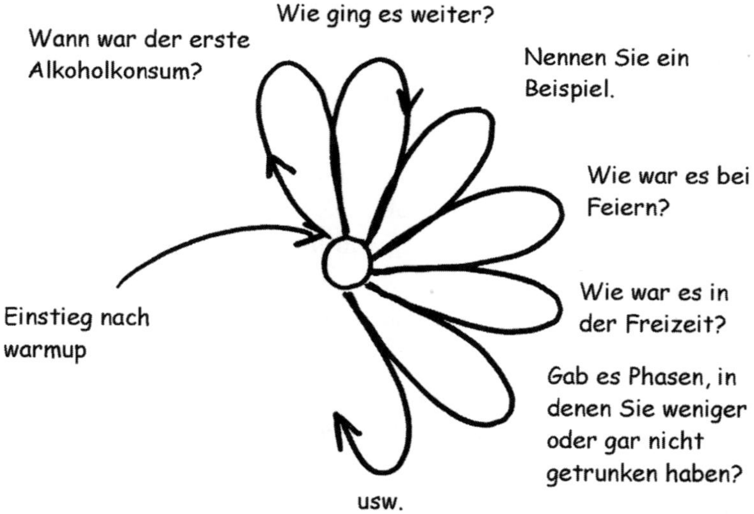

Abb. 3.4-1: Sonnenblumentechnik am Beispiel einer Alkoholexploration.

Die Anwendung der Sonnenblumentechnik ist keinesfalls auf Alkoholfragestellungen beschränkt, sondern für jede Art von Exploration in der MPU geeignet. Im Unterschied zur Alkoholfragestellung, bei der in den meisten Fällen lediglich ein oder zwei aktenkundige Delikte zu explorieren sind, kommt es bei anderen Fragestellungen zu Wiederholungen, z. B. bei verkehrsrechtlichen Fragestellungen. Der Gesprächsanteil von Fragen zum Problemverhalten verlagert sich dabei allerdings von Delikt zu Delikt immer mehr in den Bereich der Konfrontation, warum trotz der vorhergehenden Sanktionen das Problemverhalten erneut aufgetreten ist (man hüte sich bei verkehrsrechtlichen Fragestellungen insbesondere als Berufsanfänger davor, Delikte pauschal abzuhandeln, z. B. alle Geschwindigkeitsverstöße gemeinsam, alle Rotlichtmissachtungen gemeinsam etc). Abbildung 3.4-2 bildet exemplarisch eine Exploration bei verkehrsrechtlichen Verstößen (Punktetäter) ab.

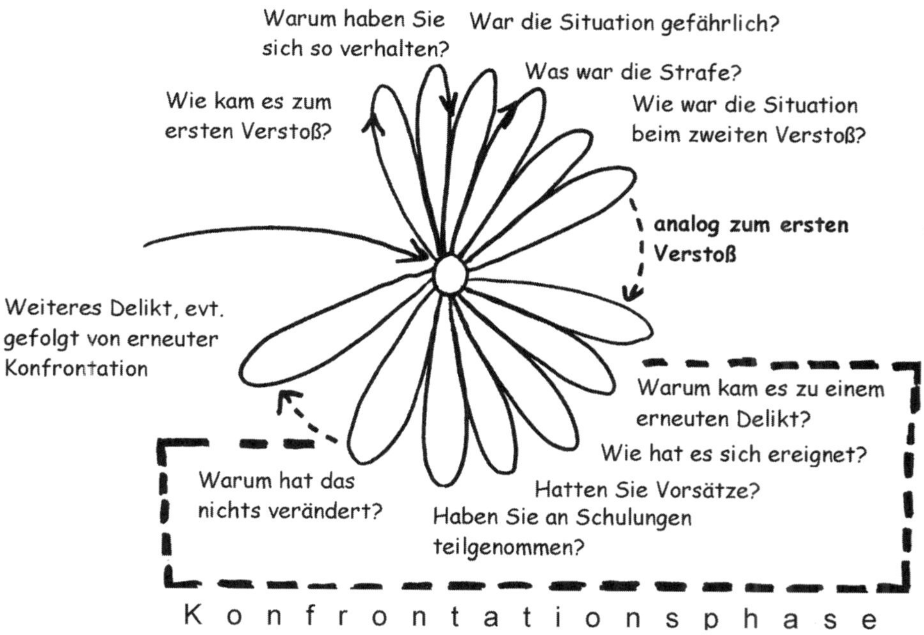

Abb. 3.4-2: Sonnenblumentechnik bei einer Verkehrsrechtsfragestellung.

Das Grundprinzip ist bei allen anderen in der MPU zu behandelnden Fragestellungen anwendbar. Der Vorteil dieser Methode liegt im sich aus der Anwendung ergebenden ökonomischen Ablauf des Explorationsgesprächs. Abweichungen vom Thema (der Fragestellung) werden relativ zuverlässig verhindert, wenn der Gutachter dieses Model konsequent anwendet und das Gespräch entsprechend führt. Das bedeutet natürlich keinesfalls, dass der Kunde nicht auch ihm wichtig erscheinende Informationen geben darf und das Gespräch an solchen Stellen rigide unterbrochen wird. Mit Hilfe der weiter unten beschriebenen Methoden wird es jedoch kein Problem darstellen, den Kunden wieder zu den eigentlich interessierenden Inhalten zurückzuführen. Das Modell bietet bei aller Stringenz die nötige Offenheit, um diese Methoden zur Anwendung zu bringen.

Überleitungen des Gutachters
Der Kunde hat sich vom zu explorierenden Sachverhalt entfernt. Der Gutachter greift ein Stichwort auf und konzentriert das Gespräch wieder auf das eigentliche Thema.

Beispiel:

Kunde: „Klar wird auf den Festen Bier getrunken. Bier ist ja auch ein edles Getränk. Es ist ja ein Riesenaufwand, Bier zu brauen, das sieht man erst richtig, wenn man mal eine Brauerei besichtigt hat. Da hängen ja auch Arbeitsplätze dran, nicht nur in der Brauereiwirtschaft, sondern auch in der Landwirtschaft. Da bin ich als Landwirt ja selbst betroffen. [...] Also wissen Sie, was da an Politik in der EU gemacht wird, das hat doch mit Förderung der Landwirtschaft schon lange nichts mehr zu tun."

Gutachter: „Wenn Sie gerade von Landwirtschaft sprechen: Da werden ja öfter große Maschinen und Geräte im Straßenverkehr bewegt. Denken Sie, dass das unter Alkoholeinfluss noch sicher möglich ist?"

Zurückführende Übergänge
Der Gutachter hat ein Interesse, ein vorher fallen gelassenes Thema wieder aufzunehmen.

Beispiel:

Gutachter: „Sie sprachen vorhin davon, dass Sie auf Dorffesten immer Bekannte treffen und dass dann, wie Sie sagen, jede Menge getrunken wird. Haben Sie sich da schon mal Gedanken gemacht, woran das liegen könnte?"

Oder:

„Sie sprachen eben von Ihren Bekannten. Haben Sie schon einmal darauf geachtet, wie es mit dem Alkohol ist, wenn Sie die einfach mal so treffen, also nicht auf einem Dorffest?"

Mutierende Fragen

Diese Fragen beziehen sich explizit auf einen bisher unerwähnten Themenbereich und sollten aufgrund ihrer Direktivität eher in einer späteren Phase des Explorationsgesprächs gestellt werden. Kennzeichnend für diese Technik ist, dass der Gutachter aus dem Gesprächsverlauf heraus weitere Fragen generiert, die tiefer in eine Situation, ein Verhalten hineinführen und den Kunden bewegen sollen, weitere Details zu einem Vorgang zu äußern. Die Technik kann mehrfach in einer Fragesequenz angewendet werden und eignet sich gut, um Informationen zu erhalten, die eine Differenzierung zwischen seriös therapierten Klienten und solchen, die eher Schauspielunterricht erhalten haben, ermöglichen.

Beispiel:

Gutachter: „Haben Sie auch schon mal Medikamente eingenommen, um die Folgen des Alkoholkonsums zu bekämpfen, z. B. Kopfschmerztabletten?" Kunde: „Ja, habe ich. Das funktioniert besonders gut, wenn man die schon vorher nimmt, dann merkt man am nächsten Tag nichts mehr." Gutachter: „Wie oft war das notwendig?" Kunde: „Also eigentlich nur so ein- bis zweimal am Wochenende." Gutachter: „Überhaupt (im Leben) oder jede Woche?" Kunde: „Nicht jede Woche, nur so ein- bis zweimal im Monat."

Fokussierung auf Gefühle

Durch Ansprache der Gefühle können verdeckte Bedeutungen und Reaktionen des Befragten aufgehellt werden (vgl. auch Kap. 3.3.1). Die Fragen sollten Schlüsselworte enthalten, die sich auf einen bestimmten Gefühlszusammenhang beziehen. Im Modell von Schulz von Thun bewegen wir uns damit auf der Seite der Selbstoffenbarung.

Beispiel:

Gutachter: „Was empfanden Sie, als Sie auf einmal das viele Blaulicht um sich herum gesehen haben?"

Kunde: „Ich hatte Panik, wusste gar nicht was los war. Ich habe dann gemerkt, dass die an meinem Auto arbeiteten, ich hatte Angst, dass ich da nicht mehr rauskomme, alles hat so wehgetan. Dann habe ich auch das andere Auto gesehen. Das war total eingedrückt auf der Seite. Irgendwie hatte ich das Gefühl: Das warst du. Das war dann später auch der Anlass, dass ich mit unserem Pfarrer gesprochen habe, und der hat mir dann diesen Gesprächskreis empfohlen.“

Eine auf der Sachebene gestellte Frage führt zu geringerer Information:

Gutachter: „An was erinnern Sie sich, als Sie nach dem Unfall wieder zu sich gekommen sind?“

Kunde: „Ich weiß auch nicht. Da ist die Polizei schon da gewesen, dann haben die mich aus dem Auto gezogen“.

Natürlich hätte der Gutachter im zweiten Fall den Gedankengang fortführen können und Fragen nach den objektiven Ereignissen, weiteren Details des Unfallhergangs und den Verletzten stellen können. Dies wäre jedoch nicht besonders produktiv gewesen, da der Gutachter ja in erster Linie daran interessiert sein muss, zu erfahren, welche Bedeutung der Vorfall für den Betroffenen hatte und ob sich hier ein (mittel- und langfristig) wirksames Motiv zur Änderung des (Trink-)Verhaltens erkennen lässt.

Wichtig bei dieser Technik ist die Wiederholung implizierter oder geäußerter Gefühle durch den Gutachter. Diese von Rogers (z.B. 1946 und 1951) im Rahmen der Gesprächspsychotherapie entwickelte Technik veranlasst den Kunden, bei der Äußerung von Gefühlen fortzufahren und hat gleichzeitig einen günstigen Einfluss auf das Gesprächsklima.

Die direktive Gesprächsführung

Dem Gutachter steht für das Explorationsgespräch nicht beliebig viel Zeit zur Verfügung. Es ist daher an bestimmten Stellen notwendig, direktiv in das Gespräch einzugreifen. Das Ausmaß des direktiven Eingreifens hängt dabei ganz wesentlich vom Verhalten der Kunden ab. Es wird bei weitschweifig berichtenden Kunden, aber auch bei eher wortkargen Naturen in wesentlich stärkerem Maße notwendig sein als bei Kunden, die ein relativ normales Gesprächsverhalten aufweisen.

Es ist in Phasen der direktiven Gesprächsführung von entscheidender Bedeutung, dass sich der Gutachter über die Form einer Frage und die Auswirkungen unterschiedlicher Frageformen im Klaren ist. Im Explorationsgespräch selbst bestehen nur begrenzte Möglichkeiten der Prüfung, ob die Übersetzung einer Frage in den Sprachcode (Bezugsrahmen) des

Betroffenen gelingt. Die im Folgenden aufgeführten „Erfahrungsregeln“ sind weitgehend dem Werk von Hubert & Mandl (1982) entnommen (vgl. S. 120 f.) und seien dem Gutachter als Checkliste an die Hand gegeben.

Einfache Formulierungen
Eine Frage sollte so einfach formuliert sein, wie es noch eben mit dem sachlichen Zweck der Fragestellung vereinbar ist. Fremdwörter, Fachtermini und komplizierte Satzkonstruktionen sind zu vermeiden (vgl. hierzu auch Kap. 3.4.1 „Die Bedeutung der Sprachebene“).

Kurze Fragen
Zu lange Fragesätze verletzen das Prinzip der Einfachheit. Sie überfordern den Befragten leicht, demotivieren ihn und/oder lassen ihn nur noch auf Teile der Frage reagieren und antworten.

Eindeutige Fragen
Keine mehrdeutigen Begriffe, keine unklaren Formulierungen. Nicht mehrere Fragen in einem Satz miteinander koppeln. Synonyme nicht abwechselnd benutzen.

Den Kunden nicht überfordern
Der Wissensstand der Kunden sollte nicht überschätzt werden, auch nicht bei Personen, bei denen man als Gutachter der Ansicht ist, dass dieses Wissen aufgrund beruflicher Tätigkeit, Freizeitbeschäftigung, eigener Erlebnisse etc. vorhanden sein müsste.

Offene und geschlossen Fragen
Offenheit bzw. Geschlossenheit einer Frage bezeichnen den Spielraum, den eine interviewte Person – im Falle der Exploration der Kunde – hat, um eine Frage zu beantworten. Bei offenen Fragen unterliegt der Antwortende keinen Beschränkungen. Inhalt, Form, Spezifität und Umfang der Antwort liegen weitestgehend im Ermessen des Kunden.

Bei geschlossenen Fragen ist der Spielraum der Antwortmöglichkeiten durch vorgegebene Antwortkategorien (oder durch die Formulierung der Frage) mehr oder minder stark eingeschränkt.

Im Explorationsgespräch kommen beide Formen von Fragen zum Einsatz, wobei sich offene Fragen mehr zur Sammlung von Informationen zur Biografie, zur Entwicklung des Problemverhaltens und zum Ablauf der Delikte sowie zur Ermittlung künftiger Absichten und Perspektiven eignen. Der Gutachter wird dann an bestimmten Stellen weitere, mehr oder weniger geschlossene Fragen stellen, um gezielt Informationen zu sammeln, die zur Erstellung des Gutachtens notwendig sind, z. B. zu bevorzugten Getränken und Trinkmengen bei bestimmten Anlässen.

Der Begriff „geschlossen“ darf dabei nicht so verstanden werden, dass ganz bestimmte Antworten gegeben werden, wohl aber so, dass auf die ganz konkrete Frage auch eine sinnvolle Antwort gegeben wird, die dann im gesamten Kontext der Untersuchung vom Gutachter auf Verwertbarkeit zu prüfen und gewichten ist (zur Verwertbarkeit vgl. Kap. 1).

3.4.3 Techniken der Informationspräzisierung

In Explorationsgesprächen wird es immer wieder Situationen geben, in denen ein Kunde zwar Angaben oder Aussagen gemacht hat, aber zur Erstellung eines Gutachtens weitergehende, präzisere Angaben oder Informationen benötigt werden. Es ist in solchen Fällen Aufgabe des Gutachters, den Kunden in die Lage zu versetzen (oder dies zumindest mit Nachdruck zu versuchen), die notwendigen Angaben zu machen.

Voraussetzung für die hier beschriebenen Techniken ist, dass zwischen Gutachter und Klienten eine Ebene der Kooperation erreicht worden ist.

In konkrete Situation hineinführen

Auf Routinefragen wie: „Bitte beschreiben Sie mir ganz genau, wie ...“ kann, eine befragte Person nicht unbedingt adäquat antworten, insbesondere dann nicht, wenn eine derartige Frage ganz am Anfang des Explorationsgesprächs gestellt wird. Der Kunde wird mit hoher Wahrscheinlichkeit nur auf der Sachebene antworten, vielleicht auch eine (eigene) Theorie darstellen, wie sich etwas aus welchen (Hinter-)Gründen ereignet hat.

Besser ist es, den Kunden in die konkrete Situation hineinzuführen.

Beispiel:

Gutachter: „Sie wollten also dem Wirt die Schlüssel geben. Können Sie sich noch daran erinnern?“ Kunde: „Ja.“ Gutachter: „Wie ging es dann weiter, was hat ihr Kumpel B dann gemacht?“ Kunde: „...“ Gutachter: „Wie kam es dann zum Streit mit den anderen?" Kunde: „..." Gutachter: „Hatten Sie da Angst, wollten Sie weg?" Kunde: „..." Gutachter: „Wer kam dann auf die Idee, dass Sie den Wagen Ihres Kumpels fahren?" usw.

Bei dieser Form der Gesprächsführung – insbesondere wenn sie am Beginn der Exploration angewendet wird – ist für den Kunden einfacher zu erkennen, welche Art von Schilderung erwartet wird.

Situation vergegenwärtigen

Wenn es nicht gelingt, den Kunden in eine Situation hineinzuführen, kann er aufgefordert werden, sich in die Situation hineinzuversetzen. Eine solche Aufforderung kann den Kunden u. U. in die Lage versetzen, eine für die Begutachtung relevante Situation genauer zu beschreiben. Häufig empfiehlt sich dabei die Technik „Fokussierung auf Gefühle".

Beispiel:

Gutachter: „Sie hatten sich also vorgenommen, dem Wirt die Schlüssel zu geben, und wissen aber nicht mehr, wie es dann weiterging. Wissen Sie denn noch, wer an dem Abend anwesend war?" Kunde: „...". Gutachter: „Was für eine Stimmung herrschte bei Ihnen am Tisch?" Kunde: „..." Gutachter: „Kamen dann noch Leute dazu?" Kunde: „..." Gutachter: „Hat sich die Stimmung später verändert?" Kunde: „..." Gutachter: „Wie kam es dazu?" Kunde: „..." Gutachter: „War XY dafür bekannt, dass er immer Streit gesucht hat?" Kunde: „..." Gutachter: „Haben Sie sich zunächst gefreut oder geärgert, dass XY an den Tisch kam?" usw.

Die Technik ermöglicht es dem Klienten, sich durch Assoziationen Erinnerungen bewusst zu machen, die seinem Zugriff zunächst entzogen waren.

Festhalten

Wenn eine konkrete Situation angesprochen wird – speziell wenn die Situation für den Kunden unangenehm ist –, weichen die Kunden gern aus. Die Tendenz auszuweichen kann bereits Teil des vorliegenden Problemverhaltens sein. In den meisten Fällen ist jedoch nicht nur die Verhaltensdisposition zum Ausweichen interessant, sondern auch die Dinge, die sich tatsächlich ereignet haben. In manchen Fällen mag es auch vorkommen, dass der Kunde nicht recht bemerkt hat, worauf es dem Gutachter ankommt, sodass ein erneutes Hineinführen und Festhalten in die Situation wichtig ist.

Beispiel:

Gutachter: „Sie sagten gerade, dass Sie dem Wirt die Schlüssel gegeben haben und dass Sie dann mit dem Wagen Ihres Kumpels bis zur Polizeikontrolle gefahren sind. Mich interessiert zunächst noch, was sich da genau abgespielt hat, nachdem Sie dem Wirt die Schlüssel gegeben haben?"
Kunde: „..."

Falls der Kunde weiter ausweicht:

Gutachter: „Nein, zu der Situation mit der Polizeikontrolle kommen wir noch, im Moment interessiert mich wirklich erst mal nur, was sich in der Gaststätte ereignet hat. Bitte berichten Sie mir das doch mal genauer."
Kunde: „..."

Auf genauen Angaben bestehen
Hierbei handelt es sich um eine Variante der Festhaltetechnik. Um das Ausmaß eines Alkohol- oder Drogenproblems (oder eines anderen Fehlverhaltens) abschätzen zu können, ist es notwendig, dass der Gutachter genaue Angaben erhält und offene Begriffe wie „viel" oder „häufig" hinterfragt. Es kann bei einem Menschen, der seit Jahren Alkoholmissbrauch betreibt, sicher nicht erwartet werden, dass er sich an die Trinkmenge eines jeden Tages erinnern kann. I. d. R. sind sich diese Personen jedoch über ihr „tägliches Pensum" oder die täglich konsumierte Menge sehr wohl im Klaren. Ebenso wird die Konsumfrequenz von den Betroffenen oft im Sinne einer Dissimulation deutlich geringer angegeben, als es dem tatsächlichen Verhalten entspricht. Auch an dieser Stelle ist es notwendig, auf Angaben zu bestehen, die so präzise wie möglich sind, also die Art der Getränke, die Trinkmengen und genaue Angaben zum zeitlichen Verlauf zu erheben.

Beispiel:

Gutachter: „Sie sagen, dass Sie vor dem Streit ‚ganz schön reichlich' getrunken hatten. Aber was haben Sie denn nun konkret getrunken? War es Bier?" Kunde: „..." Gutachter: „Noch andere Getränke?" Kunde: „..." Gutachter: „Wie viel Glas Bier waren es denn?" Kunde: „..."

Wenn auf mehrfaches Nachfragen noch immer keine präziseren Angaben kommen:

Gutachter: „Selbst wenn Sie sich nicht mehr genau erinnern können, was schätzen Sie denn für diesen Abend?" Kunde: „..." Gutachter: „War das außergewöhnlich, oder haben Sie in dieser Weise an jedem Wochenende getrunken?" Kunde: „..."

Situation aufsuchen
Diese an sich sehr effektive Technik wird im Rahmen der MPU nicht bzw. nur in Sonderfällen möglich sein. Kann sich ein Kunde trotz aller Bemühungen (auch des Gutachters) an bestimmte Situationen nicht ausreichend genau erinnern und diese schildern, kann im Rahmen der Exploration dieser Fragenkomplex zunächst nur noch zurückgestellt werden. Eine positive Begutachtung wird i. d. R. nicht mehr möglich sein. Ausnahme: Die fehlende Erinnerung ist auf Alkoholeinfluss (Filmriss) bzw. Drogen-/Medikamentenmissbrauch zurückzuführen, und diese Problematik wurde ihrerseits erfolgreich aufgearbeitet. Die Technik „Situation aufsuchen" ist eher für (verkehrs-)therapeutische Maßnahmen geeignet.

Beobachtbares Verhalten ansprechen
In der Exploration kann direkt in der Situation beobachtbares Verhalten angesprochen werden. Zwar erscheint auf den ersten Blick diese dyadische Situation im Hinblick auf das gesamte Verhaltensrepertoire eines Kunden nicht repräsentativ, trotzdem können in vielen Fällen typische Reaktionen eines Kunden erkennbar werden.

Beispiel:

Gutachter: „Sie sagen, dass Sie seit dem letzten Vorfall im Straßenverkehr (Nötigung durch dichtes Auffahren) ‚immer ganz die Ruhe selbst' sind. Aber so, wie Sie sich hier verhalten, kann ich mir das nur schwer vorstellen. Sie haben jetzt auch schon zum dritten Mal in diesem Gespräch mit der Hand auf den Tisch gehauen. Das ist sehr ungewöhnlich, und ich frage mich, was Sie damit eigentlich deutlich machen wollen?"

Alternativen anbieten

Es kann sinnvoll sein, einem Kunden Alternativen für Beobachtungen, Einschätzungen, Verhaltensweisen etc. anzubieten, wenn er sein Verhalten nicht detailliert genug beschreiben kann. Z. B. können vom Gutachter vergleichbare Situationen genannt werden, und es kann nach dem Verhalten dort gefragt werden, um das Ausmaß der Generalisierung eines Verhaltens abzuschätzen. Diese Methode eignet sich besonders, um die oft von Kunden angewendete Darstellung des „einmaligen Fehlverhaltens" zu überprüfen und gegebenenfalls zu relativieren.

Beispiel:

> *Gutachter: „Sie sagen, Sie wissen nicht mehr, was Sie getrunken haben. Wenn ich jetzt behaupte, dass Sie an dem Abend wahrscheinlich 50 Bier getrunken haben, halten Sie das dann für möglich?"*

Der Kunde wird wahrscheinlich ablehnen (obwohl an Alkohol gewöhnte Menschen durchaus 50 Bier à 0,2 l im Verlauf des Abends trinken können).

> *Gutachter: „Dann haben Sie ja doch eine ungefähre Vorstellung, wie viel es gewesen ist. Überlegen Sie doch noch einmal, ob Sie nicht zumindest eine ungefähre Angabe machen können."*

Zur weiteren Unterstützung eventuell:

> *„Wissen Sie noch, was Sie an dem Abend bezahlt haben?"*

Weiter kann mit dieser Technik durch den Gutachter Hilfestellung gegeben werden, wenn es darum geht, Verhalten hinsichtlich Intensität, Dauer und Frequenz besser einzuschätzen.

Beispiel:

> *Gutachter: „Haben Sie während der Schulzeit oder während des Studiums mehr gekifft?" Kunde: „…" Gutachter: „War das dann nur am Wochenende oder auch in der Woche?" Kunde: „…"*

Grundsätzlich gilt für diese Variante: Der Gutachter muss in der Lage sein, sinnvolle Alternativen anzubieten, damit sich der Kunde tatsächlich entscheiden kann. Das erfordert i. d. R. eine relativ profunde Kenntnis des jeweiligen Umfeldes oder der Subkultur, in der sich der Kunde zur fraglichen Zeit bewegt hat. Bei willkürlich vorgegebenen Alternativen besteht die Gefahr, dass der Kunde auf solche eingeht, die nicht unbedingt seinem Verhalten in dieser Situation entsprechen. Ist man sich als Gutachter seiner Sache nicht ganz sicher, sollten immer mehr als zwei Alternativen angeboten werden, da sonst die Gefahr von Suggestivfragen sehr groß ist. Gerade von Gutachtern, die sich noch in der Ausbildung befinden oder noch nicht so lange in diesem Bereich tätig sind, sollte diese Technik nur mit großer Vorsicht eingesetzt werden.

Konfrontation

Die Konfrontation ist eine sehr massive Gesprächsstrategie. Der Einsatz ist aber in bestimmten Phasen von Explorationsgesprächen notwendig und gerechtfertigt. Schließlich ist der Gutachter zur Ausübung seiner Tätigkeit auf verwertbare Angaben angewiesen. Ein Gutachten mit einem für den Kunden positiven Ergebnis kann nur dann erstellt werden, wenn sämtliche behördlichen Zweifel im Rahmen des Explorationsgesprächs ausgeräumt werden können. Darüber hinaus werden verwertbare Angaben im negativen Fall auch für die Entscheidung zur Nachschulungsfähigkeit (§-70-Kurse) bzw. zur Formulierung von Empfehlungen zu weiterführenden Maßnahmen benötigt.

Bei der Konfrontationstechnik muss sich der Gutachter darüber im Klaren sein, dass der Kunden sehr deutlich das Machtgefälle zwischen Gutachter und sich selbst spürt (vgl. hierzu auch Kap. 4.3.3 „Übermäßige Kontrolle durch den Gutachter"). Dies kann jedoch nicht das Ziel einer Konfrontation sein, von wenigen Ausnahmen einmal abgesehen. Mit einer Konfrontation soll dem Kunden vielmehr sehr deutlich gemacht werden, dass der Ausgang der Begutachtung ganz wesentlich von seinem Verhalten abhängt und dass nur nachvollziehbare Angaben zu einem positiven Gutachten führen können. Weiter ist ihm deutlich zu machen, dass er mit den bisherigen Angaben (seinem bisherigen Verhalten in der Exploration) keine Aussicht auf ein für ihn positives Gutachten hat.

Eine Konfrontation ist sinnvoll in folgenden Situationen:

- um realistische Angaben zu erhalten, wenn die bisherigen Angaben nicht nachvollziehbar waren und auch nach ersten Hinweisen durch den Gutachter hierzu keine Veränderung in der Darstellung erkennbar war

- um Unstimmigkeiten aufzudecken bzw. abzuklären
- wenn erkennbar wird, dass der Kunde eine (falsche) persönliche Strategie in der Untersuchung verfolgt und hofft, auf diese Weise die Fahrerlaubnis wiederzuerhalten
- wenn deutlich wird, dass der Kunde von Dritten schlecht auf die Untersuchung vorbereitet wurde, z. B. „Schauspielunterricht" anstatt Aufarbeitung des Problemverhaltens

In vielen Fällen ist eine Konfrontation schon zu einem relativ frühen Zeitpunkt des Explorationsgesprächs sinnvoll, wenn deutlich wird, dass der Kunde eine Strategie verfolgt, die nicht zu einer positiven Begutachtung führen kann. Ein Hinausschieben der Konfrontation kostet in diesem Fall nur unnötig Zeit.

Der Gutachter kann unterschiedliche Stufen der Konfrontation wählen. Die leichteste ist sicherlich sehr eng mit der Gesprächsstrategie „zurückführende Übergänge" verwandt, während die härteste Konfrontation dem Kunden sehr direktiv die Folgen seines Verhaltens vor Augen führt.

Zurückführende Konfrontation

Beispiel:

Gutachter: „Überlegen Sie noch einmal ganz genau, ob Sie wirklich nicht mehr getrunken haben. So wie Sie es beschrieben haben, kann der (aktenkundig belegte) Blutalkoholgehalt eigentlich nicht erreicht werden."

Auf vorhandene wissenschaftliche Erkenntnisse oder auf gesichertes Erfahrungswissen hinweisen

Beispiel:

Gutachter: „Wenn Sie … in den zwei Stunden getrunken haben, könnten Sie höchstens X,XX Promille erreicht haben. Festgestellt wurde aber fast der doppelte Wert. Ich frage mich, wie diese Diskrepanz wohl zustande kommt?" (Angaben des Kunden dann mit Hilfe gesicherter Erkenntnisse widerlegen, wenn weiter keine realitätsgerechten Angaben gemacht werden.)

Auf Aktenlage verweisen

Beispiel:

Gutachter: „Sie sagen, dass Sie an der Unfallstelle noch 30 Minuten gewartet haben. In der Führerscheinakte steht jedoch, dass zwei Zeugen gesehen haben, dass Sie nur kurz gebremst haben und nicht einmal ausgestiegen sind. Wie hat sich der Vorfall denn nun wirklich ereignet?“

Auf den speziellen Einzelfall eingehen

Beispiel:

Gutachter: „Es stimmt schon, dass auf der Autobahn manchmal dicht aufgefahren wird. Aber in Ihrem Fall hat der vorausfahrende Fahrer extra bei einer Polizeistation angehalten und Anzeige erstattet. Das ist schon sehr ungewöhnlich. Wie lange sind Sie dem anderen denn nun im Abstand von nur wenigen Metern gefolgt?“

Auf Folgen hinweisen

Beispiel:

„Die Angaben, die Sie mir (jetzt schon wiederholt) gemacht haben, stehen ganz klar im Widerspruch zu sämtlichen vorliegenden Erkenntnissen. Eine solche BAK, wie Sie hatten, erreicht man nur nach ganz erheblicher Alkoholgewöhnung. Und die ist aus Ihren Angaben bisher nicht ableitbar. Wenn Sie dabei bleiben, ist für mich nicht erkennbar, dass Sie hier überhaupt verwertbare Angaben machen wollen. Das Gutachten wird dann auf jeden Fall negativ für Sie ausfallen.“

3.4.4 Abwehrmechanismen der Kunden

Bei der Konfrontation wird davon ausgegangen, dass ein Kunde bewusst Informationen zurückhält oder sogar falsche Angaben macht, um das Ergebnis des Begutachtungsverfahrens in seinem Sinne zu beeinflussen. Neben diesem ganz bewussten Verhalten existieren weitere Abwehrstrategien, die mehr oder weniger unbewusst eingesetzt werden.

In der Psychoanalyse wird eine Vielzahl von Abwehrmechanismen unterschieden. Zugrunde gelegt wird dabei eine Persönlichkeitstheorie, in der sich das „Ich“ und das „Es“ gegenüberstehen. Im „Es“ sind dabei die (unbewussten) Triebe, Bedürfnisse, Wünsche etc. angesiedelt. Das „Ich“ verwehrt diesen Triebwünschen jedoch eine unmittelbare Äußerung und ist die Instanz, die für Anpassung und Auseinandersetzung des Individuums mit der Realität steht. Das dem „Es“ zugeordnete „Lustprinzip“ hat somit dem „Realitätsprinzip“ zu weichen, was Freud in dem berühmt gewordenen Schlagwort „Wo Es war, soll Ich werden“ zusammengefasst und zum Ziel der Psychoanalyse erklärt hat. Da die Triebe, Bedürfnisse und Wünsche jedoch nach wie vor bestehen und immer wieder versuchen, sich durchzusetzen, stehen dem „Ich“ eine Reihe von Abwehrmechanismen zur Verfügung, welche die unmittelbare Durchsetzung der Triebwünsche verhindern sollen.

Die Bedürfnisse werden in diesem Fall unter bestimmten Verkleidungen oder Verzerrungen dennoch erkennbar, die dem erfahrenen Analytiker Rückschlüsse über die zugrunde liegende Triebstruktur erlauben (ausführlicher hierzu auch Neuberger 1980).

Es ist im Folgenden nicht möglich, eine komplette Übersicht über alle möglichen Abwehrmechanismen zu geben. Die Auswahl stellt diejenigen dar, die im Rahmen von Explorationsgesprächen häufiger vorkommen und somit von besonderer Bedeutung sind.

Verleugnung der Realität

Im Explorationsgespräch kommt es vor, dass Kunden bestimmte Dinge einfach nicht wahrhaben wollen. In manchen Fällen mag eine bewusst eingesetzte Strategie zu dieser Haltung führen, was dann keine wirkliche Verleugnung der Realität darstellt, da sich der Kunde seiner unrealistischen Angaben (und damit der Realität) noch bewusst ist.

Die tatsächliche Verkennung der Realität kommt jedoch ebenfalls häufig vor. Sie ist oft bei Sucht- und Abhängigkeitssyndromen gegeben (Alkohol, Drogen), bei denen die konsumierten Mengen unterschätzt werden oder trotz regelmäßigen Suchtmittelkonsums über einen längeren Zeitraum eine Abhängigkeit vehement bestritten wird. Bei Verkehrsdelikten kommt es vor, dass reale Sachverhalte von den Betroffenen schlichtweg bestritten oder nicht erkannt werden. Die Funktion dieses Mechanismus besteht in erster Linie darin, das eigene Selbstbild nicht zu gefährden.

In der Exploration bieten sich je nach Status des Gesprächs Konfrontationstechniken oder Techniken zur Informationspräzisierung an, die den Kunden bei geschicktem Einsatz unter Umständen selbst zu der Einsicht führen können, dass geäußerte Inhalte nicht der Realität entsprechen können.

Verdrängung

Die Verdrängung ist ebenfalls ein häufig vorgefundener Abwehrmechanismus. Es geht um die Tatsache, dass bestimmte Bewusstseinsinhalte „vergessen" sind und beim besten Willen nicht mehr erinnert werden können. Im Allgemeinen zeigt sich, dass die verdrängten Inhalte für das „Ich" einer Person eine Belastung oder Gefährdung darstellen: Es fällt einem Kunden zum Beispiel der Name eines Rivalen bei einer Auseinandersetzung nicht mehr ein, oder er kann sich nicht mehr an ein Vorkommnis erinnern, bei dem er eine unglückliche Figur gemacht hat, z. B. die Zeit vor einer Trunkenheitsfahrt.

Es kommt vor, dass sich die verdrängten Inhalte in Situationen herabgesetzter Kontrolle (z. B. Schlaf, Alkoholgenuss, Fieber, Müdigkeit etc.) ausdrücken. In diesen Fällen treten besonders leicht die bekannten „Fehlleistungen", z. B. Versprechen, Verlesen etc. auf (vgl. auch Freud 1901).

Wie bei dem Punkt „Verleugnung der Realität" bieten sich auch bei diesem Abwehrmechanismus für den Gutachter Techniken der Informationspräzisierung oder der Konfrontation an.

Projektion

Bei der Projektion geht es darum, eigene Bedürfnisse oder abgelehnte Eigenschaften in die Umwelt zu verlegen (man selber trinke ja gar nicht, aber die anderen nötigten einen ja immer: *„Das sind ja auch richtige Trinker"*). Eigene Fehler werden nicht akzeptiert, Misserfolge werden vielmehr dem Neid und der Bösartigkeit anderer zugeschrieben (*„die wussten, dass da eine Kontrolle war und haben es mir nicht gesagt"* oder *„jemand muss die Polizei gerufen haben"*). Man fühlt sich verfolgt und unverstanden, die eigene wahre Größe bleibt nach Ansicht der Betroffenen unerkannt.

Identifikation

Bei der Identifikation versteckt sich eine Person sozusagen hinter einer anderen, die sie als eine Art Vorbild sieht. Sie versucht, wie diese Person zu sein. Das äußert sich zum Beispiel darin, dass kleine Eigenheiten

(Bewegungen, Gestik, Ausdrücke) unbewusst nachgeahmt werden. Dieses Verhalten ist in der Exploration schwierig zu erkennen, da der Kontakt zu dem Kunden nur über einen relativ kurzen Zeitraum besteht. Häufiger fällt eine Tendenz zu diesem Verhalten auf (oder ist zu vermuten), wenn es darum geht, eingeschliffene Verhaltensweisen oder gar ein Suchtverhalten zu verändern (z. B. *„mein Nachbar macht das auch so, und der ist schon seit zwei Jahren trocken"*). Im Extremfall zeigt der Kunde dann keine eigene Meinung mehr, er ist wie seine Identifikationsfigur.

Eine auf Dauer stabile Verhaltensänderung ist unter diesen Umständen nicht zu erwarten, da die eigene, persönlichkeitsbezogene Auseinandersetzung mit dem Problemverhalten fehlt.

Eine Variante dieses Verhaltens besteht darin, wenn Strategien eines MPU-Vorbereiters (es wird absichtlich nicht der Begriff „Therapeut" verwendet) unkritisch angenommen werden, ohne dass eine Aufarbeitung der Hintergründe des Fehlverhaltens stattgefunden hat, z. B. Erwiderung eines typischen Schnellfahrers: *„Ich führe jetzt einen Terminkalender und berücksichtige die Fahrzeiten"*, ohne dass die Ursachen der früheren Geschwindigkeitsüberschreitungen überhaupt aufgearbeitet worden sind.

Rationalisierung

In der Exploration ist dieser Mechanismus weit verbreitet. Dabei werden für ein bestimmtes Verhalten rationale, vernünftige Gründe vorgebracht, obwohl es in Wirklichkeit auf ganz andere Motive zurückzuführen ist. Beispiel bei einer Geschwindigkeitsüberschreitung: „Flucht nach vorn", um einen Unfall zu verhindern, oder das schnelle Fahren, *„weil der Hintermann so dicht aufgefahren ist"* und man den Sicherheitsabstand wiederherstellen wollte.

Im Bereich „Alkoholkonsum" wird behauptet, dass *„zu einem guten Essen auch ein guter Wein gehört"* oder dass man schließlich *„nur edle Getränke"* konsumiert habe, Letztere oft als Belohnung für eine erbrachte besondere Leistung, was auch schon einfach mal ein bewältigter Arbeitstag sein kann. Im Falle von Rauschmittelkonsum wird oft das Argument der „Entspannung", aber auch des vertieften Erlebens oder der erhöhten Leistungsfähigkeit (*„sonst kann man nicht die ganze Nacht durchtanzen"*) angeführt.

Eine geeignete Methode der Gesprächsführung in diesem Fall ist die Konfrontation mit dem tatsächlichen Verhalten und dessen Folgen, welche die rational vorgebrachten Gründe i. d. R. widerlegt oder zumindest in Frage stellt (z. B. die dritte Flasche Wein nach dem guten Essen, eine ganze Flasche des edlen Whiskys, die Flucht nach vorn, wenn man sowieso schon zu schnell ist, etc.).

Verschiebungen
Auch bei der Verschiebung erfolgt eine Verlagerung: Eine bestimmte Gefühlseinstellung wird nicht dem Objekt entgegengebracht, dem sie zukommt, sondern auf ein anderes übertragen, verschoben. So kann es z. B. vorkommen, dass ein Kunde, der in Wirklichkeit über sein eigenes Versagen im Straßenverkehr wütend ist, seine Aggressionen auf die Polizei überträgt:. *„Wenn die nicht ihren sch... Blitzer aufgebaut hätten, wäre gar nichts passiert."*

Fixierung
In einem Gespräch fällt es manchmal auf, dass ein Gesprächspartner nicht von einem bestimmten Thema loskommt, dass sich alle seine Beiträge letzten Endes auf dasselbe beziehen. Diese Fixierung ist ein Hinweis darauf, dass der Gegenstand besonders affektbeladen ist und dass der Gesprächsteilnehmer mit ihm noch nicht fertig geworden ist. Im Explorationsgespräch kann dies z. B. geschehen, wenn über eine gescheiterte Partnerschaft berichtet wird. In Bezug auf das eigentliche Problemverhalten, den Untersuchungsanlass, kommt dieses Verhalten seltener vor, da Kunden in vielen Fällen eher erleichtert sind, wenn sich das Gespräch von diesem Themenkreis entfernt.

Regression
Ein scheinbar kindliches oder kindisches Verhalten (Trotzreaktionen, plumpes Lügen, Tollpatschigkeit, Losweinen etc.) kann – bewusst oder unbewusst – als Technik eingesetzt werden, um beim Gesprächspartner erwünschte Reaktionen hervorzurufen. Der Appell bei diesem Verhalten: Einen Kunden, der im Verlauf des Gesprächs plötzlich zu einem weinenden, hilfeheischenden und mitleiderregenden Wesen wird, muss man schonen, man wird ihn im weiteren Gespräch mit solchen unzumutbaren Fragen und Themen nicht mehr konfrontieren. Der Kunde hat sein Ziel somit erreicht, wenn der Gutachter auf dieses Verhalten eingeht. Im Kommunikationsquadrat bewegen sich Klient und Gutachter auf der Appellebene, wenn dieses Verhalten „funktioniert".

Verkehrung ins Gegenteil

Bei der Verkehrung ins Gegenteil wird ein Verhalten gezeigt, das den unbewussten Motiven und Einstellungen genau widerspricht. Dieses Verhalten kann häufiger einer vordergründig freundlichen Beziehung zum Gutachter zugrunde liegen, bis hin zu extrem devotem Verhalten. Ein Verhalten dieser Art wird besonders dann zu beobachten sein, wenn der direkten Gefühlsäußerung innere und äußere Widerstände im Wege stehen.

Konversion

Seelische Belastung kann sich in körperlichen Problemen niederschlagen, z. B. Magendrücken, Herzbeschwerden, Atemnot, Schwitzen, Erröten, Übelkeit, Zittern und ähnliche Symptome. Auch ausgeprägte motorische Unruhe signalisiert, dass das Gesprächsthema oder die Gesprächssituation für den Empfänger von großer Bedeutung ist und ihn emotional stark berührt. Im Explorationsbereich werden die unangenehmen Eindrücke überwiegen, da ja das „Problemverhalten" ganz gezielt angesprochen wird.

Im Alltag wird durch „Flucht in die Krankheit" zum Teil erfolgreich verhindert, dass unangenehme Dinge überhaupt zur Sprache kommen, worin auch eine Funktion dieses Mechanismus zu sehen ist.

3.4.5 Schwierige Gesprächssituationen

Während des Explorationsgespräches kann es leicht zu Situationen kommen, die für den Gutachter nicht ganz einfach zu handhaben sind. Die hier vorgeschlagenen Vorgehensweisen sollen bei der Bewältigung solcher schwierigen Situationen helfen.

Belastung durch diagnostische Informationen

Das Explorationsgespräch ist ein „aufdeckendes Verfahren". Der Kunde beschreibt seine Handlungen und seine Gedanken und erlebt, dass der Gutachter als eine Art „Kontrollinstanz" fungiert. Der Kunde wird im Grunde genommen doppelt belastet. Einmal geschieht dies durch die spezielle Art der Gesprächsführung, die sich aufgrund des Machtgefälles vom Alltagsgespräch deutlich unterscheidet. So kann das Problemverhalten nicht mit dem im Alltag üblichen Allgemeinplätzen und Floskeln abgetan oder entschuldigt werden.

Zum Zweiten kommt es im Gespräch unter Umständen zu Einsichten in spezielle, für den jeweiligen Kunden bedeutsame Ereignisse und Zusammenhänge, die ihm vorher nicht unbedingt bewusst gewesen sind.

Wird der Kunde durch diese ungewohnten Belastungen sehr stark beansprucht, ist eine Fortführung des Explorationsgespräches nicht mehr notwendig, wenn alle für die Begutachtung notwendigen Informationen bereits erhoben worden sind. Eine weitere Fortführung des Gespräches wäre für den Kunden nur noch eine zusätzliche Belastung.

Falls noch weitere Kundenangaben benötigt werden, können auch die im nächsten Abschnitt („Weinen“) beschriebenen Techniken sinngemäß angewendet werden.

Weinen

Durch Weinen drückt ein Mensch Betroffenheit aus. Weinen gehört daher eher in einen intimen Kommunikationsbereich, der so beim Explorationsgespräch nicht unbedingt vorhanden ist. Üblicherweise reagieren beteiligte Personen mit Trösten, Aufmuntern, aber auch mit Betroffenheit und Ablehnung. Abbildung 3.4-1 stellt die Situation „Weinen“ im Kommunikationsmodell von Schulz von Thun dar (vgl. Kap. 3.3.1).

Abb. 3.4-1: Aspekte der Situation „Weinen" auf den Ebenen der Selbstoffenbarung, des Appells und der Beziehung (nach Schulz v. Thun 1984).

Diese typischen Reaktionsweisen auf Weinen haben Vor- und Nachteile. Auf der einen Seite ist es für den, der weint, hilfreich zu sehen, dass sein Kummer, seine Sorgen akzeptiert werden. Auf der anderen Seite kann durch Zuwendung in dieser Situation Weinen in unerwünschter Weise verstärkt werden.

Der Umgang mit Weinen in der therapeutischen Situation und im Explorationsgespräch unterscheidet sich sicherlich (der Autor hat keine große therapeutische Erfahrung).

Im Explorationsgespräch sollte der Kunde, wenn er weint, akzeptiert werden, ohne dass dadurch das Weinen als dramatisches Ausdrucksmittel verstärkt wird. Der Gutachter sollte sich also keine peinliche Betroffenheit anmerken lassen, sondern soll das Weinen als Selbstverständlichkeit ansehen, mit der ein Kunde in der augenblicklichen Situation seine Betroffenheit ausdrückt. Das Zureichen eines Päckchens Taschentücher ist angebracht, insbesondere wenn der Kunde selbst vielleicht keines griffbereit hat. Und das „Päckchen" gehört eigentlich als Arbeitsplatzausstattung obligatorisch zum Handwerkszeug des Gutachters.

Es ist in dieser Situation günstig, den Kunden zu bitten, einen Moment zu warten, bis er sich wieder beruhigt hat, bevor er mit der weiteren Schilderung fortfährt, oder sich im Explorationsgespräch vorübergehend mit einem anderen Aspekt zu befassen, soweit dies inhaltlich möglich ist.

Der Kunde sagt nichts

Es können vielfältige Gründe vorliegen, wenn ein Kunde nichts sagt. Neben dem trotzigen Schweigen gibt es auch das Schweigen aufgrund eigener Betroffenheit, Ratlosigkeit oder als Reaktion auf eine wenig geeignete Gesprächsführung durch den Gutachter. Es ist kaum möglich, alle zu diesem Verhalten führenden Hintergründe aufzulisten. Abbildung 3.4-2 stellt die Situation „Schweigen" wieder im bekannten Kommunikationsmodell dar, allerdings wohl eher aus der Sicht des Gutachters.

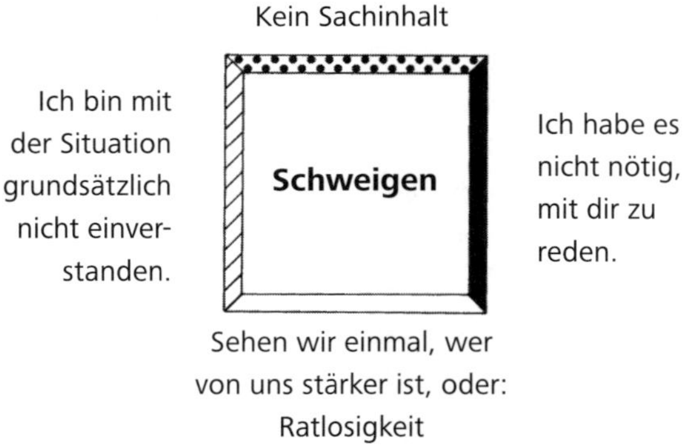

Abb. 3.4-2: Die Aspekte „Selbstoffenbarung", „Beziehung", „Sachebene" und „Appell" des Verhaltens „Schweigen".

Im Explorationsgespräch sollte Schweigen nicht zu einem Kräftespiel in Bezug darauf stilisiert werden, wer von den Beteiligten – Gutachter oder Kunde – das Schweigen länger aushält. Bei guter Ausbildung und einiger Berufsroutine ist dies immer der Gutachter. Aus diesem Grunde sollte der Gutachter dem Kunden Hilfestellung geben, das Schweigen zu brechen. Voraussetzung ist allerdings, dass der Gutachter keine Angst vor einer Pause bzw. dem Schweigen hat. Möglichkeiten, die Situation aufzulösen, bestehen in folgenden Vorgehensweisen:

- Ansprechen, wie das Schweigen auf den Gutachter wirkt.
- Deutung, z. B.: *„Ihnen fällt es schwer, über diesen Punkt zu reden.“*
- Fragen, z. B.: *„Fällt es Ihnen schwer, über den Punkt zu reden?“*
- Aufmunterung: *„Bitte erzählen Sie weiter.“*
- Rekapitulation: Der Gutachter versucht, an frühere Punke anzuknüpfen und diese weiterzuführen.
- Wechsel der Mitteilungsebene, z. B. von der Sachebene zur Beziehungsebene.
- Rückmeldung des emotionalen Gesprächsinhaltes (vgl. Rogers 1945 und 1951), z. B.: *„Wenn ich mir das so vorstelle, haben Sie sich da sicher ganz schön über Ihre Kumpel geärgert.“*
- Aufforderung, an der Begutachtung mitzuwirken; hierzu gehört auch der Hinweis, dass die Eignungsbedenken der Behörde nur dann ausgeräumt werden können, wenn der Kunde mitarbeitet (was definitiv nicht der Fall ist, wenn er weiter schweigt).

Der Kunde redet zu viel

Es ist oft schwierig einzuschätzen, ab wann ein Kunde zu viel redet. Speziell in der Anfangsphase des Gesprächs ist es oft nicht einfach zu bemerken, ob nicht doch noch ein für die Begutachtung relevanter Sachverhalt erreicht wird (mit zunehmender gutachterlicher Erfahrung wird die Entscheidungssicherheit gerade in dieser Situation jedoch erheblich steigen). Mit Sicherheit sollte der Gutachter aber eingreifen, wenn der Kunde in langatmigen Sätzen immer wieder auf andere, für die Begutachtung nicht relevante Themen ausweicht. Neben den Techniken zur Informationspräzisierung empfiehlt sich in diesen Fällen zusätzlich eine sehr straffe Führung des Gesprächs durch den Gutachter, da für das Explorationsgespräch nicht beliebig viel Zeit zur Verfügung steht. In manchen Fällen ist auch das „Viel-Erzählen“ bereits ein Diagnostikum. Allgemein gilt, dass man den Kunden jegliche Verstärkung (Nicken, Lächeln etc.) beim Zuviel-Reden entzieht und sich ihm dann zuwendet, wenn er auf begutachtungsrelevante Inhalte zu sprechen kommt.

Der Kunde wiederholt ständig Fragen des Gutachters

Diese Verhaltensweise wird erst auffällig, wenn der Kunde das Verhalten offensichtlich als Gesprächstechnik anwendet. Es sei im normalen Explorationsgespräch dem Kunden unbenommen, auch für sich selbst einmal Klarheit zu schaffen, indem er eine Frage des Gutachters wiederholt, zumal auch ein Gutachter sich nicht zwangsläufig in allen Situationen klar ausdrückt. Markant wird das Verhalten erst, wenn der Kunde Fragen des Gutachters ständig wiederholt, von diesem eine Bestätigung erwartet und erst danach mit der Antwort auf eine Frage beginnt. Wird diese Technik durch den Kunden angewendet, ergeben sich folgende Wirkungen:

- Demonstration einer „Pseudo-Mitarbeit"
- Verschaffen von Zeit zum Überlegen der Antwort (im Explorationsgespräch sind aber für den Gutachter spontane Antworten oft sehr viel aussagekräftiger als sorgfältig überlegte)
- Bringt den Gutachter in eine Bestätigungshaltung (Zustimmungsfalle, da dem Kunden auf seine „zusammenfassenden Fragen" stets zustimmend geantwortet wird, wird es für den Gutachter mit zunehmender Gesprächsdauer immer schwerer, von einer Zustimmung bezüglich der berichteten Inhalte abzugehen)
- Kunde übernimmt jeweils die Gesprächsführung

Es ist keine Frage, dass derartige Effekte aus gutachterlicher Sicht nicht wünschenswert sind. Folgende Gegenstrategien bieten sich an:

- Kurze, einfache Fragen (ein Wiederholen durch den Kunden bietet sich nicht an bzw. wirkt grotesk)
- Ansprechen des Kundenverhaltens, auf direkte Antwort bestehen
- Antwort in der Weise, dass der Kunde selbst in eine ungünstige Situation gerät. Beispiel: *„Wie selbst Sie jetzt verstanden haben, möchte ich von Ihnen erfahren, wie …?"*
- Demonstratives Desinteresse zeigen, solange der Kunde Fragen wiederholt, dagegen Zuwendung und Interesse zeigen, wenn eine substanzielle Antwort gegeben wird

Der Kunde will das Gespräch nicht beenden

Diese Situation tritt oft auf, wenn die Ergebnismitteilung nach dem Ende des Gesprächs nicht im Sinne des Kunden ausfällt. Kunden versuchen in diesem Fall häufiger, „nachzuverhandeln", den Ausgang der Begutachtung doch noch zu ihren Gunsten zu beeinflussen. Dies unterstreicht noch einmal die Bedeutung, die einer fachgerechten Beendigung des eigentlichen Explorationsgesprächs zukommt. Grundsätzlich sollte der Kunde vor der Sachstandsmitteilung gefragt werden, ob er noch etwas hinzufügen möchte. Erst wenn dies verneint wird, sollte mit der Sachstandsmitteilung begonnen werden. Bei „Vielrednern", bei denen man einen erneuten Redeschwall unbedingt vermeiden will, sind stattdessen Formulierungen angebracht wie: *„Ich habe jetzt alle für die Begutachtung wichtigen Informationen von Ihnen erhalten.* Pause. *Jetzt teile ich Ihnen noch etwas zum voraussichtlichen Ergebnis der Begutachtung mit."*

„Nachverhandlungen" über das Gutachtenergebnis sind abzulehnen, was nicht schwer ist, wenn die Exploration fachgerecht durchgeführt wurde und die oben genannten Regeln beachtet werden.

Will der Kunde nicht gehen, sollte der Gutachter zunächst sehr demonstrativ seine Unterlagen zusammenpacken. Hilft dies auch noch nicht, sollte demonstrativ die Tür des Untersuchungsraumes geöffnet werden und der Kunde höflich, aber bestimmt darauf hingewiesen werden, dass das Untersuchungsgespräch nunmehr beendet ist und er den Raum bitte verlassen möge, gegebenenfalls verbunden mit dem Hinweis auf noch ausstehende Untersuchungsschritte.

3.4.6 Kunden aus fremden Kulturen und Einsatz von Dolmetschern

Die Besonderheiten bei der Exploration von Kunden aus fremden Kulturen liegen bei unzureichenden deutschen Sprachkenntnissen und der Hinzuziehung eines Dolmetschers/Übersetzers.

Unzureichende deutsche Sprachkenntnisse sind zu vermuten, wenn der Kunde nicht in der Lage war, den Schriftverkehr bis zum Stattfinden der MPU selbstständig zu bewältigen. Eine Reihe von Kunden, die mit der Bearbeitung des schriftlichen Materials Probleme haben, kann sich mündlich trotzdem ausreichend differenziert ausdrücken. Hiervon kann ausgegangen werden, wenn das Explorationsgespräch mit nur relativ wenig Verständnisfragen des Kunden bewältigt werden kann.

In Zweifelsfällen ist der Kunde auf jeden Fall darauf hinzuweisen, dass die Untersuchung mit Unterstützung eines amtlich anerkannten und/oder vereidigten Dolmetschers/Übersetzers durchgeführt werden kann. Der Kunde ist ferner über die Bedingungen des Dolmetschereinsatzes (insbesondere Kostenübernahme!) zu informieren.

Lehnt der Kunde den Dolmetschereinsatz ab, sollte sich der Gutachter schriftlich bestätigen lassen, dass der Kunde der deutschen Sprache ausreichend mächtig ist, um die Inhalte dieser Untersuchung zu verstehen.

Ein Dolmetschereinsatz kommt darüber hinaus bei Personen in Frage, bei denen eingeschränktes Hör-/Sprechvermögen vorliegt (Gebärdendolmetscher).

Eine weitere Besonderheit bei der Exploration ausländischer Kunden besteht in den Unterschieden zwischen der heimischen Kultur und den in Deutschland geltenden Einstellungen, Wertmaßstäben und gesetzlichen Regelungen. Die Unterschiede werden von den Betroffenen umso stärker empfunden, je entfernter der kulturelle Hintergrund ist und je weniger die Integration in Deutschland bisher gelungen ist. Das Ausmaß der Integration ist dabei nicht zwangsläufig von der Aufenthaltsdauer in Deutschland abzuleiten. Vielmehr existieren inzwischen insbesondere in größeren Orten fest verankerte Sub- oder Parallelkulturen, in denen Kultur und Wertsysteme des Heimatlandes aufrechterhalten werden und bei vielen Personen nur eine geringe Integrationsbereitschaft festzustellen ist.[12] Teilweise werden sogar traditionelle Verhaltensweisen aufrechterhalten, die im Heimatland bereits einer Veränderung unterliegen.

In diesen Fällen kann selbst bei längerem Aufenthalt in Deutschland eine ausreichende Kenntnis der deutschen Sprache zur Durchführung einer MPU nicht unbedingt vorausgesetzt werden. Gegebenenfalls ist eine Unterstützung durch einen Dolmetscher/Übersetzer notwendig bzw. von den Betroffenen gewünscht.

12 Diese Darstellungen sind ausschließlich auf sachlicher Ebene zu sehen und enthalten ausdrücklich keine Wertung durch den Autor.

Die Bedeutung des Dolmetschers/Übersetzers in der Explorationssituation ist nicht zu unterschätzen. Einerseits kann sein Hintergrundwissen um die fremde Kultur und deren Besonderheiten für den Gutachter eine Erleichterung im Explorationsgespräch darstellen, da er als Vermittler fungiert und zu bestimmten für den Gutachter zunächst nur schwer verständlichen Verhaltensweisen Hintergrundinformationen geben kann, die über die eigentliche Übersetzungsarbeit hinausgehen. Andererseits kann er Ängste und Schamgefühle bei den Kunden erwecken, wenn angst- und schambesetzte Themen in der Exploration zur Sprache kommen und der Dolmetscher/Übersetzer als ein Repräsentant des eigenen Herkunftslandes angesehen wird. Eine Tendenz hierzu ist insbesondere bei Kunden mit weniger hohem Bildungsrad anzutreffen.

Sinnvollerweise sollte daher zu Beginn des Explorationsgesprächs auf die Bedeutung der Schweigepflicht für den anwesenden Dolmetscher/Übersetzer explizit hingewiesen werden.

Ungewohnte/fremde Bedingungen, resultierend aus den Unterschieden zwischen Herkunftsland und den Lebensumständen in Deutschland, können sich ebenfalls auf den Ablauf und die Ergebnisse der Exploration auswirken, etwa wenn Kunden nur über geringe Schulbildung und als Konsequenz über eingeschränkte Sprach-/Lese-/Schreibkenntnisse auch in der Heimatsprache verfügen. Mit derartigen Konstellationen ist insbesondere zu rechnen, wenn der Kunde einer im Herkunftsland wenig geschätzten Minderheit angehört und gleichzeitig das Bildungssystem im gesamten Land zu seiner Schulzeit weit hinter den westeuropäischen Standards zurücklag.[13] In diesen Fällen kommt es leichter zu Missverständnissen bei bestimmten Begrifflichkeiten und sachlogischen Bezügen. Weitere, für den Gutachter zunächst schwer einzuschätzende Einflüsse üben Religion, Aberglaube, Tradition, Gesellschaftssystem, Familienclan und/oder Hierarchiedenken aus.

In einigen Kulturen wird eine ausgeprägte Passivität und Opferhaltung gegenüber der Obrigkeit vermittelt. In solchen Fällen ist in der Exploration damit zu rechnen, dass der Gutachter nur Antworten auf das bekommt,

13 Z. B. in der Türkei aufgewachsene Kurden. Zur insgesamt nur kurzen Schulausbildung kommt in diesem Fall die Unterdrückung der kurdischen Kultur und – nach Auskunft von Betroffenen – in vielen Fällen der offenbar bewusst in Kauf genommene Unterrichtsausfall in großem Stil.

was er konkret gefragt hat, denn er wird im Wertesystem der Betroffenen eindeutig als der Obrigkeit zugehörig wahrgenommen.

Dem Psychologen wird zugeschrieben, dass er als Fachmann ohnehin weiß, wie er das Gespräch zu leiten hat. Eigenständiges Beibringen oder auch nur Erwähnen von weiteren durchaus begutachtungsrelevanten Sachverhalten ist für die Betroffenen bei diesem Hintergrund nahezu unvorstellbar und bedarf ausdrücklicher und meist mehrfacher Aufforderung des Gutachters. In anderen Fällen ist eine extrem ausgeprägte devote Einstellung vorzufinden, bei der allem und jedem zugestimmt wird, was der Gutachter äußert, verbunden mit unterwürfigem Ausdruck bis hin zu entsprechender Körperhaltung.

In einer Scham- und Schuldkultur ist es aber andererseits erlaubt (und absolut üblich), sich lautstark und wiederholt zu den eigenen Versäumnissen und Verfehlungen zu bekennen. Jedoch erwächst aus diesen Bekenntnissen nicht die Konsequenz, nach grundsätzlich vermeidenden und vorbeugenden Strategien zur Verhinderung künftigen Problemverhaltens zu suchen, da das Bekenntnis an sich bereits als Erleichterung wirksam ist.

Das Verschweigen angst- und schambesetzter Erlebnisse und Empfindungen im Explorationsgespräch bedeutet nun nicht automatisch, dass der Kunde etwas absichtlich verschweigen will. Er ist es u. U. einfach nicht gewohnt, intime Details des eigenen Lebens außerhalb der Familie zu besprechen. Oder die Angst ist groß, für bestimmtes Fehlverhalten (z. B. Alkoholprobleme, Partnerschaftsprobleme) in der eigenen Kultur stigmatisiert zu werden. Die Furcht hiervor ist umso größer, je weniger Kontakte der Betroffene außerhalb seiner Subkultur hat und wenn – als Folge davon – das Leben in Deutschland in all seinen Facetten für den Betroffen undurchschaubar und damit furchteinflößend ist.

Weiter soll darauf hingewiesen werden, dass es große kulturelle Unterschiede hinsichtlich des Akzeptanzrahmens für Alkoholgenuss (und z. T. auch in Bereichen des Drogenkonsums und bei der Toleranz von Verkehrsverstößen) gibt. Es ist wichtig, z. B. im Trunkenheitsfall im Detail nachzufragen, um welche Trinkgewohnheiten bei welchen Anlässen, um welche Art von Getränk und um welchen Glasinhalt der verwendeten Gläser es sich konkret gehandelt hat. So ist in osteuropäischen Kulturen der Konsum von Wodka aus 100-Gramm-Gläsern üblich und nicht die Ausnahme (trotzdem werden diese hin und wieder als „Gläschen" bezeichnet).

Der aktuelle Lebenshintergrund von ausländischen Kunden geht durch die Erfahrungen von Migration, Subkultur und Neubestimmung der Identität oftmals mit einer Labilisierung von Einstellungen und Verhaltensweisen sowie einer ausgeprägten Frustration einher, und dies nicht nur bei der direkt betroffenen, sondern auch bei den nachfolgenden Generationen, soweit diese nicht willens und/oder in der Lage sind, sich von ihrer Subkultur zu lösen. Derartige Einstellungen äußern sich oft in auffälligem Verhalten im Straßenverkehr, wo versucht wird, Bestätigung „durch das Gaspedal", durch Fahrzeugtyp und Ausstattung des eigenen Fahrzeugs zu bekommen. Nicht unüblich ist, dass die ganze Familie Geld zusammenlegt, damit der älteste Sohn ein „standesgemäßes" Fahrzeug fahren kann.

Misstrauen gegenüber der MPU resultiert aus Unverständnis und Kenntnismangel über Hintergrund, Zweck und Durchführung der Untersuchung und geht einher mit Misstrauen und fehlender Vorbereitung. Stattdessen wird auf „Vermittler" und „Gewährsmänner" gesetzt und die MPU als „Schicksal" gesehen, das einen ereilt und das man zu akzeptieren hat.

Aus diesen Gründen sollte – wo immer möglich – gerade bei Kunden fremdländischer Herkunft eine angemessene Vorinformation zum Ablauf und zu den Inhalten der MPU gegeben werden. Ebenso sollte in der Exploration immer wieder versucht werden, dem Misstrauen und den Ängsten angemessen und einfühlend zu begegnen und den kulturellen Hintergrund bei der Durchführung des Explorationsgesprächs angemessen zu würdigen, wobei darauf zu achten ist, dass dies nicht in anbiederndes Verhalten ausartet.

3.5 Rhetorische Tricks von Kunden und deren Abwehr

Rhetorische Tricks können in unzähligen Varianten auftreten. Denn die konkreten Anknüpfungspunkte für unsachliche Angriffe und Versuche zur Beeinflussung des Gutachters sind in jedem Einzelfall anders. Trotzdem lassen sich verschiedene Grundmuster erkennen.

Oft wird der Gutachter die Absicht des Kunden bzw. den Einsatz von Manipulationstechniken während des Explorationsgesprächs schon intuitiv erkennen. Erleichtert wird dies jedoch, wenn dem Gutachter häufig angewendete Techniken der Manipulationen geläufig sind. In diesen Fällen kann er die Absicht leichter erkennen und Gegenstrategien einsetzen.

Die Anwendung von rhetorischen Tricks ist vor allem bei Personen zu erwarten, die im Berufsalltag ebenfalls rhetorische Werkzeuge anwenden. Zu nennen sind insbesondere Führungskräfte, Außendienstmitarbeiter und alle Berufsgruppen, bei denen die Kommunikation mit anderen Menschen den wesentlichen Inhalt ihres Berufes ausmacht, also z. B. Mitarbeiter von Callcentern, Moderatoren oder Trainer, aus dem Marketingbereich oder in der Gastronomie tätige Personen etc.

3.5.1 Der Kunde macht sich wichtig

Durch Wissen imponieren

Beispiele:

a) „Zum Thema Alkoholverträglichkeit hatte auch Professor XY etwas geschrieben in seinem letzten Artikel. Aber da ist er eigentlich schon von seinem Fachkollegen WW und ZZ widerlegt worden. Sie halten doch sicherlich nicht auch an dieser veralteten Auffassung von XY fest?“

b) „Vor Kurzem wollte man ja sogar den Schauspieler XY mit dieser Argumentation die Fahrerlaubnis entziehen. Aber daraus ist auch nichts geworden; die Einzelheiten werden wohl nächste Woche in der Zeitung stehen.“

Wirkungsweise:
Der Kunde versucht, Experten- oder Insiderwissen, das im konkreten Argumentationszusammenhang bedeutungslos ist oder dessen Relevanz unbewiesen bleibt, anzubringen. Er lässt diese Sequenzen einfach nebenbei einfließen, um zu imponieren. Bei so viel vermeintlicher Kompetenz und bei so viel vorhandenem Sachwissen erscheint ein Widerspruch durch den Gutachter psychologisch riskanter.

Gegenstrategien:
Der Gutachter sollte das Gespräch auf das eigentliche Thema zurückführen (Kunde muss sich jetzt offenbaren und kann sich nicht hinter Autoritäten verstecken).

Zu a) „Was ist denn nun Ihre Sicht, und was sind Ihre Argumente?“

Zu b) „Was trägt das jetzt zur Darstellung Ihres Problems (Ihres Verhaltens) hier im Gespräch bei?“

Durch Status- und Prestigesymbole beeindrucken

Beispiele:

a) „Neulich habe ich bei einer Podiumsdiskussion diese Überlegungen auch gegenüber dem niedersächsischen Verkehrsminister (dem Leiter der Straßenverkehrsbehörde o.Ä.) vertreten. Aber der wich auf seine altbekannten Argumente aus.“

b) „Da liegen Sie falsch! Da ich jahrelang in der Funktion XY (z. B. Anwaltsgehilfe) tätig war, weiß ich, wie so etwas gehandhabt wird, wenn ...“

c) „Nur dem Porsche, den ich meiner Frau zum Geburtstag geschenkt habe, habe ich es zu verdanken, dass ich noch rechtzeitig zur Untersuchung gekommen bin.“

Wirkung:
Hier versuchen die Kunden, statt mit für den Gutachter nachvollziehbaren Änderungen in Einstellung und Verhalten mit Kontakten, sozialen Positionen und Luxusgütern Eindruck zu machen. Solche Bemerkungen müssen nicht immer unsachlich sein; sie sind es dann nicht, wenn sie in einem inhaltlichen Zusammenhang zum Gesprächsthema stehen. Das lässt sich im Einzelnen nur im konkreten Gespräch beurteilen.

Gegenstrategie:
Die gleichen Taktiken wie im vorigen Abschnitt. Wenn jemand gar zu sehr übertreibt, kann man darauf auch vorsichtig in Richtung Ironie und Spott reagieren.

Zu b) „Bei ihrer Erfahrung wird Ihnen vielleicht nicht entgangen sein, dass ...“

Zu c) „Vielleicht sollten man allen Leuten einen Porsche zur Verfügung stellen, dann käme niemand mehr zu spät.“

3.5.2 Pseudoplausibilität und Suggestion

Bei dieser Technik werden Informationen und Meinungen so präsentiert, dass sie auf der Ebene des Akteninhaltes argumentativ zwingend erscheinen sollen, ohne dass tatsächlich eine Begründung dafür geliefert wird.

Meinungen als Tatsachen ausgeben

Beispiele (für Floskeln)

a) „Lassen Sie mich mal sagen, wie es wirklich ist …"
b) „Die Tatsachen sehen doch so aus …"
c) „Da hätte doch jeder … (mitgetrunken, Drogen konsumiert, einen vergleichbaren Verstoß begangen)."

Beispiele (weniger floskelhaft)

d) „Bei der letzten Geburtstagsfeier habe ich meiner Frau auch versprochen, dass ich nicht mehr mit dem Pkw fahre, wenn ich Alkohol getrunken habe. Und so war es dann auch. Wenn das kein Beweis dafür ist, dass meine Frau auf mich aufpassen kann, dann weiß ich's auch nicht."

Wirkungsweise:
(Varianten a–c): Ohne Beweis wird versucht, eine Meinung als Tatsache zu formulieren. Wie auch immer die weiteren Ausführungen der Kunden im Explorationsgespräch sein mögen, es ließen sich genauso gut gegenteilige Behauptungen aufstellen.

(Variante d): Ein Faktum, das als Einzelereignis bestätigt ist, wird auch in verallgemeinerter Form als Faktum ausgegeben. Gerade wenn emotionale Ereignisse als Beispiele aufgeführt werden, üben diese auf Hörer eine stark suggestive Wirkung aus, auch wenn sie nicht für eine generelle Aussage taugen. Der berichtete Einzelfall ist sicher kein Beweis. Das schließt natürlich grundsätzlich nicht aus, dass die geschlussfolgerte These richtig ist; nur bewiesen ist sie damit nicht.

Gegenstrategien:
Der Gutachter sollte aufdecken, dass es sich um unbewiesene Behauptung handelt. Er muss zeigen, dass eine gegenteilige Behauptung genauso plausibel zu formulieren ist.

Eine weitere Strategie ist, auf die Unzulässigkeit der Übertragung bzw. Verallgemeinerung von Einzelfällen hinzuweisen. Ein einziges oder einige wenige Beispiele beweisen noch keine allgemeine Aussage (mundartlich: „Eine Schwalbe macht noch keinen Sommer“[14]). Hierfür können auch Gegenbeispiele formuliert werden. Der Gutachter sollte sich jedoch hüten, sich hier auf einen Wettstreit mit den Kunden einzulassen.

Zu beachten ist weiter, dass auch der Kunde eine Äußerung des Gutachters in einer Weise verallgemeinern kann, die von diesem gar nicht gemeint war. Der Kunde nutzt dies dann seinerseits zum Angriff. In diesem Fall sollte noch einmal der Geltungsbereich der eigenen Aussage klargestellt werden.

Auf Autoritäten berufen

Beispiele:

a) *„Nicht ich sage das, sondern von Professor XY (Autorität) stammt die Auffassung, dass …“*
b) *„Sie werden doch nicht Ihrem Niederlassungsleiter widersprechen, der auf der Info-Veranstaltung behauptet hat …“*
c) *„Ihnen ist doch sicherlich hierzu folgende Veröffentlichung des ADAC bekannt …“*

Wirkungsweise:
Dem Gutachter soll die Last aufgebürdet werden, gegen eine von ihm selbst anerkannte Autorität argumentieren zu müssen. Der Sprecher selbst muss dabei die genannte Autorität nicht einmal akzeptieren; auf jeden Fall muss aber der angesprochene Gutachter an diese Autorität glauben. Die Autorität muss dabei keine Person sein, sondern es kann sich auch um eine Institution (Regierung, Automobilklub, Internetforum etc.) oder einen vermeintlich anerkannten Text (Grundgesetz, Bibel etc.) handeln.

Gegenstrategie:
Der Gutachter sollte überlegen, inwieweit die Aussage der vermeintlichen Autorität wirklich für diese konkrete Situation anzuwenden ist. In den meisten Fällen lässt sich das anzweifeln. Manchmal kann man auch die

14 Stimmen Sie als Leser dem zu? Dann lesen Sie auch den Abschnitt „Sprichwörter und Bonmots“ auf der folgenden Seite.

Gegenposition mit Zitaten der Autorität belegen (z. B. Automobilklubs, Bibel, Gesetze). Darüber hinaus sollte vom Gutachter die Übertragbarkeit auf den konkreten Fall geprüft werden: *„Heute (oder: in Ihrem konkreten Fall) sind die Bedingungen ganz andere."*

Vom Gutachter kann gegebenenfalls auch die spezielle Kompetenz einer der zitierten Autoritäten bestritten werden: *„Professor XY ist zwar eine Kapazität als Kraftfahrzeugsachverständiger, aber auf dem Gebiet des Abbaus von Alkohol weiß er (vermutlich) nicht mehr als jeder Durchschnittsbürger."*

U. U. kann er die zitierten Autoritäten auch anzweifeln. Ist dies möglich, kann direkt angegriffen werden: *„Wie zuverlässig die Prognosen von Professor XY sind, zeigte schon seine völlig falsche Einschätzung von …"*

Sprichwörter und Bonmots

Beispiele:

a) Es ist noch kein Meister vom Himmel gefallen.
b) Was Hänschen nicht lernt, lernt Hans nimmermehr.
c) Auf einem Bein kann man nicht stehen.
d) Ein Gläschen in Ehren kann niemand verwehren.
e) Am Morgen ein Joint, und der Tag ist dein Freund.

Wirkungsweise:
Solche Sprichwörter haben oft eine unmittelbare Plausibilität. Manche Kunden sehen in Sprichwörtern über viele Jahrhunderte gewonnene Volksweisheit. Bonmots sind auf ihre Weise treffend formuliert. Doch lassen sich oft Bonmots und Sprichwörter finden, die mit derselben suggestiven Wirkung genau das Gegenteil behaupten (siehe z. B. „Hänschen" und „Meister"). Oft wird mit Sprichwörtern auch versucht, der Situation im Gespräch die Ernsthaftigkeit zu nehmen (Fall e), was der Gutachter nur in besonderen Fällen zulassen sollte.

Gegenstrategie:
Der Gutachter sollte versuchen, ein gegenteiliges Sprichwort zu finden (sich aber nicht auf einen Wettstreit einlassen).

Eine weitere Möglichkeit besteht darin, die Unzuverlässigkeit der Analogie bzw. der Verallgemeinerung aufzuzeigen. Hierzu am besten konkrete Beispiele nennen.

Andeuten

Beispiele

a) „Abgesehen davon, dass sich das nicht realisieren lässt ...“

b) „Fast hätte ich gesagt, dass die Polizei in meinem Fall schlampig ermittelt hat.“

c) „Ich möchte Sie nicht damit langweilen, Ihnen die vielen Fehler und Ungereimtheiten in den Ermittlungsakten der Polizei aufzuzeigen. Die haben Sie bestimmt auch schon bemerkt. In Wirklichkeit ...“

Wirkungsweise:
Der Kunde will die Meinung oder die Person oder den Akteninhalt in Zweifel ziehen, ohne es direkt zu begründen. Er tut dies in der Hoffnung, dass vom Gutachter nicht dagegen argumentiert wird und letztlich doch etwas hängen bleibt, was das Gutachten in seinem Sinne beeinflusst.

Der Inhalt der Kritik wird als so selbstverständlich dargestellt, dass man den Gutachter nicht mit einer Begründung langweilen möchte.

Gegenstrategie:
Lassen Sie als Gutachter derartige Andeutungen nicht unwidersprochen. Benutzen Sie die Gesprächstechniken der Informationspräzisierung.

Zu a) „Warum lässt sich das Ihrer Meinung nach nicht realisieren?“

Zu b) „Sagen Sie klar, ob sie meinen, dass die Polizei schlampig gearbeitet hat“.

Als Gutachter können Sie auch (vorsichtig!) mit etwas Ironie reagieren.

Zu c) „Wenn Sie schon so viele Fehler in den Ermittlungsakten der Polizei entdeckt haben, wird es Ihnen sicherlich nicht schwerfallen, wenigstens einige davon zu belegen“. Ist der Kunde dazu nicht in der Lage, hat er mit seiner Behauptung schlechte Karten.

3.5.3 Zuckerbrot und Peitsche für den Gutachter

Bei dieser Technik wird gegenüber dem Gutachter für den Fall der Zustimmung oder der wohlwollenden Aufnahme der Kundendarstellung vom Kunden selbst in angenehmer Weise reagiert (z. B. Komplimente, Herausstellen der Fachkompetenz des Gutachters, der Weitsicht etc.). Alternativ kann auch die Vermeidung von etwas vermeintlich Unangenehmen versprochen werden (*„eine andere Sichtweise hätte ich Ihnen auch nicht durchgehen lassen“*).

Falls der Gutachter bereits Kritik geübt hat, wird er z. B. durch direkte oder indirekte Angriffe unter Druck gesetzt. In jedem Fall geht es dabei um die Person des Gutachters, kaum um die eigentliche Sache. Auf jeden Fall ist ein derartiger Gesprächsverlauf ein Warnsignal für eine Verschiebung der Machtebene zugunsten des Kunden

Zustimmungsabhängige Belohnung

Beispiele:

a) „Ich habe gleich das Gefühl gehabt, dass ich bei Ihnen im guten Händen bin.“

b) „Bei Ihrer Berufserfahrung haben Sie doch sicher genug Weitsicht, um zu erkennen, dass …“

c) „Wenn das hier alles vorbei ist, dann sollten Sie auf jeden Fall mal in mein Restaurant zum Essen kommen.“

Wirkungsweise:
Nur für den Fall der unterstellten Zustimmung wird das in der Äußerung enthaltene Lob, die Schmeichelei, realisiert (Beispiele a und b). Andernfalls ist es in Frage gestellt.

Eine besondere Variante besteht in der Technik des „Einwickelns“: Es wird eine freundschaftliche Atmosphäre geschaffen oder eine Gefälligkeit angeboten, die eine vage Verpflichtung enthalten könnte. Die Ablehnung des Vorschlags oder des geäußerten Sachverhalts, auch wenn er mit augenblicklichen Situation in keinem Zusammenhang steht, erscheint dann als unmöglich bzw. ist mit erheblichen „sozialen Kosten“ verbunden, da er gegen die Konventionen verstößt (Beispiele a und b). Beispiel c läuft dagegen fast schon auf eine Bestechung hinaus (vgl. dort). Falls Bestechung unter Berücksichtigung des Gesprächskontextes nicht in Frage kommt, erschwert die Einladung auf jeden Fall das Nein zu den Äußerungen des Kunden.

Gegenstrategie:
Einwickelungstechnik abblocken und sich auf die Sache beziehen, z. B.:

> *„Vielen Dank für Ihr Kompliment, aber die anderen Gutachter bei uns sind nicht weniger qualifiziert. Um nun zur Sache zu kommen …"*

Lob aufgreifen und für Gegenargumente in die Waagschale werfen:

> *„Meine Berufserfahrung hat mir auch gezeigt, wie wichtig es ist, jeden Fall unvoreingenommen von der Sachlage aus zu betrachten."*

Im Falle des Beispiels c, das auch schon als Bestechung ausgelegt werden kann, kann auch mit einem *„Wie bitte ?"* oder *„Wie meinen Sie das konkret?"* reagiert und durch Tonfall und Mimik deutlich gemacht werden, dass dieses Angebot zurückgewiesen wird und ins Leere läuft.

Zustimmungsabhängige Vermeidung von Bestrafung (verstecktes Drohen)

Beispiele:

a) „Ich habe gleich gesehen, dass Sie noch viel zu jung und unerfahren sind, um das realistisch zu beurteilen."

b) „Trauen Sie sich, das auch so ins Gutachten zu schreiben und zu meinen Gunsten auszulegen?"

c) „Sie sind doch sicher auch der Ansicht, dass der Gesetzgeber überhaupt erst einmal die Grundlagen zur Gleichbehandlung aller Verkehrssünder schaffen muss."

Wirkungsweise:
Die Äußerungen sind so konstruiert, dass jemand, der sie ablehnt, im negativen Licht erscheint. Im Beispiel c) wird zudem jemandem – als scheinbare Konsequenz einer Aussage – eine Position unterstellt, mit der er eigentlich nicht identifiziert werden möchte; er kann jetzt umso besser unter Druck gesetzt werden.

Gegenstrategien:
Lassen Sie sich als Gutachter keine Angst einjagen, sondern sprechen Sie die Unterstellung direkt oder ironisch an.

Zu a) *„Zu wissen, dass man innerhalb von Ortschaften nicht mit 36 km/h über der erlaubten Höchstgeschwindigkeit fährt, hat nichts mit dem Lebensalter zu tun."*

Zu b) *„Das hat nichts mit trauen zu tun, sondern es geht darum, die vorliegenden Befunde objektiv zu bewerten."*

Zu c) *„Hier geht es nicht um eine Diskussion über die Aufgaben des Gesetzgebers, sondern ganz konkret um Ihren Verstoß am …"*

Offenes Drohen

Beispiele:

a) *„Mir ist bekannt, dass das Gutachten innerhalb von X Tagen fertigzustellen ist. Ich werde mich bei Ihren Vorgesetzten beschweren, wenn ich es bis dahin nicht auf dem Tisch habe, und einen Anwalt einschalten."*

b) *„Ich habe gute Freunde im Verkehrsministerium (bei der Behörde), die werden sich mit meinem Gutachten auf jeden Fall befassen."*

c) *„Ich weiß, dass Sie Frau und Kinder haben. Sie sollten das bei der Abfassung meines Gutachtens auf jeden Fall bedenken. Es ist ja so gefährlich, heutzutage auf die Straße zu gehen."*

Wirkungsweise:
Die Äußerungen sind so konstruiert, dass sie dem Gutachter eindeutig negative Konsequenzen androhen, wenn er das Gutachten nicht in einer dem Kunden genehmen Weise abfasst.

Gegenstrategie:
Von Drohungen sollte man sich als Gutachter generell nicht einschüchtern lassen. Sie sind im Gegenteil in vielen Fällen bereits ein wichtiges Diagnostikum und sollten (möglichst wörtlich) in die Explorationsmitschrift übernommen werden.

Zu a) Der Kunde will offensichtlich deutlich machen, dass er sich im Vorfeld der MPU mit seinen Rechten auseinandergesetzt hat und informiert ist. Mögliche Entgegnung: *„Wie Sie sicher wissen, sind wir eine amtlich anerkannte Begutachtungsstelle für*

Fahreignung. Wir arbeiten selbstverständlich nach den geltenden Vorgaben. In Ihrem Fall interessiert mich nun aber vielmehr ...“

Zu b) *„Ihre Freunde im Ministerium (in der Behörde) werden sicherlich keine Probleme haben, dieses Gutachten nachzuvollziehen. Darüber hinaus werden diese Freunde Ihnen sicher auch schon erklärt haben, warum in Ihrem Fall eine MPU notwendig ist.“*

Zu c) Diese Drohung wiegt deutlich schwerer, kommt so oder vergleichbar auch nur selten vor. Sie zeigt, dass sich der Kunde im Vorfeld offensichtlich schon mit dem Privatleben des Gutachters befasst hat. Eine derartige oder vergleichbare Aussage des Kunden ist wörtlich in die Explorationsmitschrift zu übernehmen. Die Exploration kann an dieser Stelle abgebrochen werden, da eine positive Beurteilung nicht mehr möglich ist. Die Polizei ist zu informieren. Dem Kunden sollte mitgeteilt werden, dass in dieser Weise verfahren wird.

Eigene Person an das Argument hängen

Beispiele:

a) „Ich habe an der Universität sechs Jahre Medizin studiert, und Sie wollen mir doch jetzt nicht weismachen, dass ich mich da irre.“

b) „Sie werden mich doch nicht als Alkoholiker bezeichnen wollen!“

c) „Ich habe jetzt bereits seit zwei Monaten an einer Therapie teilgenommen. Soll das alles umsonst gewesen sein?“

Wirkungsweise:
Das Argument wird so formuliert, dass eine Ablehnung des Arguments auch eine Ablehnung oder Abwertung der Person bedeutet. Damit werden die „sozialen Kosten“ für den Gutachter durch das aufgezwungene Ad-Personam-Argument erhöht. Der Ton kann zwischen Drohen und Bitten variieren.

Gegenstrategien:
Trennen Sie das Argument von der Person, und sprechen Sie die Sache gezielt an, z. B.:

„Zur Diskussion steht nicht die Qualität Ihrer Medizinerausbildung (die möchte ich auch nicht anzweifeln). Nur bin ich mir ganz sicher, dass Sie in diesem speziellen Punkt des Alkoholabbaus Unrecht haben.“ (Hier auch den eigenen Expertenstatus als Gutachter deutlich machen)

Zu b) Den Beweis des Gegenteils vom Kunden fordern, etwa: *„Was spricht denn aus Ihrer Sicht dafür, dass Sie es nicht sind?“*, oder Kriterien nach ICD-10 zusammen mit dem Kunden durchgehen.

Zu c) Bisher Erreichtes anerkennen, aber deutlich machen, dass es noch nicht ausreicht, z. B.: *„Ihr Entschluss, an einer Therapie teilzunehmen, ist sicher richtig. Nur sind zwei Monate zu einer grundlegenden Aufarbeitung und Veränderung des Problemverhaltens noch viel zu wenig. Sie sollten aber mit der Therapie auf jeden Fall fortfahren.“*

Diese Techniken machen natürlich nur dann Sinn, wenn der Gutachter eine Konfrontation vermeiden möchte. Ist dies nicht der Fall, kann er den rhetorischen Schwung, den der Kunde mitbringt, genauso gut für eine Entgegnung nutzen.

Zu a): „Ich habe mich auch schon gefragt, ob dieses Thema nicht auf dem Lehrplan gestanden hat?“

Gutachter verunsichern und diskreditieren

Beispiele:

a) „Sie halten das für unrealistisch. Machen Sie es doch erst einmal besser, bevor Sie es kritisieren.“

b) „Wie alt sind Sie denn? … Dann sind Sie auch viel zu alt (jung), um das zu verstehen!“

c) „Schon als ich reingekommen bin, war mir klar, dass das nichts wird. Hier fällt doch sowieso jeder beim ersten Mal durch.“

d) „Sind Sie sich da ganz sicher?“

Wirkungsweise:
Es wird nicht auf den Inhalt eingegangen, sondern die Person des Gutachters selbst wird als unglaubwürdig oder inkompetent dargestellt und verunsichert.

Gegenstrategien
Wenn man als Gutachter auf einer sachlichen, unpolemischen Ebene bleiben will – was zu empfehlen ist –, so ist darauf hinzuweisen, dass nicht auf die Sachargumente eingegangen worden ist.

Zu a) *„Mein Verhalten ist nicht Gegenstand dieses Gesprächs."*

Zu b) *„Es hat nichts mit dem Alter zu tun, wenn Sie in einer Tempo-30-Zone mit über 60 km/h fahren."*

Zu c) *„Das ist nachweislich falsch"*, gefolgt von einer Erläuterung, dass das Ergebnis eines Gutachtens von den Untersuchungsergebnissen abhängt und nicht davon, wie oft jemand eine MPU macht.

Zu d) *„Sie sollten sich mehr auf meine Argumente als auf meine persönliche Einschätzung verlassen"*, oder einfach: *„Ja."*

3.6 Der vorbereitete Kunde

Der Anteil „vorbereiteter" Kunden in der MPU steigt seit Jahren kontinuierlich an. Während es vor ca. 15 Jahren (zu dieser Zeit hat der Autor seine Tätigkeit im Bereich der Fahreignungsbegutachtung begonnen) noch die ganz große Ausnahme darstellte, dass ein Kunde sich mit professioneller Unterstützung auf die MPU vorbereitet hat, ist es inzwischen in einigen Regionen schon fast der Regelfall, dass Kunden erst nach einer wie auch immer gearteten vorbereitenden Maßnahme an einer MPU teilnehmen. Die Arbeit der Gutachter ist hierdurch deutlich komplexer und aufwendiger geworden. Viele der früher in der Begutachtung benutzten und bewährten Techniken haben vor dem Hintergrund der vorbereitenden Maßnahmen an Wert verloren und sind relativ leicht durch entsprechende Vorbereitung vom Kunden zu durchschauen und somit wertlos. Die Gefahr der Erstellung falschpositiver Gutachten steigt somit deutlich, was nicht im Sinne der Verkehrssicherheit ist.

Grundsätzlich bestehen gegen eine Vorbereitung auf eine anstehende MPU aus fachlicher Sicht keine Einwände. Entscheidend ist dabei nicht, dass der Kunde an einer vorbereitenden Maßnahme teilgenommen hat, sondern die im Rahmen dieser Maßnahme erzielten Erfolge im Sinne von mittel- und langfristig stabilen Einstellungs- und Verhaltensänderungen.

Der Begriff „vorbereitet“ wird an dieser Stelle zunächst einmal völlig wertfrei verwendet und bezeichnet jede Art von Maßnahmen, die Betroffene unternommen haben, um sich auf die MPU vorzubereiten, um das Ergebnis dieser Begutachtung in ihrem Sinne zu beeinflussen.[15]

Die Vorbereitung auf die MPU hat sich inzwischen zu einem sehr breiten Marktsegment innerhalb Deutschlands entwickelt, mit Umsätzen, die wohl deutlich über denen liegen, die mit der Durchführung der eigentlichen MPU erzielt werden. Die vorbereitenden Personen/Institutionen verfügen dabei über sehr unterschiedliche Qualitäten. Die Spannweite reicht vom Diplom-Psychologen, der als Fachpsychologe für Verkehrspsychologie (BDP) qualifiziert ist und zusätzlich über eine therapeutische Ausbildung verfügt, bis hin zum Betreiber einer Bäckerei, dessen Qualifikation lediglich darin besteht, dass er selbst mehrfach (!) die MPU bestanden hat und aus dem Umfeld der bestehenden Subkultur (er gehört einer an) von selbst Betroffenen als Ratgeber angesprochen wird.

Genauso unterschiedlich wie die Qualifikation der auf die MPU vorbereitenden Personen sind auch deren Ziele. Das eine – positive – Extrem stellen Therapeuten und Institutionen dar, deren Arbeit geprägt ist von dem Bemühen, in einem echten therapeutischen Prozess den Betroffenen nicht nur kurzfristig zu einem Nutzen zu verhelfen, sondern das Problemverhalten langfristig zu bewältigen. Diese Art der Vorbereitung wird im Folgenden als „Typ A“ bezeichnet. Kriterien für die Arbeit solcher Therapeuten und Institutionen werden unter anderem bei Sohn (2010) in Form von 17 kommentierten Thesen vorgestellt.

Das andere Extrem stellen vorbereitende Personen oder Institutionen dar, die eine „MPU-Vorbereitung“ anbieten und suggerieren, dass die MPU bestanden werden kann, ohne das eigentliche Problemverhalten zu verändern bzw. anzugehen (im Folgenden als „Typ B“ bezeichnet). Es wird im Gegenteil suggeriert, dass das Bestehen einer MPU lediglich eine formale Angelegenheit sei und man die dafür notwendigen Voraussetzungen – selbstverständlich gegen Zahlung eines entsprechenden Honorars – in wenigen Stunden, in einigen Wochenend- oder einer „Intensivveranstaltung“ erlernen könne. Während derartige Angebote früher von Fachleuten durchweg belächelt wurden, ist heute festzustellen,

15 Ausgeklammert seien an dieser Stelle rein medizinische Maßnahmen, die mit dem Ziel des Nachweises einer abstinenten Lebensweise durchgeführt werden.

dass auch die „Qualität" dieser Art der Vorbereitung inzwischen deutlich verbessert wurde und es für die Arbeit von Gutachtern in der MPU unter den gegebenen Rahmenbedingungen keineswegs mehr als trivial anzusehen ist, derartige vordergründige Maßnahmen von seriöser therapeutischer Arbeit zu unterscheiden. Sicher ist dies noch immer möglich, jedoch ist der dafür zu leistende Aufwand inzwischen deutlich höher anzusetzen als noch vor wenigen Jahren.

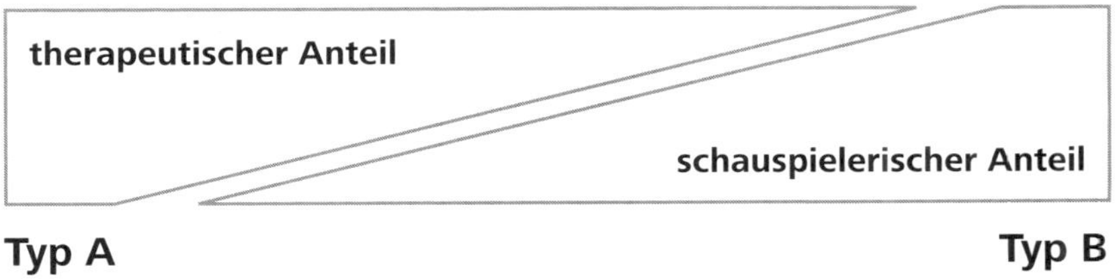

Abbildung 3.6-1 stellt die Spannweite MPU-bezogener Intervention sowie die Schwerpunkte der jeweiligen Interventionsmethoden dar.

Die meisten auf die MPU vorbereitenden Personen und Institutionen, die gegenwärtig am Markt präsent sind, bewegen sich wohl zwischen diesen beiden Extremen. In jedem Fall ergibt sich der Therapieerfolg aus dem Zusammenspiel zwischen der Arbeit des Therapeuten, den Bemühungen des Kunden und den Rahmenbedingungen, wie Zeit, Kosten und Zugänglichkeit von Therapieangeboten.

Zum Problem werden vorbereitete Kunden, wenn statt einer fachlich korrekten Arbeit mit umfassender Aufarbeitung des Problemverhaltens in einer vorbereitenden Maßnahme lediglich „Schauspielunterricht" gegeben wurde, wie es von einigen Institutionen ganz offen angeboten wird. Wird in solchen Fällen nicht mit ausreichender Tiefe exploriert, vielleicht sogar noch nach einem festen Schema, ist die Gefahr groß, dass ein Kunde trotz in Wirklichkeit fehlender Eignungsvoraussetzungen ein (falsch)positives Gutachten erhält.

Ein in der MPU erscheinender Kunde wird in der Regel eine Bescheinigung über die absolvierte Maßnahme vorlegen. Einige Institutionen, vorzugsweise solche, die eine MPU ohne einschneidende Verhaltensänderung versprechen (Typ B), empfehlen ihren Kunden allerdings unter Umständen, genau dies nicht zu tun, denn diese Anbieter sind ja auch unter den Gutachtern nicht zwangläufig unbekannt. Auf jeden Fall ist es Aufgabe des

Gutachters, den Kunden im Falle des Vorlegens einer Bescheinigung darauf hinzuweisen, dass dies ihn nicht davon entbindet, selbst Stellung zu dem Problemverhalten und den vorgenommenen Veränderungen zu nehmen und den Prozess der Verhaltensänderung darzustellen. Dies gilt auch unter den Voraussetzungen, dass die vorbereitenden Maßnahmen bei Organisationen absolviert wurden, die innerhalb eines Unternehmensverbundes zum gleichen Konzern gehören wie die BfF, bei der die Begutachtung durchgeführt wird. Die Aufgabe des Gutachters im Explorationsgespräch besteht in diesem Kontext darin zu beurteilen, ob eine problemangemessene Maßnahme stattgefunden hat und mit der vorgenommenen Intervention die bestehenden Eignungsbedenken so weit ausgeräumt werden konnten, dass die Kraftfahrereignung wieder gegeben ist.[16]

Da zur Vorbereitung auf die MPU in vielen Fällen – auch bei als seriös anzusehenden Anbietern – die Simulation eines Explorationsgesprächs gehört, ist es für den Gutachter in der BfF oft schwierig, auf jeden Fall aber aufwendig, angelerntes, aber weitgehend unreflektiert gebliebenes Wissen zu differenzieren von Äußerungen, die auf einem therapeutischen Prozess und den dabei erzielten positiven Veränderungen beruhen.

Als Anhaltspunkte bzw. Kennzeichen für einen im positiven Sinne austherapierten Kunden, der das Interventionsziel „Einsichtsgewinnung und Verhaltensänderung" erreicht hat (Intervention durch Typ A) können folgende Sachverhalte angesehen werden:

- Individuelle, persönlichkeitsnahe Schilderung
- Hohe emotionale Beteiligung
- Lebendiger Vortrag mit anschaulichen Beispielen, eigener Erfahrung und unterstützendem, nicht gekünsteltem nonverbalen Ausdruck
- Kunde kann auf unerwartete Fragen mit Überlegung antworten
- Erkennt größere Zusammenhänge der Geschichte seines Problemverhaltens und kann diese darstellen
- Kann über Details des therapeutischen Prozesses berichten (Schlüsselerlebnisse, Kernsätze, fundamentale Einsichten etc.)
- Hat Vorstellungen zu den nächsten Entwicklungsschritten
- Es gelingt ihm, die frühere Sichtweise mit der heutigen zu kontrastieren, ohne dass es dabei zu plakativen Darstellungen kommt

16 Vgl. u. a. Beurteilungkriterien A 1.4 N, A 2.5 K; A 2.6 K, D 1,4 N, D 2.4 N, V 6.3 N in Schubert & Mattern 2009.

- Kann über vielfältige Veränderungen seiner Lebensweise, seiner Gewohnheiten und in seinem Umfeld berichten, ohne in bekannte Klischees zu verfallen

Kennzeichen eines „scheintherapierten“ Kunden, der das Interventionsziel „MPU bestehen und Führerschein wiedererlangen“ (ohne tragfähige Änderung des Problemverhaltens) verfolgt (Intervention durch Typ B), sind u. a.:

- Vorgefertige Darstellung, die oft relativ schnell und flüssig vorgetragen wird
- Erwartete Fragen des Gutachters werden oft schon im Vortrag vorweggenommen und beantwortet
- Wenn der Gutachter nicht eingreift, hat er am Ende des „Vortrags“ praktisch eine komplette Darstellung des Falls präsentiert bekommen, die er so in das Gutachten übernehmen kann
- Auf Nachfragen wenig Variationen in der Darstellung
- Wenig Details in der Schilderung, auch auf Nachfrage kaum weitere Details
- Verwendung von Fachbegriffen (aus der einschlägigen Literatur), die von einer Person dieses Bildungs- und Kenntnisstandes nicht zu erwarten sind und die auch nicht mit eigenen Worten erklärt werden können
- Pauschaler Vortrag ohne emotionale Beteiligung. Emotionen nur als verbale Äußerung (auf Nachfrage), dabei bemerkenswert geringe Eigenbeteiligung/Betroffenheit
- Pauschale Gefährdungseinsicht (gegenüber anderen Verkehrsteilnehmern/Personen), ohne dies mit konkreten Beispielen belegen oder auf die eigenen Verstöße beziehen zu können
- Vorgeblich wesentliche Fortschritte in der Biografie können nicht belegt werden (familiär, beruflich, sozial[17])

17 Ein Gutachter hat durchaus die Möglichkeit, Nachweise über diese Bereiche zu fordern, auch wenn sie nicht in den Begutachtungsleitlinien oder Beurteilungskriterien benannt sind, z. B. Unterlagen über inzwischen angeblich erreichte Schulabschlüsse, Facharbeiter- oder Meisterprüfungen, Heiratsurkunden, Geburtsurkunden der Kinder, Verträge eines Hauskaufs etc.

Kunden, die zu einer MPU erscheinen, vertreten selten den reinen Typ A oder den reinen Typ B. Vielmehr existieren bei den meisten Klienten unterschiedliche Motive. Sie sind daher sowohl für eine therapeutische Intervention als auch für schauspielerische/handwerkliche Tricks empfänglich. So besteht – neben dem eigentlichen Führerscheinverlust – ein Leidensdruck durch das Problemverhalten, welches letztlich auch zur MPU geführt hat. Darüber hinaus benutzen vorbereitend tätige Personen i. d. R. Techniken, um Kunden zu beeindrucken und zu beeinflussen und so die Notwendigkeit und den Nutzen einer „professionellen" Intervention darzustellen. Weitere Antriebsfaktoren des Kunden in diesem Zusammenhang können sein: finanzieller Aufwand, zeitlicher Aufwand, Existenzangst, soziales Ansehen, Stigmatisierung etc.

Aus diesen verschiedenen Motiven ergibt sich ein „Zweckbündnis" zwischen Vorbereiter/Therapeut und Klient mit dem Ziel, die MPU zu bestehen.

Generell ist festzustellen, dass – vom extremen Typ B abgesehen – die von den Kunden durchlaufenden Maßnahmen durchaus einen positiven Effekt hinsichtlich der Wiederherstellung der Kraftfahrereignung haben können. Aufgabe des Gutachters ist es, genau diese Entscheidung zu treffen. Hierzu sollte der Gutachter sich über Inhalte der vorbereitenden Maßnahmen klar sein. Diese bestehen häufig aus folgenden Punkten:

- Sachliche Schulung (z. B. Alkoholwirkung, Drogenwirkung, Alkohol- und Drogenabbau, Auswirkungen von unangepasster Fahrweise, Fahrphysik etc.)
- Psychologische Schulung (Analyse, wie Problemverhalten zustande kommt, z. B. Modellernen, Verstärkungslernen, situative und biografische Einflüsse auf das Verhalten, soziale Konsequenzen des Verhaltens etc.)
- Lösungsansätze (Verhaltensstrategien zur Besserung und Vorbeugung weiteren Problemverhaltens, Versprechen des Erfolgs der vermittelten Maßnahmen)
- Informationen zum Ablauf der MPU und den gutachterlichen Fragen (einschließlich „Hintergrundinformationen", was ein Gutachter aus einer gegebenen Antwort vermeintlich schließen wird, oft auch als Insider- oder Geheimwissen verkauft)
- Training der MPU-Situation einschließlich Explorationsgespräch (z. B. durch externe Mitarbeiter des Vorbereiters, oft ehemalige Gutachter)

Im Rahmen der MPU-Vorbereitung werden derartige Programme oft in Kursform (Gruppensituation) angeboten.

Grundsätzlich besteht bei Kunden, die an vorbereitenden Maßnahmen des Typs B teilgenommen haben, das Problem, dass über erzielte Fortschritte und Verhaltensänderungen berichtet wird (einschließlich der angeblich seitdem erlebten positiven Konsequenzen), dass diese Fortschritte aber in der Realität gar nicht oder nur im Ansatz stattgefunden haben. Somit besteht die Gefahr der Erstellung eines falschpositiven Gutachtens. Es ist für die Gutachter möglich, wenn auch oft aufwendig, derartige Strategien zu erkennen.

Folgende Techniken können den Gutachter dabei in seiner Arbeit unterstützen:

- Verhaltensbeobachtung, nonverbaler Ausdruck, emotionale Beteiligung
- In die Situation hineingehen/mutierende Fragen
- Nach Reaktionen aus dem Umfeld fragen, Antworten hierzu vertiefend behandeln
- Nach Erlebnissen (Erfolge/Schwierigkeiten) bei der Umsetzung fragen
- Gespräch auf verschiedenen Mitteilungsebenen führen (vgl. unten)
- Informationen erfragen über den Vorbereiter, die vorbereitende Institution und deren Arbeitsweise
- Einschätzung des persönlichen Nutzens, Einschätzung des Preis-Leistungs-Verhältnisses der Maßnahme durch den Betroffenen etc.
- Eigene Recherchen über die vorbereitende Organisation (z. B. Internet, Anruf etc.)
- Auf Immunisierungsstrategien gegenüber bestimmten gutachterlichen Fragen achten: Antwortstil, Antwortgeschwindigkeit, eigene Beteiligung

Die Aufgabe des Gutachters, realitätsgerechte Angaben von Fantasiegeschichten zu unterscheiden, ist nicht immer ganz einfach. Neben den Kriterien, die bereits von Undeutsch (vgl. Kap. 3.2.2) aufgestellt worden sind und die Anhaltspunkte für unrealistische, nicht nachvollziehbare Angaben beinhalten, existieren speziell im Bereich der forensischen Psychologie weitere Arbeiten, die sich mit der Nachvollziehbarkeit von Aussagen befassen. Eine der dort vorhandenen Listen sei im Folgenden zur Unterstützung der gutachterlichen Arbeit wiedergegeben. Die Aufstellung entstand in Anlehnung an eine Arbeit von Steller & Köhnken 1989. Es ist jeweils der Positivfall benannt im Sinne verwertbarer Angaben. Eine Anpassung an die Situation in der MPU wurde vom Autor vorgenommen.

Allgemeine Merkmale
1. Logische Konsistenz der Darstellung
2. Ungeordnete Darstellung
3. Quantitativer Detailreichtum

Spezielle Merkmale
4. Stimmige raumzeitliche Verknüpfungen
5. Interaktionsschilderungen
6. Wiedergabe von Gesprächen
7. Schilderung von Komplikationen

Inhaltliche Besonderheiten
8. Schilderung von (ausgefallenen) Einzelheiten
9. Schilderung von (nebensächlichen) Einzelheiten
10. Indirekt handlungsbezogene Schilderungen
11. Schilderung eigener psychischer Vorgänge
12. Schilderung psychischer Vorgänge bei anderen Personen

Motivationsbezogene Inhalte
13. Spontane Verbesserungen der eigener Angaben
14. Zugeben von Erinnerungslücken
15. Einwände gegen die Richtigkeit der eigenen Aussage
16. Selbstbelastungen

Deliktspezifische Inhalte
17. Deliktspezifische und personenspezifische Aussageelemente

Diese Kriterien gelten sinngemäß für alle Phasen und Bereiche, die vom Klienten im Rahmen der MPU geschildert werden, für die Phase der Entwicklung des Problemverhaltens ebenso wie für die eigentlichen aktenkundigen Auffälligkeiten und insbesondere auch für den Bereich der in Anspruch genommen MPU-Vorbereitungs- oder Rehabilitationsmaßnahmen. Ebenso müssen die Darstellungen zur behaupteten veränderten Lebensweise diesen Kriterien standhalten, wenn von gutachterlicher Seite davon ausgegangen werden soll, dass die dargelegten Sachverhalte auf realen Gegebenheiten beruhen. Ergeben sich hieran Zweifel, sollten die entsprechenden Sachverhalte in der Exploration vertiefend überprüft werden, z. B. mit Hilfe der in Kapitel 3 geschilderten Methoden und Gesprächstechniken. Nur wenn die Darstellungen einer solchen Überprüfung standhalten, kann von einer realitätsgerechten Darstellung durch den Kunden ausgegangen werden, die Voraussetzung für eine in seinem Sinne positive Begutachtung ist.

Aktive Technik zur Gewinnung realitätsgerechter Angaben

Es ist hilfreich und spart Zeit, wenn ein Gutachter in der MPU von vornherein verhindert, dass Kunden Angaben machen, die nicht dem realen Geschehen entsprechen und im Verlauf der Exploration aufwendige Nachfragen erfordern (wobei allerdings die Tatsache, dass eine unrealistische Darstellung versucht wurde, bereits ein wichtiges Diagnostikum ist). Die im Folgenden geschilderte Technik basiert auf dem bereits in Kapitel 3.3.1 („Kommunikation im Explorationsgespräch“) vorgestellten Modell von Schulz von Thun, welches davon ausgeht, dass jede Nachricht aus vier Elementen besteht.

Klienten, die sich – sei es aus eigenen Überlegungen heraus oder aufgrund einer im Verlauf der MPU-Vorbereitung vermittelten Strategie – entschlossen haben, in der MPU nur Teile der Realität oder nicht zutreffende Sachverhalte darzustellen, werden sich ihre Darstellungen vorher sorgfältig überlegt haben, ebenso die Art ihrer „Präsentation“. Diese Überlegungen werden sich vor allem auf die Sachebene konzentrieren. Derartige Darstellungen fallen u.a. dadurch auf, dass eine Reihe von Kriterien zutrifft, die in der Darstellung oben benannt sind.

Was aber passiert, wenn der Gutachter die vom Kunden erwartete und vorbereitete Sachebene verlässt? Richtig: Die vorher sorgfältig konstruierte und vielleicht auch eintrainierte Darstellung wird deutlich erschwert, die Darstellung kommt ins Schwimmen. Die Gefahr, durch Unstimmigkeiten aufzufallen, die dann ihrerseits erneute Nachfragen des Gutachters provozieren, wächst dramatisch.

Das Kommunikationsmodell von Schulz von Thun bietet genau für dieses Verhalten des Gutachters eine ausgezeichnete Ausgangssituation. Ein Gutachter wird mit einigem Training in der Lage sein, die Mitteilungsebenen im Kommunikationsmodell im Gespräch bewusst zu steuern. Bei einer realitätsgerechten Darstellung des Kunden wird diesem eine Antwort auf gutachterliche Fragen u. U. schwererfallen, wenn der Gutachter mehrfach die Mitteilungsebenen wechselt, zu Unstimmigkeiten oder nicht nachvollziehbaren Darstellungen wird es deshalb aber nicht kommen, oder sie können auf Nachfrage des Gutachters leicht ausgeräumt werden. Anders bei einer „Story", die so nur im Kopf des Kunden existiert. Da sich Kunden von Vorbereitern des Typs B vor allem auf eine Darstellung der (nicht oder nur teilweise zutreffenden) Sachverhalte spezialisiert haben, bringt sie ein Wechsel der Mitteilungsebene in erhebliche Schwierigkeiten. Es ist nicht nur so, dass Fragen auf anderen als der Sachebene nicht erwartet und somit auch nicht geübt wurden, sondern eine Vorbereitung und ein Training auf allen Mitteilungsebenen vervielfacht auch den notwendigen Aufwand beträchtlich (zeitlich, finanziell, intellektuell). Selbst wenn dieses Buch und die darin beschriebenen Techniken auch bei Vorbereitern des Typs B bekannt werden (dies wird auf Dauer nicht zu verhindern sein), bleibt der Aufwand für eine umfassende Vorbereitung im oben beschriebenen Sinn noch immer extrem hoch. Bei einem Therapeuten oder einer Organisation, die dem Typ A zuzurechnen ist, verändert sich dagegen nahezu nichts, wenn die beschriebenen Techniken durch den Gutachter zu erwarten sind.

Wie nun kommt der Gutachter im Explorationsgespräch zu einem Wechsel der Mitteilungsebenen? Ganz einfach: indem er seine Fragen bzw. seine Gesprächsziele anders formuliert, oft reicht auch schon die Verwendung bestimmter Schlüsselwörter, um eine Antwort auf die gewünschte Mitteilungsebene zu lenken. Die Tabellen 3.6-1, 3.6-2 und 3.6-3 stellen die Methode anhand einer Reihe typischer Explorationsfragen dar.

Die in Tabelle 3.6-1 dargestellte Sequenz ist bei einer Alkoholexploration denkbar. Entscheidend ist es, Fragen so zu stellen oder Gesprächsinhalte so zu reflektieren, dass der Klient mit hoher Wahrscheinlichkeit auf der erwünschten Mitteilungsebene antworten wird und somit die Sachebene verlässt. Durch diesen Wechsel der Mitteilungsebene werden einerseits viele neue begutachtungsrelevante Informationen erschlossen, und andererseits wird das „Darbieten" einer antrainierten, aber realitätsfremden Version deutlich erschwert. Sicher kann nicht in jeder Gesprächssituation ein Wechsel in jede beliebige Mitteilungsebene erreicht werden. Dies ist für die Anwendung der Technik aber auch gar nicht notwendig. Es reicht, wenn an einigen Stellen in dieser Weise interveniert wird und dadurch die geplante, eventuell sogar antrainierte flüssige Darstellung eines nicht zutreffenden Sachverhaltes erheblich erschwert wird. Abweichend vom ursprünglichen Modell von Schulz von Thun zielt die Beziehungsebene auf externe, aber dem Klienten nahestehende Personen, nicht auf den direkten Gesprächspartner (den Gutachter). Die Beziehungsfrage zum Gutachter zu thematisieren, ist zwar im Explorationsgespräch manchmal durchaus sinnvoll, jedoch nicht Ziel der hier vorgestellten Technik.

Das folgende Beispiel einer Alkoholexploration beginnt mit Fragen auf der Sachebene. Die Frage vor Beginn dieser Sequenz war: *„In welchen Situationen wurde getrunken?“* Auf die gegebene Antwort hin möchte der Gutachter die Situation nun präzisieren und u. a. wissen, warum gerade in der benannten Situation so viel getrunken wurde. Weiteres Gespräch und bestehende Optionen finden Sie in Tabelle 3.6-1.

Tab. 3.6-1: Alkoholexploration auf verschiedenen Mitteilungsebenen.

Sachebene	**Appell**	**Selbstoffenbarung**	**(Externe) Beziehung**
Warum so viel?	Das wird doch nicht der einzige Grund gewesen sein?	Was konnten Sie Ihren Kumpeln damit zeigen?	Was sollte Ihre Partnerin (oder eine andere enge Bezugsperson) denken?
Gab es Reaktionen aus Ihrem Umfeld?	Hat man damit (mit den Trinkmengen) akzeptiert, dass Sie „der Stärkste“ waren?	Fanden Sie Ihren Alkoholkonsum so in Ordnung?	Welche Freundschaften kamen durch das Trinken, und welche gingen in die Brüche?
Hat Ihr Arzt mal was zu Ihren Leberwerten gesagt?	(Schwierig) Hat Ihr Arzt Sie mal mit seiner Sichtweise der Dinge konfrontiert?	Haben Sie sich keine Sorgen gemacht bei Ihren Untersuchungsergebnissen?	Haben Sie Ihrem Arzt vertraut?
Warum sind Sie noch gefahren?	Wen wollten Sie beeindrucken (in der Situation)?	Haben Sie sich stark gefühlt, als Sie noch gefahren sind?	Haben Ihre Kumpel Sie bewundert in der Situation?

Warum trinken Sie keinen Alkohol mehr?	Sind Sie ohne Alkohol ein besserer Mensch?	Sind Sie abhängig?	Finden Ihre Kumpel Ihre Entscheidung gut?
Sehen Sie noch ein Rückfallrisiko?	Wie machen Sie nach außen deutlich, dass Sie keinen Alkohol mehr trinken wollen?	Haben Sie Angst davor, wieder rückfällig zu werden?	Gibt es in Ihrer Umgebung jemanden, dem es recht wäre, wenn Sie wieder rückfällig werden?

Tab. 3.6-2: Exploration einer Verkehrsrechtsfragestellung (mehrfache Überschreitung der zulässigen Höchstgeschwindigkeit).

Sachebene	**Appell**	**Selbstoffenbarung**	**(Externe) Beziehung**
Ihnen war bekannt, dass sich dort eine fest installierte Radaranlage befindet?	Was steckt denn dahinter, dass Sie dort viel zu schnell unterwegs waren? Oder: Was wollten Sie damit zeigen?	Waren Sie stolz darauf, schneller als die anderen zu sein? Oder: alle zu überholen?	Was hat Ihre Frau (ihr Chef etc.) gesagt, als wieder mal „ein Foto“ kam?
Wie viel haben Sie insgesamt an Strafgeldern bezahlt (geschätzt)?	Wenn Sie das immer so locker bezahlt haben, konnten Sie auch zeigen, dass Sie ein großzügiger Mensch sind?	Hat Ihnen das Geld für die Strafen nicht leidgetan?	Von allem, was Sie bezahlt haben, hätten Sie sich einen schönen Urlaub mit … leisten können?
War Ihr Verhalten gefährlich?	Sie konnten so immer wieder beweisen, dass Sie die Situation beherrschen? Oder: ein sehr guter Fahrer sind?	Ich (Gutachter) sehe, Sie sind ein Superfahrer und haben ein Superauto – einfach unschlagbar. (Klient wird zu dieser Aussage Stellung nehmen)	Es hat schon Eindruck gemacht (bei Freunden, Freundin etc.), wie schnell Sie unterwegs waren?

Tab. 3.6-3 Exploration einer Verkehrsrechtsfragestellung am Beispiel „Häufige Parkverstöße".

Sachebene	Appell	Selbstoffenbarung	(Externe) Beziehung
Warum haben Sie gerade an dieser Stelle so oft geparkt?	Was wollten Sie damit zeigen. Sie wussten, dass es verboten war?	Manchmal hat man ja auch selbst recht und die Polizei nicht?	Ihre Angestellten haben das ja mitgekriegt, wie haben die das gesehen?
Aber es hat Zeiten gegeben, wo Sie dort hätten parken dürfen (Ladezeiten)?	Als Unternehmer muss man sich ja auch nicht alles gefallen lassen. Man trägt schließlich auch Verantwortung?	Waren Sie damals der „Boss" in der Ladenzeile?	Wie hat das Verhalten auf die Konkurrenz gewirkt? Oder: War das gut für Ihr Image?
Warum haben Sie nicht das Parkhaus genutzt?	Ließ sich das nicht organisieren (Parkhaus)?	Hat sich das Parkhaus für Sie nicht gerechnet?	Haben Ihre Mitarbeiter da auch immer geparkt (im Parkverbot)?

Es wird bei den Beispielen deutlich, dass der Kunde einigen Formulierungen mit Sicherheit nicht zustimmen bzw. widersprechen wird. Das ist jedoch unerheblich, denn die Fragen bzw. Äußerungen des Gutachters haben zunächst erst einmal das Ziel, die Sachebene zu verlassen. Die Antwort des Klienten wird mit hoher Wahrscheinlichkeit auf der vom Gutachter erwünschten Ebene erfolgen, was Zweck dieser Technik ist. Dass die erhaltenen Informationen darüber hinaus meistens sehr gut im Verlauf der Begutachtung verwendbar sind, ist ein weiterer Vorteil der Methode. Bei Anwendung dieser Technik ergibt sich gegenüber einem rein auf der Sachebene geführten Explorationsgespräch eine ganz erheblich größere Variabilität des gutachterlichen Verhaltens. Somit ist eine nicht realitätsgerechte oder gar völlig hypothetische Darstellung deutlich schwerer an den Gutachter zu vermitteln, als wenn sich die Exploration die ganze Zeit ausschließlich auf der Sachebene bewegen würde.

3.7 Verhalten in Sondersituationen

Im Verlauf der gutachterlichen Tätigkeit kommt es hin und wieder vor, dass sich der Gutachter Situationen gegenübersieht, in denen ein entschiedenes, sicheres Handeln gefragt ist. Gerade für Personen, die noch nicht so lange in diesem Bereich tätig sind, ist dies nicht ganz einfach, da mit diesem Verhalten u. U. vordergründig gegen soziale Konventionen verstoßen wird.

An dieser Stelle seien für eine Reihe von Situationen Vorschläge zur Bewältigung unterbreitet. Die Darstellung nimmt nicht den Anspruch der Vollständigkeit für sich in Anspruch, weder in Bezug auf die dargestellten Situationen noch in Bezug auf die möglichen Reaktionen des Gutachters. Letztlich ist das Verhalten des Gutachters immer von der Situation im Einzelfall und der Interaktion abhängig, die bis zu diesem Zeitpunkt stattgefundenen hat.

3.7.1 Alkoholisierter Kunde

Besteht der Verdacht, dass ein Kunde alkoholisiert zur MPU erschienen ist, so ist vorzugsweise durch den Arzt vermittels Alkotester oder Prüfröhrchen eine Überprüfung der Alkoholintoxikation vorzunehmen. Die Überprüfung kann jedoch auch durch den psychologischen Gutachter vorgenommen werden, wenn dieser mit der Handhabung der Prüfmittel vertraut ist.

Bestätigt sich der Verdacht, dass der Kunde unter Alkoholeinfluss steht, ist ein im Sinne des Kunden positives Ergebnis der Begutachtung ausgeschlossen (was wohl an dieser Stelle nicht weiter begründet werden muss).

Soweit möglich, kann versucht werden, dem Kunden gegebenenfalls eine Empfehlung im Sinne einer orientierenden Hilfestellung (z. B. Entgiftung, Therapie, Abstinenzphase unter Realbedingungen) gegeben werden.

Beachte: Zeigt ein Kunde eine schwere Entzugssymptomatik (starkes Schwitzen, Zittern, Unruhe, auffällige Blutdruckwerte etc.), ist das weitere Gespräch entsprechend kurz zu halten. Unter Umständen ist die Empfehlung sinnvoll, möglichst bald Alkohol zu konsumieren, um ein Entzugsdelir zu vermeiden. Die Entscheidung hierüber sollte vom medizinischen Gutachter getroffen werden.

3.7.2 Drogen-/Medikamentenintoxikation

Hier gilt sinngemäß das Gleiche wie bei Punkt 3.7.1 „Alkoholisierter Kunde". Allerdings ist akute Drogenintoxikation oft schwerer zu erkennen, der Nachweis ist ebenfalls aufwendiger. Oft ist die Entzugssymptomatik bei Drogenkonsumenten deutlicher zu erkennen als die akute Drogenintoxikation.

Selbst wenn Drogenschnelltests zur Verfügung stehen, werden diese von den medizinischen Gutachtern aufgrund des erforderlichen Zeitaufwandes erst durchgeführt, wenn alle sonstigen medizinischen Untersuchungen für diesen Tag erledigt sind.

Der Gutachter wird also i. d. R. trotz des bestehenden Verdachts eine komplette Exploration durchführen müssen. Aktueller Drogenkonsum sollte dabei in jedem Fall thematisiert werden. Es sei an dieser Stelle ausdrücklich davor gewarnt, diese Exploration aufgrund des bestehenden Verdachts nur halbherzig oder „rein formal" durchzuführen, da sich ein bestehender Verdacht auf aktuelle Drogenintoxikation nicht zwangsläufig bestätigt. In diesem Fall würden zur Erstellung des Gutachtens wichtige Informationen fehlen.

Sollte sich der Verdacht dagegen bestätigen, ist eine positive Begutachtung nicht möglich.

3.7.3 Vielredner

Vielredner treten in unterschiedlichen Variationen auf. Die Spannweite reicht von der übertrieben detailgenauen Schilderung des gesamten Lebenslaufes bis hin zu weitschweifigen, ausufernden (philosophierenden) Reden, die mit den zu begutachtenden Sachverhalten in keinem erkennbaren Zusammenhang stehen. Der Gutachter hat in diesen Fällen i. d. R. das Problem, innerhalb der für die Begutachtung zur Verfügung stehenden Zeit die notwendigen Informationen zu bekommen.

Wenn eine Form der Weitschweifigkeit erkannt ist (gerade am Anfang des Gesprächs ist das nicht immer einfach), sollte die Grundstrategie darin bestehen, auf eine straffere Gesprächsführung hinzuarbeiten, also weniger offene Fragen stellen, sondern Fragen, die präzise Antworten ermöglichen, auf denen der Gutachter auch bestehen sollte. Hierbei sollte sich der Gutachter vom „geringeren zum stärkeren Eingriff" bewegen.

Beispiel für geringen Eingriff:

„Für die Erstellung des Gutachtens benötige ich bestimmte Informationen. Hierzu würde ich gern ein paar gezielte Fragen stellen, die Sie bitte (kurz) beantworten."

Beispiel für mäßigen Eingriff:

„Ich habe Sie jetzt schon zweimal gefragt, warum Sie die Versicherung nicht bezahlt haben. Dass Ihr Sohn in einem Pizzabringdienst jobbt und Probleme mit seiner Freundin hat, gehört sicher nicht zu diesem Thema. Antworten Sie bitte ganz konkret auf meine Frage."

Beispiel für starken Eingriff (konfrontativ):

„Wenn Sie nicht auf meine Fragen antworten, sondern irgendwelche Dinge berichten (die mit der Sache nichts zu tun haben), kann ich leider nichts für Sie tun und breche das Gespräch an dieser Stelle ab. Das Gutachten wird dann für Sie negativ ausgehen."

Im Gespräch sind darüber hinaus je nach Sachlage Gesprächstechniken aus Punkt 3.4.3 „Techniken der Informationspräzisierung" anwendbar. U. U. kann auch ein Wechsel der Gesprächsebene Vorteile bringen (vgl. 3.3.1 „Vier-Seiten-Modell der Kommunikation").

Als gezielte Strategie von Kunden zum Bestehen der MPU (Gutachter mit nebensächlichen Informationen den Blick für das Wesentliche vernebeln) wird die Technik des weitschweifigen Erzählens nur selten angewandt.

3.7.4 Unkooperatives einsilbiges Verhalten/Ja-Nein-Sager

Dieses Verhalten resultiert aus einer gewissen Verstocktheit, wenn der Kunde keine Einsicht in die Notwendigkeit der MPU hat oder keinesfalls mehr Informationen als notwendig preisgeben will.

Weitere Gründe: Die „Beziehungsarbeit" am Anfang des Explorationsgesprächs war nicht erfolgreich, oder in einem vorhergehendem Untersuchungsabschnitt wurde dem Kunden bereits mitgeteilt, dass mit einem negativen Ergebnis zu rechnen ist. Darüber hinaus können Kunden sich dieses Verhalten auch als Strategie zum Bestehen der MPU überlegt haben.

Mögliche Reaktionen des Gutachters:

- Zunächst Fragen stellen, die von möglichen kritischen Punkten weiter entfernt sind
- Vermehrt offene Fragen stellen, die sich nicht mit Ja/Nein beantworten lassen
- Fragen stellen, die eine Stellungnahme durch den Kunden erfordern
- Möglich, aber in der Anwendung nicht unkritisch und daher eher für erfahrene Gutachter: Unterstellungen formulieren, gegen die sich der Kunde wehren wird (muss)
- Sprachebenen wechseln, z. B. von der Sachebene auf die Mitteilungs- oder Appellebene (vgl. 3.3.1)
- Verhalten des Kunden thematisieren und Folgen (negatives Gutachten) darstellen, wenn er sich weiter unkooperativ verhält

Beachte: Es gibt Menschen (typischerweise in Norddeutschland), die sich gewohnheitsmäßig mit nur wenigen Worten äußern. Dieses Verhalten ist nicht mit dem bewussten Ja-Nein-Antworten zu verwechseln.

3.7.5 Aggressives Verhalten/Drohungen

Generell voranzuschicken ist, dass wirkliche Aggressionen oder Drohungen gegen Gutachter im Explorationsgespräch nach Erfahrungen des Autors außerordentlich selten vorkommen. Grundsätzlich sollten aggressives Verhalten oder gar Drohungen vom Gutachter in keiner Weise toleriert werden.

Drohungen oder Aggressionen können in unterschiedlicher Intensität von Kunden ausgeübt werden. Die wohl harmloseste Variante sind Bemerkungen wie: *„Ich habe da gute Freunde im Ministerium, die werden sich mit meinem Gutachten befassen."* Oder: *„Mein Freund (Vereinskamerad etc.) ist Rechtsanwalt, dem lege ich das Gutachten vor."* Die Liste der Beispiele dieser Art von Drohungen ließe sich beliebig fortsetzen. Derartige Bemerkungen können bei einer sorgfältigen Arbeit, die sich an den Vorgaben des Qualitätsmanagementsystems orientiert, ignoriert werden (vgl. hierzu auch Kapitel 3.5.3 „Zuckerbrot und Peitsche für den Gutachter").

Schwieriger wird die Situation, wenn offen Drohungen gegen den Gutachter oder Bekannte des Gutachters ausgesprochen werden. Der Gutachter muss in diesem Fall entscheiden, ob er das Explorationsgespräch noch – wenn auch nur formal – zu Ende führen oder die Exploration abbrechen will. Auf jeden Fall gehören derartige Vorkommnisse in die gutachterlichen Mitschriften und sind auch in das Gutachten selbst zu übernehmen. Eine positive Begutachtung ist in diesem Fall nicht mehr möglich.

Erwähnt der Kunde bereits Lebensgewohnheiten des Gutachters, kennt er seine Anschrift oder Telefonnummer, weiß er offensichtlich über die Familienverhältnisse Bescheid, so ist davon auszugehen, dass der Betroffene bereits im Vorfeld Informationen eingeholt hat. Derartige Situationen ergeben sich allerdings weniger in Explorationsgesprächen, sondern eher in Nachgesprächen zu einer Begutachtung mit für den Betroffenen negativem Ausgang. Auch in schriftlichen Stellungnahmen kommen solche Drohungen hin und wieder vor.

Wird deutlich, dass ein Kunde bereits aktiv Informationen gesammelt hat, die er nicht im Rahmen des üblichen Kontaktes mit der BfF erfahren haben kann, ist diese Situation ist als gefährlich einzuschätzen, die Polizei sollte über den Vorgang informiert werden. Über weiteres Vorgehen/Verhalten kann nach einem entsprechendem Gespräch dort entschieden werden.

Im Verlauf des Gesprächs selbst sollte der Gutachter Techniken der Deeskalation einsetzen, u. U. ist eine Verlagerung des Gesprächs auf eine andere Ebene sinnvoll, z. B. die emotionale oder die Appellebene. Auch eine Reflexion der emotionalen Inhalte (nach Rogers, vgl. u. a. Rogers 1946 und 1951) kann hilfreich sein.

Hat ein Kunde ein ganz konkretes Ziel („*Ich gehe hier nicht weg, bevor nicht das Gutachten geändert ist*“) und die genannten Deeskalationsversuche haben keinen Erfolg gezeigt, sollte der Gutachter auf die Forderung eingehen, hierüber aber, nachdem die Situation sich entspannt hat und der Kunde gegangen ist, die Polizei informieren.

Beachte: Grundsätzlich sollten weder Gutachter noch Verwaltungsangestellte mit Kunden völlig allein in der Begutachtungsstelle anwesend sein.

Aggressives Verhalten nach einer Begutachtung ist in vielen Fällen vermeidbar, wenn nach dem Explorationsgespräch eine Ergebnismitteilung erfolgt. Insgesamt kommen die in diesem Kapitel beschriebenen Vorfälle extrem selten vor.

3.7.6 Überangepasstes, devotes Verhalten

Diese Verhaltensweise stellt das Gegenteil des im vorigen Abschnitt beschriebenen Verhaltens (Aggression und Drohung) dar. Die Situation kommt häufiger vor bei Kunden, die in Staaten mit totalitärem Regime aufgewachsen sind und/oder längere Zeit dort gelebt haben (oder aus Staaten kommen, in denen Demokratie nur in geringem Umfang praktiziert wird). Die Anwesenheit eines Dolmetschers kann das devote Verhalten noch verstärken (vgl. 3.4.6 „Kunden aus fremden Kulturen und der Einsatz von Dolmetschern“).

Das Problem besteht in der Regel darin, dass vom Kunden Informationen nur spärlich kommen. Darüber hinaus fallen die Antworten stark im Sinne der sozialen Erwünschtheit aus.

Strategien des Gutachters: den Kunden darauf hinweisen, dass der Dolmetscher ebenso wie der Gutachter unter Schweigepflicht steht; dass der Dolmetscher nicht als (staatlicher) Vertreter seines Landes zu sehen ist, sondern lediglich die Untersuchung unterstützt.

Ein Wechsel der Gesprächsebene kann ebenfalls helfen. Auch das Einschieben einer erweiterten Warm-up-Phase, eventuell verbunden mit Informationen über den Sinn und Zweck der MPU, mag in manchen Fällen helfen.

3.7.7 Bestechungsversuche

Bestechungsversuche, egal, in welcher Form, sind rigoros zurückzuweisen. Der Versuch ist möglichst genau zu protokollieren und im erstellten Gutachten zu erwähnen. Eine positive Begutachtung wird i. d. R. nicht mehr möglich sein. Darüber hinaus empfiehlt es sich, derartige Vorkommnisse der Niederlassungsleitung oder der Geschäftsführung zur Kenntnis zu geben.

4 Gutachter in der Exploration

Es ist zu beachten, dass der Kunde im Explorationsgespräch nicht nur auf die Fragen und die Fragenabfolge reagiert, sondern ebenso auf den Kontext, in dem diese Fragen präsentiert werden. Da es letztlich unmöglich ist, eine von jedem Interaktionseinfluss freie Explorationssituation zu schaffen, werden die Kontroll- und Systematisierungsangebote dahin gehend ausgelegt, dass für die Exploration positive Wirkungen der sozialen Komponenten genutzt werden sollten. So wird im Hinblick auf das Explorationsgespräch zwischen „kontrollierten beziehungsweise erwünschten" Einflüssen, die mit den Untersuchungszielen übereinstimmen, und „nicht kontrollierten beziehungsweise unerwünschten" Einflüssen unterschieden. In diesem Zusammenhang wird den Erwartungen und Einsichten des Gutachters, seinem Auftreten und Erscheinungsbild ein u. U. erheblicher Einfluss auf die Reaktion des Kunden zuerkannt.

Als Hauptgefahrenquellen gelten dabei die Vorurteile und Überzeugungen des Gutachters selbst. Diese können nicht nur ungünstige Reaktionen beim Kunden hervorrufen, sondern sich auch verzerrend auf die Wahrnehmung und Protokollierung auswirken. Insbesondere bei offenen Fragen kann dieser Effekt die Qualität der erhobenen Angaben negativ beeinflussen.

4.1 Ausstattung (Kleidung, Frisur, Schmuck)

Jeder Mensch, der einem fremden Menschen begegnet, wird ihn nach dem ersten Eindruck, den das äußere Erscheinungsbild vermittelt, beurteilen und einordnen. Für das Explorationsgespräch bedeutet dies, dass dieser Prozess nicht nur auf Seiten des Gutachters stattfindet, sondern auch auf Seiten des Kunden. Anders als bei vielen anderen Berufen, z. B. Handwerkern oder Medizinern, gibt es für Psychologen keine typische Berufskleidung.

Für den Gutachter im Explorationsgespräch muss die Kleidung in dreifacher Hinsicht geeignet sein:

1. Sie muss zum Arbeitsumfeld passen, die Exploration ist weder eine Modenschau noch ein Freizeitcamp.

2. Die Kleidung muss zur Person des Gutachters passen. Die Kleidung sollte „sitzen", also weder zu weit noch zu eng sein.
3. Die Kleidung muss dem Anlass entsprechend geeignet sein. Für die Kunden ist eine MPU ein besonderes Ereignis. Viele Kunden haben sich für diesen Tag extra freigenommen, sich ausführlich vorbereitet und auch ihrerseits eine entsprechende Sorgfalt bei der Auswahl der Kleidung an den Tag gelegt.

Daraus folgt, dass der Gutachter seine Kleidung durchaus mit Sorgfalt wählen sollte. Jedes Kleidungsstück, das in der Explorationssituation getragen werden soll, sollte noch einmal genau kontrolliert werden. Auch die Schuhe sollten dem Anlass entsprechend gestaltet sein. Dies gilt für Absätze, Schnürriemen und die Politur.

Schmuck sollte nur in dezenter Form getragen werden. Weniger ist oft mehr. Auch der Tigerzahn bei einem männlichen Gutachter, die Rasierklinge am Halsband oder diverse Piercings mögen bei anderen Gelegenheiten angebracht sein. Beim Explorationsgespräch jedoch vermitteln sie einen unerwünschten, nicht angebrachten Eindruck.

Ein Make-up sollte dezent sein, der Gebrauch von Parfüm sparsam erfolgen. Gleiches gilt für Rasierwasser. Die aufdringlichen Varianten sollten anderen Gelegenheiten vorbehalten bleiben.

Der Hinweis auf saubere Hände und Fingernägel ist an dieser Stelle überflüssig (obwohl er hiermit natürlich gegeben ist), da Sauberkeit selbstverständlich ist.

Zusammenfassend ist zu sagen, dass Kleidung viel über eine Persönlichkeit aussagt. Für den Gutachter heißt dies, dass er situationsangemessene Bekleidung trägt, in der er sich wohlfühlt. Dieses gute Gefühl verstärkt die eigene Selbstsicherheit während des Explorationsgesprächs und ist geeigneter als schlecht sitzende, kneifende und scheuernde, aber teure Bekleidung, die ein Markenlabel an jeder Ecke aufweist.

4.2 Prozesse beim Gutachter

Nicht nur beim Kunden laufen während des Explorationsgesprächs bewusst oder unbewusst psychische Prozesse ab, sondern ebenso beim Gutachter. Der Gutachter sollte sich jedoch als „professioneller Gesprächspartner" dieser Prozesse und ihrer Auswirkungen bewusst sein, um gegebenenfalls gegenzusteuern. Unterstützung bekommt er dabei u. U. vom Ausbildungs- oder Supervisionsteam.

4.2.1 Der erste Eindruck

Wenn man es mit einem Gesprächspartner zum ersten Mal zu tun hat – was die typische Situation im Explorationsgespräch ist –, ist die Wirkung des sogenannten „ersten Eindrucks" zu beachten. In allen Situationen, in denen ein Mensch Neuartigem, Unbekanntem gegenübersteht, versucht er, die damit verbundene Unsicherheit und Orientierungslosigkeit dadurch abzubauen, dass er nach Hinweisen sucht, die ihm eine Einordnung des Neuen in seine bisherigen Erfahrungen und Bezugssysteme ermöglichen. Dies ist bei der erstmaligen Begegnung mit einem fremden („neuen") Menschen nicht anders: Es wird nach Anzeichen gesucht, die den anderen Menschen durchschaubar und berechenbar machen. Dabei können unter Umständen kleine Nebensächlichkeiten eine große Rolle spielen, etwa Auffälligkeiten in der Kleidung, in den Gesten und dem Sprachverhalten, aber auch im Gesichtsausdruck und im Körperbau.

Erfahrungen, die in der Vergangenheit mit ähnlichen Menschen gemacht wurden, werden dann auf diesen unkritisch übertragen. Dieser „erste Eindruck" ist vor allem wegen seiner prägenden Wirkung bedeutsam. Er liefert dem Beurteiler sozusagen die „Brille", durch die dann im Folgenden das weitere Verhalten des Gegenübers bewertet wird.

Im ersten Eindruck werden also die Weichen für alle späteren Eindrücke gestellt. Wenn sich dieser Eindruck erst einmal festgesetzt hat, ist es oft sehr schwierig und mühsam, die Person objektiv zu betrachten.

4.2.2 „Andorra-Phänomen"

Bei diesem Phänomen, das nach dem Schauspiel „Andorra" von Max Frisch benannt wurde, geht es darum, „dass jemand so wird, wie er beurteilt wird". Es gilt also nicht: „Man ist, wie man beurteilt wird." Obwohl ein Explorationsgespräch in der Regel nicht so lange dauert, dass jemand sein Verhalten grundlegend umstellen kann, besteht doch die Gefahr, dass bei entsprechendem Verhalten des Gutachters Angaben gemacht werden, die der Gutachter erwartet. Hierbei sind nicht die Sachverhalte gemeint, zu denen der Kunde sich äußert, sondern die tatsächlichen Inhalte seiner Äußerungen. Gibt also zum Beispiel ein Gutachter einem Kunden zu erkennen, dass er keine hohe Meinung von ihm hat, so kann es sein, dass der Kunde diese Erwartungen tatsächlich erfüllt, was dann allerdings vom Gutachter als Bestätigung seiner guten diagnostischen Fähigkeiten interpretiert wird.

4.2.3 Kategorisierung

Unter „Der erste Eindruck" wurde oben bereits davon gesprochen, dass Menschen von anderen oft anhand von wenigen Eindrücken eingeordnet werden. Die Person wird dadurch leicht in eine bestimmte Rolle gedrängt, klassifiziert. Zu dieser Einordnung genügt oft schon ein einziges Merkmal, z. B. Vorbestrafter, Alkoholtäter, Verkehrstäter, Drogenauffälliger etc. Auch eine bestimmte Herkunft, eine bestimmte Nationalität ist in vielen Fällen eine Quelle umfassender Klischees.

Die Vielfalt der Eigenschaften einer Person wird auf eine oder wenige Eigenschaften oder Merkmale reduziert. Besonders auffällig ist das bei den sogenannten „Stereotypen". Wenn man z. B. von einer Person weiß, dass sie ein „Bayer" ist, dann „weiß" man zugleich, dass sie gutmütig, etwas poltrig, gesellig, trinkfreudig und eher naiv ist[18].

Diese Kategorisierung hat natürlich eine wichtige Funktion: Es ist im Alltag unmöglich, jeden Menschen in seiner individuellen Einmaligkeit zu erfassen. Das bedeutet aber, dass dieser Mensch reduziert wird auf einige „Kerneigenschaften". Da es aber keine verbindlichen Regeln hierfür gibt, ist es weitgehend ins Belieben eines jeden Einzelnen gestellt, was er an seinem Gegenüber für charakteristisch hält. Daher können dies dann ganz verschiedene Dinge sein, wie etwa Parteizugehörigkeit, Konfession, nationale Herkunft, Beruf, Bildung, Lebensalter, bestimmte Aussprüche oder einzelne Verhaltensweisen.

Im Rahmen der Exploration werden dem Gutachter im Zuge der Aktenanalyse von vielen Menschen zuallererst negative Sachverhalte bekannt. Es ist wichtig, trotz dieser Kenntnisse vorurteilslos in die Exploration zu gehen.

18 Dies ist nur ein Beispiel und keinesfalls die Ansicht des Autors.

4.2.4 Einfrieren

Menschen haben in vielen Fällen die Tendenz, eine einmal getroffene Klassifizierung „einzufrieren". Menschen sind kaum bereit, neue Erfahrungen zur Revision der Einschätzung heranzuziehen. Genau das Gegenteil ist der Fall: Diskrepante neue Informationen werden überhaupt nicht aufgenommen, „weil nicht sein kann, was nicht sein darf". Dies führt dann dazu, dass ein Mensch, der in der Vergangenheit häufig im Straßenverkehr aufgefallen ist, vom Gutachter so behandelt wird, als wenn dies zwangsläufig auch in Zukunft der Fall sein wird. Dass bei dieser Tendenz zum Einfrieren die vorher beschriebenen Phänomene „Erster Eindruck", „Andorra-Phänomen" und „Kategorisierung" eine wesentliche Rolle spielen, versteht sich von selbst.

4.2.5 Projektion

Wenn es darum geht, Einstellungen und Reaktionen eines Kunden richtig vorherzusagen, kommt dem Mechanismus „Projektion" besondere Bedeutung zu. Es kommt immer wieder vor, dass einem Menschen Eigenschaften, Absichten, Haltungen und Fehler vorgeworfen werden, die eigentlich nicht beim anderen Gesprächspartner, sondern beim Gutachter selbst gesucht werden müssten.

Sehr gut zusammengefasst wird dieses Phänomen im Sprichwort: „Den Splitter im Auge des Nachbarn sehen wir, nicht aber den Balken im eigenen Auge." So kann es dann vorkommen, dass ein Gutachter, der schlecht gelaunt ist, Kunden als verstimmt, wenig kooperationsbereit, renitent und verschlossen erlebt und entsprechend reagiert.

Gerade Verhaltensweisen und Gedanken, die man bei sich selbst bekämpft (z. B. Großsprecherei oder Minderwertigkeitsgefühle, Nachlässigkeiten), geben dann ein geschärftes Auge für kleinste Anzeichen in dieser Richtung bei anderen Menschen. Entdeckt der Gutachter dann einen Hinweis für diese Art Fehlverhalten bei anderen Menschen, kommt es leicht zu Überreaktionen. Die Kleinigkeit wird aufgebauscht und für Interpretationen genutzt, die mehr Auskunft über eigene Probleme des Gutachters als über die des zu begutachtenden Kunden geben.

4.2.6 Eigene Persönlichkeitstheorie

Hier wird die Einschätzung eines Kunden durch den Gutachter mit Hilfe einer Persönlichkeitstheorie, die sich der Gutachter zurechtgelegt oder unkritisch übernommen hat, beeinflusst. Es kann für ihn als ausgemacht gelten, dass bestimmte Eigenschaften immer (bzw. nie) zusammen vorkommen.

Wer z. B. energisch ist, reagiert auch immer aggressiv. Wer Cannabis konsumiert, braucht keinen Alkohol mehr zu trinken. Wer kreativ ist, ist nicht ordentlich. Leistungsorientierte Menschen konsumieren XTC.

Das Gefährliche an diesen Hypothesen ist, dass sie leicht ungeprüft angewandt werden. Wenn eine dieser Dispositionen erkannt wird, wird bedenkenlos die andere gefolgert. Derartig starre Koppelungen engen den Blick für die Vielfalt oft überraschender Kombinationen ein.

Vergleichbare Verbindungen gibt es auch in dem Bereich der äußeren Erscheinung. So mag jemand überzeugt sein, dass Menschen, die ein schmales Gesicht, eine hohe Stirn, eine lange, schmale Nase und einen mittleren Augenabstand haben, intelligent sind. Wer eine niedrige Stirn, ein breites Gesicht, einen starken Bartwuchs hat, ist prädestiniert zum Schurken. Weitere häufig anzutreffende Einstellungen sind, dass Brillenträger intelligenter sind und lächelnde Menschen im Vergleich zu ernsten Personen als sympathischer und intelligenter eingeschätzt werden.

Diese Klischees, die zur Beurteilung anderer Menschen herangezogen werden, sind ebenso ungerechtfertigt wie weit verbreitet. Werden noch Auswirkungen von „Erster Eindruck", dem „Andorra Phänomen" und „Kategorisierung" unterstellt, braucht man sich nicht zu wundern, wenn Explorationen, in die solche Vorurteile ungeprüft einfließen, nicht zu einem befriedigenden Ergebnis führen.

4.2.7 Beeinflussung durch die Situation

Oft wird die Ursache eines bestimmten Verhaltens in der Person gesehen. Dabei ist es wichtig zu berücksichtigen, dass eine Interaktion zwischen der Person und der Situation besteht, in der sie sich gerade befindet. Das Verhalten einer Person ist also immer auch von der Situation abhängig.

Es ist festzustellen, dass ein Explorationsgespräch eine ganz besondere Situation darstellt. Es ist vom Psychologen zu berücksichtigen, dass er nicht der Einzige ist, der an diesem Tag sehr detailliert mit dem Kunden über dessen Person, Einstellungen und Verhaltensweisen spricht. Vorhergegangen sind oft schon eine (durchaus anstrengende) testpsychologische Untersuchung und die medizinische Untersuchung. Wer diese vorher geführten Gespräche nicht miterlebt hat, wird dazu neigen, in einem bestimmten Verhalten des Kunden u. U. ein Persönlichkeitsmerkmal zu sehen und es beispielsweise als aggressives Verhalten interpretieren. Es ist jedoch denkbar, dass das vermeintlich aggressive Verhalten des Kunden auf die Untersuchungssituation und die damit einhergehende Beanspruchung zurückzuführen ist. Zwar ist dies unter Umständen auch schon ein wichtiges begutachtungsrelevantes Merkmal, andererseits sollte der Gutachter aber bedenken, dass eine MPU für einen Kunden durchaus eine Stresssituation darstellt und daher Reaktionen hervorruft, die nicht zwangsläufig typisch sein müssen.

4.2.8 Unsicherheit beim Gutachter

Ein Gutachter sollte im Explorationsgespräch durchaus seinen Expertenstatus erkennen lassen. Die damit verbundene Professionalität wird von der ganz überwiegenden Zahl der Kunden selbstverständlich erwartet.

Expertenstatus bedeutet aber nicht, dass der Gutachter in jeder Situation des Explorationsgesprächs hinsichtlich des explorierten Sachverhaltes sicher ist. Sicher sein sollte er aber in jedem Fall hinsichtlich der angewendeten und zur Verfügung stehenden „Werkzeuge“.

Ein Gutachter sollte jedoch eine bestehende Unsicherheit hinsichtlich des zu explorierenden Sachverhaltes durchaus artikulieren. Es ist zielführend, in einer solchen Situation die Problemstellung und den Stand der Erkenntnisse laut zusammenzufassen oder zu sortieren.

Beispiel:

„Im Augenblick bin ich mir nicht darüber im Klaren, worauf die Beurteilung hinauslaufen wird. Deshalb lassen Sie uns mal eine Zwischenbilanz ziehen: Zu Ihren Gunsten können wir folgende Punkte anführen: …, während … ungünstig zu bewerten ist. Wenn ich mich jetzt frage, was mich hindert, ein positives Gutachten zu schreiben, komme ich wieder auf Ihr Argument, dass Sie ja jetzt den festen Willen haben.

> *... Den hatten Sie nach dem ersten Vorfall dieser Art aber auch schon. Können Sie mir nochmals etwas ausführlicher schildern, was dieser „feste Wille" für Sie eigentlich inzwischen bedeutet?"*

Eine alternative Vorgehensweise bestünde darin, die Unsicherheit zu überspielen, indem der Gutachter Routinefragen aus seinem Repertoire „blind abschließt" und so versucht, bestehende Vermutungen durch Fragen zu präzisieren, oder die Exploration in der Hoffnung beendet, dass ihm bei distanzierter Betrachtung und nach reiflicher Überlegung die Gewissheit der richtigen Beurteilung zuwächst, die ihm momentan fehlt.

Letzteres Vorgehen ist risikoreich, unprofessionell und keinesfalls erstrebenswert.

4.3 Fehler im Explorationsgespräch

In diesem Abschnitt sollen typische Fehler in Explorationsgesprächen vorgestellt und besprochen werden, wobei kein Anspruch auf Vollständigkeit erhoben wird. Die Gutachter sollen durch Hinweise auf diese Fehler sensibilisiert werden, um zukünftig derartige Fehler zu vermeiden.

4.3.1 Kontrolle des Gesprächs durch den Kunden

Ein Kunde hat zahlreiche Möglichkeiten, den Gutachter zu kontrollieren. Bei einer gefälligen Vortragsweise, beim Schildern von bedrohlichen Konsequenzen (Suizid, Verlust von Beruf und Familie) oder auch, wenn ein um Hilfe suchendes Verhalten gezeigt wird, kann der Kunde sich der besonderen Zuwendung des Gutachters nahezu sicher sein.

Ein Explorationsgespräch kann ebenfalls stark vom Kunden kontrolliert werden, indem er lenkt und strukturiert. Eine Kontrolle kann so aussehen, dass der Kunde eine eigene Theorie seines Problemverhaltens vorbringt und diese vom Gutachter nicht mehr hinterfragt wird. Natürlich kann es sinnvoll sein, sich über die eigene Theorie des Kunden zu informieren. Der Gutachter muss dieses jedoch explizit erkennen.

Bei einer Kontrolle des Gesprächs durch den Kunden besteht immer die Gefahr, dass bestimmte Themenbereiche nicht oder nicht mit ausreichender Tiefe exploriert werden.

Hat der Gutachter das Phänomen erkannt, sollte er den Kunden getrost unterbrechen und die für die Begutachtung wichtigen Informationen durch entsprechende Fragen erheben.

Die Gefahr einer Kontrolle des Explorationsgesprächs durch den Kunden ist besonders groß bei der Exploration von Personen, die rhetorisch geschult sind, also z. B. bei Führungskräften oder Außendienstmitarbeitern.

4.3.2 Übernahme des Kundenkonzeptes

Dieser Sachverhalt ist dann gegeben, wenn der Kunde eine plausible Erklärung für sein Problemverhaltens vorträgt und der Gutachter sie bereitwillig übernimmt, ohne vielleicht weitergehende Erklärungen zu überprüfen. Die Gefahr der Übernahme des Kundenkonzeptes besteht insbesondere, wenn die Situation „Kontrolle des Gesprächs durch den Kunden" (vgl. 4.3.1) gegeben ist. Eine vergleichbare Gefahr besteht, wenn die oft umfassenden Bescheinigungen über auf die MPU vorbereitende Maßnahmen kritiklos und ohne Nachprüfung in der Exploration akzeptiert werden.

4.3.3 Übermäßige Kontrolle durch den Gutachter

Im Explorationsgespräch hat der Gutachter überwiegend eine leitende Funktion. Dies darf jedoch nicht dazu führen, dass dem Kunden kein Raum mehr zur Selbstdarstellung bleibt, ihm nur noch die Rolle des Ja- oder Neinsagers zukommt.

Die Gefahr einer übermäßigen Kontrolle des Gesprächs durch den Gutachter besteht vor allem dann, wenn er wenig flexibel ist, stur einem bestimmten Frageschema folgt. Er ist dann direkt oder technizistisch auf bestimmte Einzelheiten aus, ohne einen Zusammenhang zu erkennen. Eine besondere Gefahr für diese (nicht wünschenswerte) Art der Exploration besteht, wenn der Gutachter das Gespräch gleich per Computer mitschreibt, zur Arbeitserleichterung oder Rationalisierung im Computer sogar schon ein Fragenkonzept existiert, in das nur noch die Antworten einzutragen sind, existiert.

Nach solchen Explorationsgesprächen wird von den Gutachtern häufig berichtet, dass der Kunde nur sehr wenige Informationen von sich gegeben habe. Der Gutachter habe den Kunden zwar „alles gefragt“, aber es sei wenig dabei herausgekommen.

Die Gefahr einer übermäßigen Kontrolle durch den Gutachter besteht ferner, wenn der Gutachter vorschnell ein Konzept anbietet, welches das Problemverhalten des Kunden vordergründig erklärt. Der Kunde mag dies in seiner besonderen Situation dann akzeptieren, obwohl dieses Konzept nicht wirklich auf seinen Fall zutrifft oder als Erklärung für das Problemverhalten zu kurz greift, da es sich um einen Spezialfall handelt.

Vom Anbieten eines Konzeptes ist zu unterscheiden, dass der Gutachter Stellung nimmt, Informationen und Rückmeldungen gibt oder Bewertungen vornimmt. Auch darf nicht übersehen werden, dass Stellungnahmen im weiteren Sinn die Funktion haben können, einen Kontakt herzustellen. Bei „den richtigen Suggestivfragen“ fühlt sich der Kunde „in den richtigen Händen“ und verstanden (vgl. auch Kapitel 3.4.3, Abschnitt „Alternativen anbieten“).

Unmittelbar einsichtig ist, dass ein vorschnell angebotenes Konzept diagnostisch auf ein falsches Gleis führen kann. Ein Konzept anbieten oder Suggestivfragen stellen kann ein Gutachter immer dann, wenn er sehr genau weiß, dass er gerade genau dieses tut. Er ist dann in der Lage, sein eigenes Verhalten zu reflektieren und die Antwort des Kunden entsprechend zu werten.

4.3.4 Gespräch aufrechterhalten

Dieser Fehler ist vor allem zu beobachten, wenn ein Gutachter den Gesprächsfluss aufrechterhalten will. Er stellt dann relativ globale Fragen oder greift auf Routinefragen zurück; gesprächstherapeutische Elemente werden eingesetzt, ohne dass sie eine ersichtliche Funktion haben. Erfahrungsgemäß wird dieses Vorgehen kontrolliert von der Angst des Gutachters vor einer Lücke, mitunter auch von der Unsicherheit, ein Problem direkt anzugehen.

Eine Konstellation, bei der dieser Fehler häufiger zu beobachten ist, besteht in „unsicherer Gutachter – wenig aktiver Kunde“. Man sollte sich davor hüten, den Kunden für sein passives Verhalten selbst pauschal verantwortlich zu machen. Es ist vielmehr die Folge eines Fehlverhaltens auf Seiten des Gutachters. Hat dieser erst einmal die (übermäßige) Kontrolle übernommen (s. o.), den Kunden durch Abblocken oder irrelevantes

Fragen und rigide Interpretation der Antworten etc. in eine passive Rolle gedrängt, äußern auch gutwillige Kunden oft nur noch wenig.

Bemerkt ein Gutachter, dass er in diese Situation gekommen ist, so kann es unter Umständen eine vernünftige Maßnahme sein, das bisherige Gespräch kurz zusammenzufassen und dem Kunden eine aktive Rolle zuzuweisen. Eine Frage in dieser Situation wäre z. B.: *„Welche Bereiche wurden bisher noch nicht angesprochen?"*

4.3.5 Zu globale oder zu abstrakte Fragen

Dieser Fehler tritt leicht auf, wenn der Gutachter zu intellektualisierend fragt. Typische globale Fragen sind zum Beispiel die nach dem Gefühl des Kunden bereits am Anfang des Explorationsgesprächs. Fragen nach dem Befinden des Kunden sind in bestimmten Situationen sicherlich wichtig und diagnostisch wertvoll, jedoch muss die Situation durch das vorhergehende Gespräch ausreichend vorbereitet sein.

Kunden empfinden abstrakte Fragen oft als Ablehnung durch den Gutachter. Darüber hinaus fühlen Kunden sich durch diese Art der Fragestellung leicht aufgefordert, selbst zu theoretisieren, anstatt konkrete Beschreibungen zu geben.

Will der Gutachter tatsächlich auf eine globale Analyse hinaus, dann sollte er dem Kunden auch eine globale Frage stellen, z. B.: *„Wie war das eigentlich damals, als Sie angefangen haben, mehr zu trinken?"* Kann der Kunde damit nichts anfangen, sollte der Gutachter diese Frage spezifizieren, wobei allerdings die Zusatzfragen einen deutlichen, beispielhaften oder erläuternden Charakter haben sollten, etwa: *„Wie war es damals mit dem Alkohol in den Arbeitspausen?" „Wie war die Reaktion Ihrer Partnerin, wenn Sie angetrunken von der Arbeit nach Hause kamen?"* Soll zum Zeitpunkt der Frage eine solche Themenzentrierung vermieden werden, kann auch allgemeiner danach gefragt werden, womit sich der Kunde seinerzeit in seiner Freizeit beschäftigt hat, zu wem er Kontakt hatte und Ähnliches.

4.3.6 Zu viel auf einmal fragen

Bei dieser Art zu fragen werden ganze Themenkomplexe angeboten, wobei in einer Frage des Gutachters bereits eine Vielzahl von Anknüpfungspunkten enthalten ist, auf die der Kunde antworten soll.

Es besteht die Möglichkeit, solche Fragen bewusst zu stellen, um Präferenzen des Kunden zu sehen oder um ihm einen leichteren Einstieg zu verschaffen. In diesen Fällen ist gegen die Technik nichts einzuwenden. In anderen Fällen sollte sich der Gutachter jedoch daran halten, möglichst präzise und einfache Fragen zustellen.

4.3.7 Übersehen von Hinweisen

In einem Gespräch kann ein Kunde in Nebensätzen wichtige Andeutungen machen. Sprache und Tonlage können sich verändern, er fängt z. B. an, zu stottern, zu stocken, sich zu versprechen, zu erröten, oder er verändert seine Körperhaltung. Solche Hinweise führen meist zu diagnostisch außerordentlich wertvollen Informationen, denen ein Gutachter auf unterschiedliche Art und Weise nachgehen kann.

Er kann seine Beobachtungen unmittelbar zurückmelden, indem er zum Beispiel fragt, ob dies für den Kunden ein sehr schwieriger Gesprächsgegenstand sei. Er kann es sich aber auch merken und später darauf zurückkommen oder zur Gegenprüfung ein vergleichbares Thema ansprechen.

Solche Hinweise kann ein Gutachter nur dann bemerken, wenn er relativ sicher in seiner Explorationssituation ist, was bei erfahrenen Gutachtern eher der Fall ist als bei Berufsanfängern.

4.3.8 Falsche Schwerpunkte verfolgen

Kunden wechseln häufiger das Thema. Dies kann in Richtung relevanter Bereiche gehen, der Kunde kann aber auch – mitunter erst in Nebensätzen – zum relevanten Thema kommen. Es ist Aufgabe des Gutachters, diesen Wechsel in der Thematik zu erkennen und schnell nach „Relevanz – Irrelevanz" einzuschätzen und ein relevantes Thema sofort weiterzuverfolgen. Tut er dies nicht, läuft er Gefahr, an alten und damit überholten oder nebensächlichen Themen kleben zu bleiben oder falsche Schwerpunkte zu explorieren.

4.3.9 Kunden unterbrechen

Der Gutachter lässt Kunden nicht ausreden, sondern stellt eine neue Frage, ergänzt oder interpretiert. Dieses Explorationsverhalten ist dann wenig sinnvoll, wenn ein Kunde inhaltlich relevante Angaben macht oder – meist zu Beginn eines Gesprächs – der Redefluss des Kunden die Funktion hat, einen Kontakt zum Gutachter herzustellen.

Das beschriebene Fehlverhalten ist abzugrenzen gegen ein sinnvolles Unterbrechen, wenn der Kunde z. B. zu viel redet oder der Gutachter etwas konkret nicht verstanden hat. Der Gutachter kann seinen Gesprächspartner aus verschiedenen Gründen unterbrechen. So mag ihm das, was der Kunde erzählt, irrelevant erscheinen. Es kann auch sein, dass ein Gutachter einen vermeintlich wichtigen Zusammenhang erkannt hat und er dies weiter überprüfen möchte oder Ähnliches.

Wie in jeder anderen Gesprächssituation ist das Unterbrechen erst dann störend, wenn es häufiger vorkommt.

5 Exploration bei unterschiedlichen Fragestellungen

5.1 Formulierungshilfen für ein Explorationsgespräch

5.1.1 Eröffnung

Die Eröffnungsphase hat eine ganz wesentliche Funktion in der Exploration. Dem Kunden wird nicht nur ein erster Eindruck der Explorationssituation vermittelt, sondern es stürmen auch eine Menge Informationen auf ihn ein, die er aufnehmen und verarbeiten muss. Wohl nahezu jeder Kunde hat sich vor der MPU eine mehr oder weniger tragfähige Strategie zurechtgelegt, wie er die Untersuchung in seinem Sinne positiv abschließen möchte, oft mit Unterstützung von Dritten. Die Ausführungen des Gutachters gehen mit dieser Strategie sicher in vielen Fällen nicht konform. Insofern ist es gerade in der Anfangsphase wichtig, dass die formal notwendigen Mitteilungen nicht „heruntergerasselt" werden, sondern dass der Kunde die Möglichkeit hat, diesen Ausführungen auch zu folgen. Dem Kunden ist Gelegenheit zu geben, sich an die Situation zu gewöhnen und sich zu orientieren (Warm-up).

Dem Gutachter sollte an dieser Stelle klar sein, dass er vom Kunden Außergewöhnliches erwartet: Der Kunde soll sich in einer für ihn wichtigen und problematischen Angelegenheit einem Fremden gegenüber vertrauensvoll und offen verhalten. Er soll sich ausdrücklich zu ungünstigen, belastenden Details äußern. Er soll also offener und vertrauensvoller sein, als er vermutlich bisher gegenüber ihm nahestehenden Personen gewesen ist.

Auf die Kriterien der Wertschätzung, Echtheit und Empathie sei an dieser Stelle nur insoweit eingegangen, als dass festzustellen ist, dass sie in vielen Phasen des Explorationsgesprächs sinnvoll anzuwenden sind. Zu berücksichtigen durch den Gutachter ist aber auch, dass es sich im Explorationsgespräch **nicht** um eine therapeutische Situation handelt.

Die folgenden Texte geben Formulierungshilfen, die gerade dem noch nicht so erfahrenen Gutachter die Eröffnung des Explorationsgesprächs erleichtern sollen. Die Formulierungen sind als Vorschläge gedacht und keinesfalls verbindlich. Grundsätzlich gilt: Es geht auch anders, und jeder Gutachter sollte mehrere Varianten der Gesprächseröffnung beherrschen und anwenden können, um die oben schon angedeuteten Routineeffekte zu minimieren.

Anders als die Formulierungen gehören die Inhalte jedoch obligatorisch in die Eröffnungsphase, wobei die Informationen nicht unbedingt „als massiver Block" hintereinander gegeben werden müssen. Vielmehr sollte der Gutachter ein Gespür für die Aufnahmebereitschaft und Aufnahmefähigkeit des Kunden entwickeln und sich auch sprachlich auf ihn einstellen (vgl. Kap. 3.4.1 „Bedeutung der Sprachebenen"). Weiter gilt: Redundanz ist kein Kunstfehler, sondern ggf. erwünscht. Es kann sinnvoll sein, nicht gleich die anfänglichen Erörterungen abzubrechen, wenn der Kunde sich offensichtlich noch gar nicht richtig konzentriert hat, sondern ihm Zeit zu lassen und das jetzt Gesagte später an passender Stelle zu wiederholen.

Beispiel Vorstellung als psychologischer Gutachter:

> *„Ich heiße ..., bin Diplom-Psychologe und führe den psychologischen Teil der Untersuchung durch."*

Erläuterung der behördlichen Fragestellung und der dahinterstehenden Hypothesen

Beispiel Gesprächsbeginn:

> *„Sie wissen, dass die Behörde von Ihnen die Vorlage eines medizinisch-psychologischen Gutachtens erwartet, weil Sie durch zwei Trunkenheitsfahrten im Straßenverkehr aufgefallen sind (aufgrund von Verkehrsauffälligkeiten 18 oder mehr Punkte erreicht haben etc.). Weil dies sehr außergewöhnlich ist, fragt sie, ob mit der Wiederholung einer solchen Alkoholfahrt zu rechnen ist. Das tut sie natürlich nicht aus Willkür, sondern die Mitarbeiter der Behörde wissen – wie auch wir – sehr wohl, dass die Wiederholungsgefahr tatsächlich groß ist. Das zeigen uns die bisherigen Erfahrungen."*

Rechtliche Situation des Kunden (Ausgangssituation)

Beispiel:

„Die Behörde wird nur dann bereit sein, ihre Eignungsbedenken zurückzustellen und Ihnen einen neuen Führerschein auszustellen, wenn im Gutachten überzeugende Argumente zu finden sind – Argumente dafür, dass in Ihrem ganz speziellen Fall mit einer Wiederholung nicht zu rechnen ist."

Voraussetzungen für eine günstige Beurteilung

Beispiel:

„Solche Argumente sind nur dann überzeugend, wenn sie erkennen lassen, dass sich gegenüber der Zeit der Auffälligkeit etwas Wesentliches verändert hat. Ob bei Ihnen solche Veränderungen eingetreten sind und wie sie bewertet werden können, werden wir gleich im Gespräch erörtern."

Ablauf der Untersuchung
Hinweis auf den medizinischen Teil ggf. Leistungstests u. a.; Benennen einer „Anlaufstation" bei Fragen; ungefähre Dauer der Untersuchungen und der Erstellung und Versendung des Gutachtens; auch abhängig davon, welche Informationen der Kunde bereits beim Empfang erhalten hat.

Aufforderung zur Kooperation und Offenheit und Selbstverpflichtung des Gutachters zum „Fair Play".

Beispiel:

„Ich bin, wie gesagt, ein neutraler Gutachter. Das bedeutet, dass ich für Sie ungünstige Sachverhalte nicht ignorieren kann. Umgekehrt ist es aber genauso meine Aufgabe, Sachverhalte und Fakten, die für Sie sprechen, zu ermitteln und zu Ihren Gunsten zu verwenden."

In der Eröffnungsphase sollte unbedingt der Hinweis auf die nachteiligen Folgen einer Abwehrhaltung gegeben werden.

Beispiel:

„Letztlich kann ich nur dann ein für Sie positives Gutachten schreiben, wenn Sie im Gespräch mitarbeiten und offene und ehrliche Angaben ma-

chen. Es gibt verständlicherweise immer wieder den Versuch, sich selbst in ein besonders günstiges Licht zu stellen und die vorliegenden Probleme zu verschweigen oder zu verniedlichen. Das ist, wie gesagt, sehr gut zu verstehen. Wenn dies aber dazu führt, dass Widersprüche entstehen oder die Angaben ganz und gar unglaubwürdig erscheinen, kann ich ein positives Gutachten nicht mehr erstellen."

5.1.2 Rückmeldungen im Explorationsgespräch

Das Auftreten des Gutachters gegenüber dem Kunden sollte geprägt sein von Offenheit und Authentizität. Dem Kunden sind daher wesentliche Schlüsse, die der Gutachter aus dessen Äußerungen zieht, zurückzumelden. Der Gutachter kann nicht mit der Akzeptanz einer ungünstigen Beurteilung rechnen, wenn er während der Exploration durch sein (verdeckendes) Verhalten den Eindruck vermittelt, die Schilderungen und Argumente des Kunden aufzunehmen und durchaus positiv zu bewerten (vgl. zu diesem Thema auch Kapitel 3.4).

Eine Rückmeldung ist insbesondere gefordert
- bei unrealistischen Schilderungen und Widersprüchlichkeiten,
- bei Äußerungen offenkundiger Fehleinstellungen und Fehleinschätzungen.

Die Rückmeldung sollte in den genannten Fällen klar und deutlich sein, kann jedoch je nach bisherigem Gesprächsverlauf in verschiedenen Abstufungen erfolgen.

Leichte Form der Konfrontation:

„Ich kann mir gar nicht vorstellen, dass Sie wirklich abstinent leben?"

Deutlichere Formulierung:

„Sie haben mir sehr viel von Ihrer Abstinenz berichtet. Es ist mir bis jetzt aber überhaupt nicht klar geworden, warum Sie einen so weitreichenden Entschluss im letzten Sommer überhaupt gefasst haben?"

Die Rückmeldungen sollen wertfrei erfolgen, insbesondere keine moralisierende Wertung und keine Vorwürfe enthalten (die hat der Kunde in der

Vergangenheit mit hoher Wahrscheinlichkeit aus seiner Umgebung schon zur Genüge gehört). Sie sollen vielmehr als Hilfsangebot formuliert und vom Kunden auch so verstanden werden.

Nicht: *„Es war verantwortungslos von Ihnen, sich in dem Zustand ans Steuer zu setzen, nachdem Sie schon mal bei einem Unfall unter Alkohol einen Menschen schwer verletzt haben."*

Sondern: *„Versuchen Sie, mir zu erklären, was ich im Moment nicht so recht begreife: Der Unfall mit Körperverletzung vor zwei Jahren hat, wie Sie geschildert haben, schlimme Folgen für Sie gehabt, und Sie haben sich ganz fest vorgenommen, nicht mehr alkoholisiert zu fahren. Wie konnte es da passieren, dass Sie diesen folgenschweren Fehler wiederholt haben?"*

Die Rückmeldung soll auch den Grad der Gewissheit wiedergeben, den der Gutachter hat.

Nicht: *„Ich kann mir gar nicht erklären, wie Sie nach nur drei kleinen Flaschen Bier 1,5 Promille hatten"*

Sondern: *„Die 1,5 Promille bedeuten ja, dass in Ihrem Körper eine bestimmte Alkoholmenge festgestellt wurde, und die kann nicht nur mit drei kleinen Flaschen Bier erreicht werden. Überlegen Sie noch einmal genau, wie es sich wirklich zugetragen hat. Wo haben sie vielleicht doch noch etwas getrunken?"*

Zu beachten: Vorsicht vor Suggestivfragen mit festen Mengenangaben, die vom Kunden im Sinne einer Entlastung dann bereitwillig aufgenommen werden (vgl. Kap. 3.4).

Der Gutachter sollte an diesen Stellen auf jeden Fall seinen Expertenstatus deutlich machen.

Schließlich ist es in manchen Fällen notwendig, durch gezielte Rückmeldungen die erhobenen Daten abzusichern, um tatsächliche oder vom Kunden später (nach Erhalt des Gutachtens) aus „Notwehr" konstruierte angebliche Missverständnisse auszuschließen,

Beispiel: *„Was Sie zum Alkoholtrinken seit dem Delikt gesagt haben, habe ich so notiert: Sie haben erst mal durch den ‚Schock' absolut gar nichts mehr getrunken, bis zur Feier anlässlich der Geburt Ihres Sohnes. Da haben Sie zusammen mit drei Mann eine Flasche Doppelkorn à 0,7 l getrunken, jeder ungefähr gleich viel. Dazu haben Sie zwei Flaschen Bier getrunken. Seit Jahresanfang trinken Sie mittwochs nach dem Training Bier, aber höchstens vier Glas 0,3 l, am Samstagabend selten maximal eine Flasche Bier oder zwei Glas Wein 0,1 l. Mehr haben Sie nach dem Delikt nie, auch bei Geselligkeiten nicht, getrunken. Habe ich das so richtig verstanden?"*

5.1.3 Exploration bis zur Entscheidung der Fragestellung

Eine Exploration sollte erst dann abgeschlossen werden, wenn der Gutachter sich mit seiner Entscheidung sicher ist, was allerdings keinesfalls ausschließt, die Entscheidung bei erst später bekannt werdenden Befunden erneut zu überprüfen und ggf. zu revidieren. Schließt ein Gutachter seine Exploration ab, ohne dass er weiß, wie die psychologische Beurteilung ausfallen wird oder von welchen noch ausstehenden Befunden sie abhängt, muss er damit rechnen, dass ihn die späteren Überlegungen genau zu der Frage führen, die er jetzt ungeklärt gelassen hat, deren Klärung dann aber nicht mehr möglich ist.

Explorieren bis zur Entscheidungsreife ist sicherlich eine Sache der Übung und der Erfahrung. Entscheidungshilfen bieten die Beurteilungskriterien und Indikatoren. Es empfiehlt sich, für einige Zeit bei der Gutachtenerstellung den Katalog der Kriterien und der ihnen zugeordneten Indikatoren durchzugehen und beim Explorationsgespräch gegebenenfalls auch abzuarbeiten, um auf Lücken in der eigenen Exploration aufmerksam zu werden und Anregungen zur Erweiterung des Fragenkataloges oder zur Schwerpunktverlagerung zu erhalten. Auf Dauer sollte ein Gutachter jedoch in der Lage sein, sich von diesen Vorlagen in ihrer Abfolge und Formulierung weitgehend zu lösen, um sich auf die jeweils unterschiedlichen individuellen Gegebenheiten bei verschiedenen Kunden einstellen zu können.

5.1.4 Sachstands- und Ergebnismitteilung

Welche Gründe sprechen überhaupt für die Ergebnis- bzw. Sachstandsmitteilung?

- Ein Kunde verliert das Vertrauen in die Seriosität und Redlichkeit der Arbeit der Begutachtungsstelle, wenn er dem schriftlichen Gutachten entnimmt, dass eine ungünstige Entscheidung auf der Exploration basiert, dass diese Entscheidung ihm aber – eventuell mit Hinweisen auf Befunde aus anderen Bereichen – zum Schluss des psychologischen Untersuchungsgesprächs nicht deutlich gemacht wurde.
- Die Ergebnis- oder Sachstandsmitteilung ist ein Akt der Selbstdisziplinierung. Sie veranlasst den Gutachter, seine Daten und Argumente auf Entscheidungsreife und Stichhaltigkeit zu überprüfen (und eventuell die Befragung fortzusetzen).
- Gutachterliche Entscheidungen lassen sich im Gespräch oft besser verständlich machen als in abstrakter Schriftsprache. Gerade bei Kunden mit nicht so hohem Bildungsgrad ist dies ein sehr wichtiger Punkt.
- Der Kunde wird vor vermeidbarer Ungewissheit und eventueller Fehlplanung bewahrt. Gerade labile Kunden – im Extremfall mit Suizidgefährdung – können u. U. den Schock eines ungünstigen Bescheides eher verkraften, wenn er ihnen im Gespräch erläutert wird und wenn sich gegebenenfalls eine situationsorientierte Empfehlung anschließt, als wenn sie ihn zu Hause auf sich allein gestellt erhalten.
- Die „Folgekosten“ im Sinne von Gutachtenerläuterungen, Rückfragen, Einsprüchen, Reklamationen, Anfragen von Behörden und Rechtsanwälten können wesentlich verringert werden, wenn der Kunde die gutachterliche Entscheidung zwar nicht gut findet, aber verstehen kann.
- Ein Kunde mit einer negativen Beurteilung ist immer auch ein potenzieller neuer Kunde. Ein Kunde mit einem negativen Begutachtungsergebnis wird wesentlich eher bereit sein, sich erneut bei der gleichen Begutachtungsstelle für Fahreignung begutachten zu lassen, wenn die Entscheidung für ihn nachvollziehbar ist und ihm im Gespräch (wie später auch im Gutachten) Maßnahmen und Perspektiven eröffnet werden, auf welche Weise er sein Ziel – Erhalt der Fahrerlaubnis – in Zukunft erreichen kann.

Darüber hinaus gehört es zu einer Untersuchung, die nach dem Grundsatz der Transparenz durchgeführt wird, dass nach abgeschlossener Datenerhebung zumindest das Ergebnis des psychologischen Teils der Untersuchung mitgeteilt wird. Da dem Psychologen i. d. R. die gesamte Befundlage noch nicht bekannt sein kann, weil medizinische Befunde aufgrund der notwendigen Laborarbeiten erst später bekannt werden, ist an dieser Stelle der Begriff „Sachstandsmitteilung“ vorzuziehen. Wenn der medizinische Befund bereits vollständig vorliegt, wie es bei Verkehrsrechtsverstößen meist der Fall ist, kann auch das Ergebnis mitgeteilt werden.

Bei ungünstiger Beurteilung soll eine Begründung für diese Entscheidung gegeben werden, weil andernfalls der Kunde von sich aus danach fragen würde.

Die Ergebnis- oder Sachstandsmitteilung ist für viele Gutachter schwierig und kostet Überwindung, da der Gutachter nun selbst unter Argumentationsdruck gerät, obwohl er die erhobenen Befunde noch nicht in ihrer Gesamtheit so weit geordnet hat, dass eine schnelle Rückmeldung möglich ist. Darüber hinaus spielen auch Überlegungen zur Zeitökonomie eine wichtige Rolle. Die Rückmeldung in diesem Bereich wird jedoch erleichtert, wenn sich der Gutachter auf die gemeinsamen „Spielregeln“ beziehen kann, also auf in der Eröffnungsphase vermittelte Sachverhalte (vgl. 5.1.1). Ebenso wird dieser Schritt des Explorationsgesprächs leichter, wenn in dessen Verlauf das Ergebnis bereits erkennbar und die Argumente des Gutachters transparent wurden, also wenn klare und deutliche Rückmeldungen erfolgt sind.

Unbedingt zu beachten ist, dass die Sachstandsmitteilung erst dann beginnen sollte, nachdem der Kunde ausdrücklich befragt worden ist, ob er noch etwas vorbringen möchte, was er für wichtig hält, aber noch nicht zur Sprache gekommen ist.

Jede Mitteilung eines ungünstigen Ergebnisses, das den Kunden unvorbereitet trifft, wird Widerstand hervorrufen und den Versuch einer „Verhandlung“ nach sich ziehen.

Der Gutachter muss sich also vor der Mitteilung des Sachstands seiner Argumente sicher sein. Ggf. sollte er deshalb eine „Bedenkzeit“ vereinbaren, um nicht bei unzulänglicher Vorbereitung Schiffbruch zu erleiden oder unnötig viel Zeit zu investieren. Wird dieses Vorgehen (Bedenkzeit) gegenüber dem Kunden erläutert, ist jedoch unbedingt darauf zu achten, dass die Zusage eines erneuten (kurzen) Gesprächs auch eingehalten wird.

5.1.5 Der Faktor „Zeit"

Unverkennbar ist der erhebliche Zeitaufwand für eine sorgfältig durchgeführte Exploration. Erkennbar ist aber ebenso, dass diese Zeit gut investiert ist. Eine sorgfältige Exploration verkürzt die notwendige Zeit zur Gutachtenerstellung, weil die Argumente nicht erst gesucht werden müssen. Weiter wird der Aufwand für Stellungnahmen zu Widerspruchsschreiben, Gutachtenerläuterungen und Telefonaten in dieser Sache deutlich geringer, insbesondere wenn eine Sachstands-/Ergebnismitteilung erfolgt ist.

Andererseits kann (und muss) der Gutachter selbst Einfluss auf die für das Explorationsgespräch erforderliche Dauer nehmen. Aus vorliegenden praktischen Erfahrungen zeigt sich, dass vor allem folgende Punkte wesentlichen Einfluss auf die Dauer des Explorationsgesprächs haben. Beschrieben ist jeweils, wie dieser Punkt möglichst zeitökonomisch gestaltet werden kann:

- Verzicht auf allzu breite Schilderung biografischer Details (*„falls nötig, kommen wir später noch einmal darauf zurück"*)
- Bei wiederholt vorgetragenen Sachverhalten des Kunden durch die Erklärung, dass dieser Punkt bereits registriert ist
- U. U. nochmaliges Erfragen von Informationen vermeiden, die der Kunde bereits schriftlich gegeben hat (diverse Fragebögen). Andererseits kann in einigen Bereichen, z. B. bei schriftlichen Angaben zum Trinkverhalten, trotzdem nicht auf eine Exploration dieses Bereichs verzichtet werden
- Stärkere Orientierung an den Hypothesen bzw. an den voraussichtlich entscheidenden Kriterien (z. B. bei früherem unbestreitbaren Alkoholmissbrauch Voranstellen der Frage nach gegenwärtiger Abstinenz und ggf. ihrer Stabilität, ohne zuerst ausführlich den Tathergang der Alkoholdelikte zu erfragen)
- In der Exploration zunächst den Status quo mit den gegenwärtigen Vermeidungsstrategien behandeln, bevor man in die Vergangenheit „abtaucht"; die notwendige „Tauchtiefe" lässt sich dann sicherer abschätzen (erfahrenen Gutachtern gelingt dies i. d. R. jedoch auch ohne

vorherige Ermittlung des Status quo mit den Informationen aus der Aktenanalyse)

- Gegebenenfalls Einigung darauf, dass ein (relativ junges) Vorgutachten als Gesprächsbasis genommen wird, mit der Möglichkeit für den Kunden, seine Auffassung zu „zweifelhaften" Punkten darzulegen

Diese Aufstellung ist eine Sammlung von Punkten nach einer Umfrage unter Gutachterkollegen. Es sei kein Hehl daraus gemacht, dass der Autor dieses Buches den letzten beiden Punkten – insbesondere aber dem letzten Punkt – außerordentlich kritisch gegenübersteht.

All dieses bedeutet letzten Endes, dass der Gutachter sich mit den anerkannten Regeln der Gesprächsführung identifiziert. Der Gutachter sollte nach abgeschlossener Ausbildung stets in der Lage sein, das Gespräch zu strukturieren und zu steuern.

Dem Gutachter sollte schließlich bewusst sein, dass die Exploration für den Kunden den sichtbaren Anteil seiner gutachterlichen Arbeit darstellt. Seine Überzeugung, eine geldwerte Leistung erhalten zu haben, lässt sich zweifelsohne eher durch eine ausführliche, zielführende Exploration erreichen als durch ein ausführliches, „wissenschaftlich begründetes" Gutachten nach einem sehr knapp gehaltenen Explorationsgespräch.

5.2 Fragestellung „Alkohol"

Umfeld des Alkoholkonsums

Beim Alkohol handelt es sich – zumindest im deutschen und wohl auch im europäischen Raum – um eine legale Volksdroge. Die Bürger Deutschlands liegen mit ca. 9,9 Litern reinem Alkohol pro Kopf und Jahr zweifellos im Spitzenfeld der Alkoholkonsumenten (Quelle: Tageszeitung „Die Welt" vom 20.01.2009: „Deutsche sind beim Alkoholkonsum Weltspitze"). Es ist also absolut berechtigt, wenn Alkohol als Volksdroge bezeichnet wird. Der Konsum von Alkohol findet in allen sozialen Schichten und in allen Bereichen des Lebens statt. Wenn auch der Konsum in unterschiedlicher Weise erfolgt, so sind die Auswirkungen letztlich doch vergleichbar.

Alkohol kann im deutschen Raum als traditionelle Droge bezeichnet werden, der Konsum hat eine jahrhundertealte Tradition und ist oft an örtliche Besonderheiten geknüpft (z. B. Weinbaugebiete, Brauerei oder Brennerei im Ort etc.), was die Art des „ortsüblichen“ Getränkes und z. T. auch die Trinkanlässe bestimmt. Alkoholkonsum ist traditionell verwurzelt und wird sozial gebilligt. Sogar negative Beeinträchtigungen und Folgen des Konsums werden weitgehend in Kauf genommen und in der Regel nicht sanktioniert. Im Gegenteil erfahren „starke Trinker“ aufgrund ihrer Alkoholfestigkeit unter Umständen sogar noch Anerkennung für ihre „Leistungen“, die als Ausdruck von Stärke, Männlichkeit und Erwachsensein wahrgenommen werden (andererseits halten starke Trinker sich auch überwiegend in einem Umfeld auf, wo genau diese Sichtweise vorherrscht).

Besondere Ereignisse „rechtfertigen“ darüber hinaus außergewöhnlich hohen Alkoholkonsum: Familienfeiern (insbesondere Hochzeiten, Geburtstage, Kindstaufen), Betriebsfeiern und -jubiläen, Vereinsveranstaltungen, Urlaub, Weinfeste, Dorfkirmes, Richtfeste, das gewonnene, verlorene oder auch unentschieden ausgegangene Fußballspiel oder auch einfach nur der Grillabend, die Männerrunde.

Negative Folgen des Alkoholkonsums stellen sich erst spät ein, oft erst, wenn nach objektiven Maßstäben bereits seit längerer Zeit Alkoholmissbrauch betrieben wurde.

Typische negative Folgen sind u. a.

- Abmahnungen des Arbeitgebers, was bereits ein deutlich fortgeschrittenes Stadium des Missbrauchs darstellt, da die Folgen des Alkoholmissbrauchs relativ lange über reguläre Krankmeldungen kompensiert werden können und Abmahnungen für den Arbeitgeber in der Regel erst möglich sind, wenn der Arbeitnehmer alkoholisiert am Arbeitsplatz in Erscheinung tritt.
- Hinweise durch den Arzt, z. B. aufgrund auffälliger Laborwerte, die anlässlich einer allgemeinen Untersuchung festgestellt wurden (Personen, die Alkoholmissbrauch betreiben, sind aufgrund zahlreicher resultierender Beschwerden häufiger beim Arzt). Die Hinweise durch den Arzt sind oft in freundschaftlich-verständnisvolle Worte gefasst, werden allgemein gehalten und werden vom Betroffenen als wenig verbindlich wahrgenommen. Er lässt dann mal zwei Wochen ein paar Bier weg, bis die Werte wieder in Ordnung sind.

- Streit mit dem Ehepartner (Problemverhalten wird durch den Partner aus Angst vor Auseinandersetzungen oder negativen Konsequenzen aber oft bis hin zur Co-Abhängigkeit mitgetragen).
- Hinweise aus dem sozialen Umfeld, die aber oft mit Hinweisen auf die besonderen Trinkanlässe abgewiesen werden („*ich konnte ja gar nicht anders*", „*war nur eine Ausnahme*", „*andere habe noch viel mehr getrunken*").

Die negativen Auswirkungen sind für den Betroffenen zwar lästig bis unangenehm, haben aber zunächst keine direkten, unmittelbaren Konsequenzen, die im täglichen Leben nicht mehr vordergründig kompensiert werden können, z. B. durch Vermeidung bestimmter Kontakte (dann bleiben die Ermahnungen wegen des vielen Trinkens aus), Weglassen von ein paar Bier (dann normalisieren sich die Leberwerte auch wieder) oder durch heimlichen Alkoholkonsum (hat ja keiner gemerkt).

Erst bei Auffälligkeiten im Straßenverkehr stellen sich Sanktionen mit großer Härte und aller Konsequenz ein. So ist ein verhängtes Fahrverbot oder gar ein Entzug der Fahrerlaubnis nicht nur ein Ereignis, durch das das Ansehen im sozialen Umfeld (von Ausnahmen abgesehen) schlagartig abfällt und das Häme und Genugtuung bei Außenstehenden hervorruft, sondern es hat erhebliche Konsequenzen im direkten privaten Umfeld. Die bis dahin selbstverständlich vorhandene Mobilität fällt schlagartig weg, ganze Lebensbereiche müssen von heute auf morgen anders organisiert werden. Am heftigsten trifft aber der Entzug der Fahrerlaubnis Personen, die beruflich darauf angewiesen sind, mit dem Auto unterwegs zu sein (Berufskraftfahrer, Außendienstler, Monteure, Handwerker, die zur Ausübung ihrer Tätigkeit an die Arbeitsstelle fahren müssen, Bewohner ländlicher Gebiete, die mit dem ÖPNV nicht zur Arbeit kommen können, körperlich Beeinträchtigte etc.).

Tatsächlich sind vom Entzug der Fahrerlaubnis aufgrund von Alkoholdelikten überwiegend Männer betroffen. Gründe hierfür mögen u. a. sein, dass Männer öfter außer Haus trinken, Frauen tendenziell eher zu Hause oder im privaten, geschützten Rahmen. Männer haben somit nach Alkoholkonsum häufiger das Problem, „nach Hause kommen zu müssen". Letztlich sagt dies wenig darüber aus, ob Männer grundsätzlich öfter ein Alkoholproblem haben als Frauen oder ob dieses aufgrund der unterschiedlichen Lebensbedingungen/Trinksituationen eher öffentlich in Erscheinung tritt. Es gibt Anhaltspunkte dafür, dass Frauen eher zu Medikamentenmissbrauch neigen (ohne dass der Autor hierfür über gesichertes Datenmaterial verfügt).

Aus psychologischer Sicht haben wir es im Kontext der MPU bei den alkoholauffälligen Kraftfahrern mit einer relativ homogenen Gruppe zu tun, die im Wesentlichen durch zwei Typen bestimmt ist:

Typ 1 (Problemtrinker): Verdrängung, Ausweichen vor Problemen, Frusttrinken, Vermeidung von Auseinandersetzungen, abtauchen, die Suche nach dem Rausch, um zu vergessen. Typisch auch: *„will einfach meine Ruhe haben"*, Alkohol als Mittel zum „Problemlösen", hin und wieder auch „Protesttrinken" in dem Sinne: *„wenn du nicht machst, was ich mir wünsche, betrinke ich mich"*.

Willkommene Auswirkung des Alkoholkonsums bei dieser Gruppe: Der erwünschte Effekt bei Alkoholkonsum stellt sich zuverlässig ein. Er ist – wenn auch um den Preis einer Dosissteigerung – beliebig wiederholbar.

Typ 2 (geselliger Trinker): in gute Stimmung kommen, Geselligkeit, Feiern, der besondere Anlass wird durch den Alkoholkonsum noch einmal aufgewertet, auch Belohnungstrinken aufgrund einer guten erbrachten Leistung, z. B. Vertragsabschluss bei Außendienstlern. Geselliger Typus, oft auf Feiern und Veranstaltungen gern gesehen, sorgt für gute Stimmung, fehlt umgekehrt auch auf keiner Feier.

Willkommene Auswirkung des Alkoholkonsums bei dieser Gruppe: Die Euphorisierung durch den Alkoholkonsum wird schon aufgrund der ausgewählten Trinkanlässe sicher erreicht (meist erfreuliche Anlässe, wenn es „einen Grund zum Feiern gibt").

Mit zunehmendem Alkoholkonsum, den daraus resultierenden Folgen und Beeinträchtigungen besteht die Gefahr, dass Geselligkeitstrinker zunehmend auch zu Problemtrinkern werden (die Anzahl der Trinkanlässe vergrößert sich, Trinkanlässe werden gesucht und immer unkritischer akzeptiert, die konsumierten Mengen werden größer, die Getränke werden hochprozentiger). Dass es sich dabei anfangs noch um „edle Getränke" handelt, spielt aus diagnostischer Sicht keine Rolle.

Was ist aus gutachterlicher Sicht herauszuarbeiten?

Es ist davon auszugehen, dass bei Kraftfahrern, welche die Zuweisungskriterien für eine MPU erfüllen, auf jeden Fall ein hochproblematischer Umgang mit Alkohol besteht und daher die akute Gefahr weiterer Trunkenheitsfahrten vorliegt. Daher ist eine grundlegende Auseinandersetzung mit der Problematik des vorliegenden Alkoholkonsums erforderlich, die im Ergebnis auf eine der folgenden drei Möglichkeiten hinausläuft, wenn die Kraftfahrereignung als wiederhergestellt angesehen werden soll (auf Grundlage der aktuell geltenden Beurteilungskriterien, Auflage 2009):

- Kontrollierter Alkoholkonsum (kontrolliertes Trinken)
- Völliger Verzicht auf Alkohol (Alkoholabstinenz)
- Freiwilliger Alkoholverzicht (seit der zweiten Auflage der Beurteilungskriterien (BK) möglich, trifft zu bei Personen, bei denen zwar noch keine voll entwickelte Abhängigkeit diagnostiziert werden kann, die aber in Trinksituationen schnell die Kontrolle über den eigenen Alkoholkonsum verlieren; ein sehr seltener, sehr geringer Alkoholkonsum zu besonderen Ereignissen ist diesem Personenkreis dennoch möglich)

Selbstverständlich ist es erforderlich, dass die erzielten Verhaltensänderungen als überdauernd, als stabil anzusehen sind. Bei einem Kunden mit einer entwickelten Alkoholabhängigkeit, der auf die gutachterliche Frage, wie lange er denn die derzeit praktizierte Alkoholabstinenz aufrechterhalten wolle, antwortet: „Für immer und ewig erst mal“, kann davon eher nicht ausgegangen werden.

Arbeitsweise:

Hypothesen, Kriterien und Indikatoren, die für die gutachterliche Bearbeitung von Alkoholfragestellungen grundlegend sind, sind sehr gut in den Beurteilungskriterien dargestellt. Eine Wiederholung an dieser Stelle erfolgt daher nicht. Das dort niedergelegte Wissen ist als gesichert im Sinne der Fahreignungsdiagnostik anzusehen. Sicherlich gibt es im Zuge der Weiterentwicklung therapeutischer Verfahren immer wieder neue Ansätze und Methoden, die noch keinen Eingang in die BK gefunden haben. In diesen Fällen kann der Gutachter – nach sorgfältiger Recherche – u. U. von den BK und den dort niedergelegten Kriterien abweichen. Die Begründung im Rahmen eines Gutachtens ist jedoch aufwendig, die Akzeptanz der gutachterlichen Entscheidung bei Kontrollinstanzen (BASt) darüber hinaus nicht zwangsläufig gegeben.

Probleme bei der Exploration von Alkoholfragestellungen:

Dissimulation

Mehr als andere Tätergruppen neigen alkoholauffällige Kraftfahrer dazu, das bestehende Problem zu verleugnen, konkrete Nachfragen ausweichend zu beantworten, den eigenen Konsum herunterzuspielen, zu relativieren, oft mit dem Hinweis, andere hätten noch viel mehr getrunken. Konkrete, nachvollziehbare und gutachterlich verwertbare Angaben werden häufig erst auf eindringliches Nachfragen, auf Konfrontation hin gegeben.

Als Explorationstechniken bieten sich an:

- Sonnenblumentechnik
- Auf Körperhaltung achten (Tendenz zu verschließenden Gesten bei unrealistischen Angaben)
- Konfrontation

Weitere Techniken sind abhängig vom Gesprächsverlauf.

Vorbereiteter Kunde

Die Beurteilungskriterien sind veröffentlich und somit auch für auf die MPU vorbereitende Personen und Institutionen zugänglich. Es gibt Hinweise darauf, dass Kunden systematisch für die Beantwortung der dort niedergelegten Kriterien und Indikatoren in der Begutachtungssituation trainiert werden. Die Tendenz zu dieser „Vorbereitungstechnik" ist umso größer, je mehr die vorbereitende Institution dem Typ B zuzuordnen ist (vgl. Kap. 3.6 „Der vorbereitete Kunde"). Ein seriös arbeitender Therapeut oder eine seriös arbeitende Organisation hat derartiges Training dagegen sicher nicht nötig und nutzt die Zeit der Intervention für den Betroffenen sinnvoller.

Als Gegenmaßnahmen bieten sich Gesprächstechniken aus dem Kapitel 3.4 an. Darüber hinaus sollte sich der Gutachter von Fragen lösen, die sich direkt aus den in den Beurteilungskriterien benannten Hypothesen und Indikatoren ableiten lassen, oder gar die Indikatoren wörtlich selbst abfragen. Während der Exploration sollte er auf „emotionales Mitschwingen" achten.

Anzeichen für einen drohenden Rückfall in das Problemverhalten

Der folgende Text basiert auf einer Arbeit des Fachpsychologen für Verkehrspsychologie Jan Wildermut (Genthin), der diese Ausarbeitung auf eine Anfrage des Autors hin spontan zur Verfügung gestellt hat, wofür ihm an dieser Stelle ausdrücklich gedankt sei.

Die Beurteilung der Gefahr eines Rückfalls in früheres Verhalten ist im Verlauf der Begutachtung eine wichtige Aufgabe des Gutachters. Die Betrachtung der Problematik eines Rückfalls bezieht sich hier nicht nur auf Personen mit einem entwickelten Abhängigkeitsverhalten, sondern umfasst auch das Konsumverhalten im Sinne eines kontrollierten Umgangs, denn auch der missbräuchliche Konsument eines Suchtmittels kann rückfällig werden im Sinne des Wiederauflebens alter, missbräuchlicher Trinkverhaltensweisen.

Zum Verstehen der Rückfallproblematik gehört die Unterscheidung zwischen Lapse und Relapse. Der „unechte Rückfall", genannt Lapse, stellt einen wiederholt missbräuchlichen oder abhängigen Konsums dar. Der Betroffene fällt dabei jedoch nicht in alte sucht- bzw. konsumspezifische Verhaltensweisen zurück. Beim Relapse – einem „echten Rückfall" – kommt es ohne eine Notbremse zum mehrmaligen und wiederholten Konsum in Verbindung mit dem Wiederaufleben alter sucht- und konsumspezifischer Verhaltensweisen.

Die folgende Aufstellung erhebt nicht den Anspruch der Vollständigkeit, gibt jedoch einen relativ umfassenden Überblick über Rückfallindikatoren und dem Gutachter sicherlich auch Anregungen für eine Einbindung in das Explorationsgespräch.

- **Gedanken daran, einen Ort oder eine Person aufzusuchen, wo mit Suchtmitteln umgegangen wird**
  Der Betroffene weiß, dass dort Suchtmittel verfügbar sind. Man trifft mal wieder „gute Freunde" (die Verständnis für die Situation des Betroffenen haben) und die einem mitfühlend etwas anbieten und die auch mal „einen Doppelten mehr ins Glas tun".

- **Fehlende Abgrenzung von automatisierten Denkmustern**
  Es kommt zu gedanklichen Irrungen wie: *„Wenn bei mir Fußball geschaut wird, muss genügend Alkohol da sein."* Oder: *„Ein Bier (mehr) zum Feierabend ist auch nicht so schlimm."* Diese alten Denkstrukturen

sind gerade im Falle einer Suchtmittelabhängigkeit tief im Gedächtnis abgespeichert. Der Klient wiegt sich u. U. trotzdem noch in Sicherheit, denn: *„Ein Gedanke ist ja noch lange keine Handlung.“*

- **Tendenz zur Belohnung mit dem Suchtmittel**
  Weil man etwas Besonderes geschafft hat, kann man ja vielleicht doch mal wieder ... Die Gefahr eines solchen Rückfalls ist umso größer, je weniger der Klient es gelernt hat, auf Belohnungsalternativen zurückzugreifen.

- **Schleichende Zunahme des Suchtverlangens**
  Es besteht der Wunsch nach nur noch einmaligen Konsum. Als Motiv wird oft genannt: *„Um zu sehen, ob es noch gleich schmeckt.“* Oder: *„Ob der Joint noch genauso dröhnt.“*

- **Verleugnung der eigenen Konsumvergangenheit**
  Egal, ob Missbrauch oder Abhängigkeit von einem Suchtmittel, die Vergangenheit wird bagatellisiert oder schöngeredet: *„So schlimm war das doch gar nicht.“* Das frühere Konsumverhalten wird nicht mehr hinterfragt, das Sicherheitsgefühl überwiegt, und der Klient hat *„eigentlich gar kein Problem gehabt“*.

- **Suchtverlagerung**
  So verlagert der Drogenkonsument seinen Konsum auf ein legales Suchtmittel, z. B. den Alkohol. Ebenfalls beliebt sind drogenähnlich wirkende Medikamente, z. B. Ritalin oder Codein, oder ein Ausweichen auf gerade angesagte, synthetische Mittel: *„Die können (noch) nicht nachgewiesen werden“*, was den Betroffenen durchaus bekannt ist. Teilweise zeigt sich ein deutlicher Mehrkonsum an Nikotin oder Koffein, der jedoch vor allem bei ehemalig nassen Alkoholabhängigen zu beobachten ist und daher immer einer differenzierten Analyse unterzogen werden muss, bevor er eventuell als Indikator eines drohenden Rückfalls angesehen werden kann.

- **Unrealistische Einschätzung der eigenen Möglichkeiten**
  Klienten, die eigene Möglichkeiten nicht realistisch einschätzen können und sich kaum oder niemals erreichbare Lebensziele im beruf-

lichen oder privaten Kontext setzen, laufen Gefahr, wiederholt enttäuscht zu werden. Der Impuls, die als unbefriedigend empfundene Situation durch erneuten Suchtmittelkonsum zu bewältigen oder zu vergessen, wird entsprechend häufig und intensiv auftreten. Unter Umständen werden solche Situationen sogar absichtlich erzeugt, um einen erneuten missbräuchlichen oder abhängigen Konsum vor sich selbst zu rechtfertigen. Insbesondere bei Drogenabhängigen ist diese Sichtweise häufiger anzutreffen (*„bin ja noch jung, mir stehen noch alle Möglichkeiten offen“*, wobei nicht mal ein Hauptschulabschluss vorliegt).

- **Physische und/oder psychische Überforderung (vgl. auch den vorhergehenden Punkt)**
  Gerade zu Beginn einer abstinenten Lebensweise oder eines kontrollierten Umgangs mit dem Suchtmittel besteht die Gefahr eines solchen Verhaltens. Nach anfänglichen Erfolgserlebnissen meint der Klient nunmehr, dass er selbst eine Selbsthilfegruppe leiten könne. Auch das Bestreben, Schuldgefühle aus der vorhergehenden Zeit des Konsums zu kompensieren, verbreitete negative Einflüsse wiedergutzumachen, kann auslösend für ein Überforderungsverhalten sein. Warnende Hinweise aus dem Umfeld werden in solchen Situationen von den Betroffenen oft ignoriert.

- **Alles mit sich selbst ausmachen**
  Sei es im privaten oder im beruflichen Umfeld, die Klienten ziehen sich von der Lösung eines Problems zurück, suchen weder Hilfe, noch nehmen sie welche an. Emotionales Erleben wird ignoriert, die Fähigkeit, zu seinen Gefühlen zu stehen und diese auch zu reflektieren, wird verlernt. Somit entfällt eine wichtige Grundlage für eine stabile Verhaltensänderung, da emotionales Erleben durch den Suchtmittelkonsum erneut blockiert/verfälscht wird.

- **Sich selbst und anderen etwas vorspielen**
  Nach der Verhaltensänderung „ist alles in Ordnung im Leben, und man hat alles im Griff“. Nichts soll mehr an das frühere Problemverhalten erinnern. Da „jetzt alles gut ist“, werden neue Probleme, wie sie in jedem normalen Leben auftauchen, ignoriert. Eine Reflexion

oder Auseinandersetzung mit den eigenen Gefühlen/Emotionen findet nicht statt.

- **Eingetretener Lapse**
  Dieses Signal muss sicher als das Warnsignal per se angesehen werden, da hier bereits mit dem einmaligen erneuten Konsum des Suchtmittels die Gefahr besteht, wieder und wieder zu konsumieren. Die Chance für einen positiven Ausgang (es bleibt bei diesem Lapse) beträgt lediglich 50%.

5.3 Fragestellung „Drogen- und Medikamentenmissbrauch"

Umfeld des Drogenkonsums:
Im Vergleich zum Alkohol – der ebenfalls als Droge anzusehen ist – handelt es sich bei den in diesem Kapitel als „Drogen" bezeichneten Stoffen um Substanzen, die auf legalem Weg in Deutschland nicht erhältlich sind. Zwar existieren medizinische Indikationen, bei denen die Behandlung mit einigen dieser Stoffe sinnvoll und zulässig ist, der Handel und Vertrieb ist jedoch streng geregelt, und es gibt keine Möglichkeit, diese Stoffe legal zu konsumieren, wenn diese Indikationen nicht vorhanden sind.

Die bekanntesten (illegalen) Drogen sind Cannabisprodukte, LSD, Amphetamine, Ecstasy, Kokain, Heroin. Die Drogen werden in unterschiedlichen Formen und Szenebezeichnungen angeboten und auf verschiedene Art konsumiert. Hierbei sind durchaus zeitlichem Wandel unterliegende Trends zum Konsum bestimmter Substanzen festzustellen. Hinzu kommen „Neuentwicklungen", die den „Markt" erreichen und sich hin und wieder auch durchsetzen, oft vertrieben mit dem Argument, dass ein andere, „neue" Wirkung zu erwarten ist und/oder sich der Rauschmittelkonsum mit den bisher üblichen Verfahren nicht nachweisen lasse. In jüngerer Zeit erreichten „Spice"-Mischungen mit synthetischen Cannabinoiden den Markt – mit starker Wirkung und mit den bis dato verwendeten Methoden nicht sicher nachweisbar. Aber auch bekannte Drogen wie Cannabis werden „weiterentwickelt". Neue Züchtungen enthalten im Vergleich zu früher die 20- bis 30-fache Menge an berauschenden Substanzen. Zum Vergleich: Der Alkoholgehalt von Schnaps im Vergleich zum Bier ist ungefähr zehnfach erhöht (Bier ca. 4%, Schnaps ca. 40%). Spätestens seit die Cannabissorte „Dutch Skunk" gezüchtet wurde und auf dem Markt verfügbar ist (nicht zwangsläufig unter dieser Bezeichnung), kann auch bei Marihuana nicht mehr von einer „leichten Droge" gesprochen werden.

Drogenkonsumenten gehören einer Subkultur an. Erste Vorerfahrungen werden oft mit Nikotin, Medikamenten und Alkohol gemacht, die als die eigentlichen Einstiegsdrogen anzusehen sind (und nicht erst Cannabis, wie oft in den Medien behauptet). Die Bereitschaft, illegale Drogen zu konsumieren, wird sehr stark durch das soziale Umfeld beeinflusst (soziales Milieu, erlebter Gruppenzwang, Anpassung) und setzt eine besondere Risikobereitschaft voraus. Die nur illegal erhältlichen Substanzen sind in ihrer Zusammensetzung und in ihrem Wirkstoffgehalt nicht deklariert, die Wirkung daher ist nicht vorhersehbar. Diese Risikobereitschaft ist bei Jugendlichen allerdings oft vorhanden, zusammen mit der Tendenz, sich gegen Autoritätspersonen und gesellschaftliche Normen (Eltern, Lehrer, Ausbilder, Leistungsanforderungen etc.) abzugrenzen. Diese Tendenzen lassen allerdings im Laufe des Lebens wieder nach, was dazu führt, dass die Gruppe der Drogenauffälligen in der MPU eher im jüngeren Erwachsenenalter in Erscheinung tritt.

Drogenwirkungen lassen sich grob in drei Kategorien einordnen. Für den Bereich der MPU ist dies insofern von Bedeutung, als sie dem Gutachter wichtige Hinweise auf Charakteristika der zu begutachtenden Klienten sowie sinnvolle therapeutische Maßnahmen geben können.

Dämpfende Drogen (Opiatgruppe, inkusive Heroin, diverse Medikamente wie Schmerzmittel, Schlafmittel, Tranquilizer)

Wirkung: Glücksempfinden, Flucht in Traumwelt, Realität tritt zurück bzw. wird nicht mehr als bedrohlich empfunden.

Risiken: Sehr hohes Suchtpotenzial (insbesondere Opiatgruppe) mit allen Folgen, die sich aus dem resultierenden Beschaffungszwang ergeben.

Halluzinogene (Cannabis, LSD, diverse Pilze und Pflanzen)

Wirkung: Anreicherung von Sinneseindrücken, Wahrnehmungsverschiebung (gefühlte Farben, farbige Worte, surreale Traumszenen, Fantasiewelten).

Risiken: Große Müdigkeit nach Abklingen der Wirkung, Gleichgültigkeit, Gefahr des Auslösens von Psychosen oder anderen psychischen Ausnahmezuständen. Abgeklärtheit und Weltverbesserungsideen.

Anregende Substanzen (Amphetamin und Methamphetamin, XTC, Kokain, auch Crack)

Wirkung: Leistungssteigernd, verhindern Ermüdung, extremes Aktivitätsniveau, Allmachtsgefühle

Risiken: Gewalt- und Aggressionsbereitschaft, Neigung zu Verbrechen, ausgeprägte psychische Abhängigkeit, Dosissteigerung, Suizidtendenzen. Wirkung jeweils nur kurz, bei Abklingen der Wirkung depressive, dysphorische Stimmung, Verfolgungswahn, Angstgefühle, Auslösung von psychischen Ausnahmezuständen.

Bei einem nennenswertern Anteil von Drogenkonsumenten ist von einem Mischkonsum auszugehen. In einer Exploration ist diese Frage unbedingt detailliert abzuklären, auch wenn die Klienten aktenkundig lediglich unter dem Einfluss einer Substanz aufgefallen sind. Auch paralleler Konsum von Alkohol ist als Mischkonsum anzusehen.

Motive für Mischkonsum sind unterschiedlich. Die Spannweite reicht von der Freude am Experimentieren über den zielgerichteten Einsatz unterschiedlicher Drogen zum Einschlafen, zur Leistungssteigerung, zum Bekämpfen der negativen Auswirkungen des Konsums der einen Droge durch den Gebrauch einer anderen (so nutzen Kokainkonsumenten oft Cannabis, um die negativen Auswirkungen des abklingenden Kokainrausches zu kompensieren, bis hin zum erfahrenen Drogenkonsumenten, der es eigenen Angaben nach genießt, den Wettstreit in der Wirkung der konsumierten Drogen zu erleben, und es toll findet, *„wie mal die eine, mal die andere Droge die Oberhand gewinnt“*.

Es ist nachvollziehbar und bedarf an dieser Stelle keiner ausführlichen Begründung, dass die Kraftfahrereignung im Zustand der akuten Drogenintoxikation, aber auch in der Phase des Entzugs (bei Substanzmangel) nicht gegeben sein kann.

Negative Auswirkungen des Drogenkonsums (wenn es nicht beim Probierkonsum geblieben ist) stellen sich deutlich schneller als beim Alkoholkonsum ein. Am gravierendsten sind zunächst schwerwiegende Persönlichkeitsveränderungen: Lustlosigkeit, aggressive oder depressive Verstimmung, starke Selbstbezogenheit, mangelndes Interesse an anderen Menschen, abnehmende Leistungsbereitschaft. Immunisierung des Drogenkonsums durch ideologisch geprägte Argumente (*„jede Kultur hat ihre Rauschmittel“*, *„natürliche, weil pflanzliche Drogen sind nicht so schlimm wie Alkohol“* etc.), wobei die Betroffenen selbst keinen Leidensdruck verspüren. Hinzu kommt Unruhe, wenn die Droge nicht sicher verfügbar ist. Der Übergang zur Abhängigkeit erfolgt als Prozess, wobei der Betroffene die Abhängigkeit zunächst nicht bemerkt und Entzugssymptome anfangs nur in sehr geringem, kaum merklichem Maße auftreten. Dem Selbstempfinden nach könnte der Betroffene noch aufhören – wenn er wollte, aber heute gerade nicht – später, – ganz sicher morgen – wird er aufhören – nur dieses eine Mal noch.

Der Konsum von illegalen Drogen ist sehr schnell deutlich teurer als der von legalen Substanzen, die ebenfalls Suchtpotenzial haben. Die finanziellen Reserven brauchen sich schnell auf, geldbringende Objekte im privaten Besitz sind bald veräußert, wenn die Konten geplündert und der Dispokredit ausgereizt sind. Niemand leiht einem mehr Geld. Der Konsum wird jetzt durch kriminelle Aktivitäten (Scheckfälschung, Kreditkartenbetrug, Gelegenheitsdiebstähle) und Prostitution finanziert. Das bisherige soziale Umfeld bricht zusammen, neue „Bekanntschaften“ ergeben sich, Drogen werden aus immer zweifelhafteren Quellen akzeptiert und konsumiert, negative gesundheitliche Folgen stellen sich ein.

Typische negative Auswirkungen, die sich oft schon durch Aktenanalyse oder in der Exploration erheben lassen, sind u. a.:

- Familiäre Auseinandersetzungen, Streit mit den Eltern, Rückzug von familiären Ereignissen, drängenderes Nachfragen der Eltern, Vorschlag einer Suchtberatung durch die Eltern, ein einzelner wahrgenomme-

ner Termin dort (oft noch bescheinigt), Rauswurf aus der elterlichen Wohnung
- Zunehmende Fehlzeiten in der Schule, Ausbildung. Gefährdung von Schul- und Ausbildungsabschlüssen, Abmahnungen des Arbeitgebers (wenn ein Arbeitsverhältnis bestanden hat oder noch besteht)
- Häufige Arztbesuche aufgrund von Folgekrankheiten wie Bronchitis, weitere HNO-Symptome, Hautinfektionen, Hepatitis, Abmagerung, Arztbesuche aber auch, um einschlägige Medikamente zu bekommen, die als Suchtmittel oder zur Kompensation bei fehlendem Suchtmittel eingesetzt werden können
- Unkalkulierbare Reaktionen, „grundloses" hochaggressives Verhalten ohne jeden nachvollziehbaren Anlass, Ausleben von Allmachtsfantasien, Start völlig überzogener Aktivitäten, Unfähigkeit zur Konzentration auf eine Sache (insbesondere bei Amphetamingruppe, Kokain), Ideologien zur Weltverbesserung
- Bei Personen, die beruflich Entscheidungen treffen müssen: impulsives, für andere nicht nachvollziehbares Handeln, sprunghaft, unangekündigte Abwesenheit (bei leistungssteigernden Drogen)
- Integration in die Drogensubkultur, einziges Ziel ist die Beschaffung der nächsten Konsumeinheit

In der MPU treten völlig desozialisierte, entwurzelte Klienten kaum auf. Zu tun hat man es als Gutachter eher mit Personen, die es mehr oder weniger erfolgreich geschafft haben, ein Leben in der Parallelwelt zu realisieren.

Anders als bei der Droge „Alkohol" treten Konsequenzen des Drogenkonsums – abgesehen von der veränderten Dynamik der Konsumentwicklung – deutlich schneller und stärker auf als beim Alkoholkonsum. Für den Bereich des Straßenverkehrs ist markant, dass bereits die Tatsache bestehenden illegalen Drogenkonsums die zuständige Straßenverkehrsbehörde zu Maßnahmen zur Überprüfung der Kraftfahrereignung veranlassen kann, ohne dass es vorher zu Auffälligkeiten unter Drogeneinfluss im Straßenverkehr gekommen sein muss.

Aus psychologischer Sicht haben wir es im Kontext der MPU bei den Drogenkonsumenten im Wesentlichen mit den drei bereits oben beschriebenen Substanzgruppen zu tun, von denen jede für sich ein typisches Klientel besonders anspricht.

Was ist aus gutachterlicher Sicht herauszuarbeiten?

Am Ende der Exploration sollte der Gutachter in der Lage sein, den Klienten einem der in den Beurteilungskriterien unterschiedenen Konsummuster zuzuordnen:

- Drogengefährdung
- Fortgeschrittene Drogenproblematik
- Drogenabhängigkeit

Im Falle von Cannabis ist erweitert zu überprüfen, ob der Klient in der Lage ist, Cannabiskonsum einerseits und Autofahren andererseits sicher zu trennen. In diesem Fall ist die Kraftfahrereignung trotz des gegebenen Cannabiskonsums aus juristischer Sicht gegeben.

Grundsätzlich ist Letzteres aus fachpsychologischer Sicht als problematisch anzusehen. Die Gründe dafür sind folgende: Es gibt anders als beim Alkohol kein in dem Maße gesichertes Wissen zum Abbau der Cannabiswirkstoffe. Weiter besteht im Falle von Cannabis keine lineare Dosis-Wirkungs-Beziehung. Es scheint im Gegenteil so zu sein, dass die Rauschwirkung gegen Ende der Wirkdauer, wenn die Substanz also schon weitgehend abgebaut ist, sogar als besonders intensiv erlebt wird. Weiter ist dem Konsumenten nicht bekannt, welche Wirkstoffkonzentration die von ihm konsumierte Substanz enthält. Eine Berechnung, wann nach vorangegangenem Cannabiskonsum ein Kraftfahrzeug wieder geführt werden darf, scheitert also nicht nur an dem nicht sicher vorhandenen Wissen über Cannabisabbau und der nicht lineraren Dosis-Wirkungs-Beziehung, sondern schon daran, dass dem Betroffenen die Menge des konsumierten und aufgenommenen Wirkstoffes gar nicht bekannt ist. Somit besteht keine gesicherte Ausgangslage für eine Berechnung. Tatsächlich erscheint – auch wenn die Rechtslage eine positive Begutachtung im Fall des gelegentlichen Konsums und einer gegebenen sicheren Trennung von Konsum und Fahren eines Kfz zulässt und der gegebene Sachverhalt in der Hypothese D4 der Beurteilungskriterien (2009) formuliert ist – eine Begutachtung mit für den Betroffenen positiven Ausgang außerordentlich selten vorzukommen, wenn der Betreffende die Trennung von Cannabiskonsum und Fahrzeugführung praktizieren will (vgl. hierzu auch in Born & al. 2010 das „Protokoll der Diskussion – Themenschwerpunkt Drogen", S. 144 f.).

Im Falle des Konsums von anderen illegalen Drogen (alle außer Cannabis, wie oben beschrieben) ist eine umfassend drogenabstinente

Lebensweise zu fordern. Die Anforderungen an diesen Nachweis richten sich dabei nach dem Ausmaß des Problemverhaltens. Zusammenfassend nach den Beurteilungskriterien, zweite Auflage (2009), sind folgende Kriterien zu berücksichtigen[19]:

Drogengefährdung (Hypothese D3):
- Häufiger oder gewohnheitsmäßiger Konsum von Cannabis und nur „gelegentlich" eine Droge mit einer höheren Suchtpotenz und Gefährlichkeit als Cannabis
- Kompetenz, auf negative Folgen des Drogenkonsums angemessen zu reagieren, ist noch vorhanden
- Hypothesen D1 bzw. D2 dürfen nicht zutreffen

Günstige Prognose bei Drogenfährdung setzt voraus:
- Nachweis der Drogenabstinenz (nicht weniger als drei Monate zum Zeitpunkt der Begutachtung)
- Ausreichende Motivation für dauerhafte Drogenabstinenz
- Ausreichend langer Zeitraum der Drogenabstinenz
- Keine Hinweise auf besondere Risikofaktoren, die einen Rückfall begünstigen

Fortgeschrittene Drogenproblematik (Hpothese D2):
- Extern diagnostiziert (Substanzmissbrauch nach DSM-IV)
- Konsum mit „problematischer Motivation" und fehlendes Bedürfnis zur Wirkungskontrolle
- Polyvalenter Drogenkonsum (auch) von als hoch suchtpotent bekannten Drogen

Günstige Prognose bei fortgeschrittener Drogenproblematik setzt voraus:
- Kein aktueller Drogenkonsum und zusätzlich Nachweis der Drogenabstinenz

19 Diese Zusammenfassung berücksichtigt naturgemäß nicht alle Feinheiten der BK. Diese Vorgaben aus den BK können von den Behörden der Bundesländer per Richtlinie außer Kraft gesetzt und durch länderspezifische Vorgaben ersetzt werden.

- Suchttherapeutische Maßnahme, Psychotherapie oder fachliche Beratung haben eine persönliche Voraussetzung zur stabilen Abstinenz geschaffen, die bereits **„von ausreichender Dauer"**[20] ist
- Dauerhafte und tragfähige innere Distanzierung vom Drogenkonsum
- Bestehende Drogenabstinenz wird von günstigen Faktoren im Sozialverhalten und im sozialen Umfeld gestützt

Drogenabhängigkeit (Hypothese D1):
- Extern diagnostiziert (nach ICD oder DSM in der jeweils aktuellen Fassung)
- Intern aus den bei der MPU erhobenen Befunden abzuleitbar

Günstige Prognose setzt voraus:
- Kein aktueller Drogenkonsum und zusätzlich Nachweis der Drogenabstinenz
- **Ein Jahr** nach stationärer Maßnahme ohne Berücksichtigung eventueller Nachsorgekontakte (und Alkoholverzicht).
- **Mindestens sechs Monate** nach Beendigung der Therapie bei besonders günstigen Umständen (sozial, beruflich, intrinsisch motiviert etc.)
- **Mindestens sechs Monate** nach ambulanter Therapie, wenn bereits vor Beginn der Maßnahme eine längere Drogenabstinenz vorlag, insgesamt „nennenswert länger als ein Jahr"
- **„Nennenswert länger als ein Jahr"** bei ambulanter Langzeitmaßnahme, dabei mindestens zwölf Monate seit Beginn der Therapie
- **„Nennenswert länger als ein Jahr",** wenn keine suchtspezifische Aufarbeitung erfolgt ist und wenn Drogenabstinenz forensisch gesichert nachgewiesen wird (Urinscreening/Haaranalyse)

Arbeitsweise des Gutachters:

Hypothesen, Kriterien und Indikatoren, welche für die gutachterliche Bearbeitung von Drogenfragestellungen grundlegend sind, sind über die oben gegebene Zusammenfassung hinaus sehr gut in den Beurteilungskriterien dargestellt. Eine Wiederholung der Details an dieser Stelle erfolgt

20 Wird in den BK, 2. Auflage, zeitlich spezifiziert.

daher nicht. Das dort niedergelegte Wissen ist als gesichert im Sinne der Fahreignungsdiagnostik anzusehen. Sicherlich gibt es auch im Zuge der Weiterentwicklung therapeutischer Verfahren immer wieder neue Ansätze und Methoden, die noch keinen Eingang in die Beurteilungskriterien gefunden haben. In diesen Fällen kann der Gutachter – nach sorgfältiger Recherche – u. U. von den Beurteilungskriterien und den dort niedergelegten Kriterien abweichen. So tauchen Selbsthilfegruppen oder therapeutische Wohngemeinschaften in den Beurteilungskriterien als Begriff überhaupt nicht auf. Dennoch können diese Einrichtungen unbestritten für die Betroffenen einen ganz wesentlichen Beitrag zur Verhaltensänderung und -stabilisierung leisten. Die Begründung im Rahmen eines Gutachtens ist jedoch aufwendig, die Akzeptanz der gutachterlichen Entscheidung bei Kontrollinstanzen oder Gerichten darüber hinaus nicht zwangsläufig gegeben.

Probleme bei der Exploration von Drogenfragestellungen:
Klienten, die mit Drogendelikten auffallen und in der MPU vorstellig werden, haben es i. d. R. geschafft, erfolgreich ein Leben in zwei verschiedenen Welten zu realisieren (normales Leben versus Leben in der Drogensubkultur) und dieses jahrelang vor der Umwelt zu verheimlichen. Es ist davon auszugehen, dass diese Personen geistig sehr beweglich und sehr geübt im Vorspiegeln falscher Tatsachen sind. Ein Leben unter den benannten Umständen setzt das voraus. Übliches Verhalten, welches im normalen Gespräch z. B. Vertrauen, Zustimmung, Offenheit signalisiert, wird von diesem Personenkreis vielfach routinemäßig eingesetzt, um persönliche Ziele zu erreichen. Dass diese Verhaltensweisen, die sich in der Vergangenheit für den Betroffenen bewährt haben, um seine persönlichen Ziele zu erreichen (Geld für Drogenbeschaffung, Ausreden, um Auswirkungen des Drogenkonsums durch andere Umstände zu rechtfertigen, Überzeugungsarbeit, damit andere Personen einem diverse Gefallen tun), auch in der Situation der MPU angewendet werden, versteht sich nahezu von selbst.

Grundsätzlich gilt im Falle von Drogenfragestellungen mehr als bei allen anderen Fragestellungen: Entscheidende Schritte auf dem Weg zur Drogenfreiheit immer belegen lassen, nie einfach nur glauben, weil es so überzeugend vorgetragen wurde.

Nachvollziehbarkeit und Realitätsnähe der Angaben zum Drogenkonsum sind akribisch zu explorieren, da nur so überprüft werden kann, ob die Angaben des Betroffenen überhaupt das Kriterium H0 erfüllen. Insbesondere im Falle von Cannabiskonsum sind Wochentag, Uhrzeit des letzten Konsums, Tatzeitpunkt und Zeitpunkt der Probenentnahme präzise zu ermitteln, um die aktenkundig festgestellten Werte mit den Angaben des Klienten abzugleichen und so überprüfen zu können.

Sinngemäß gilt dies auch für andere Drogen, die Entscheidung ist hier jedoch einfacher, da die Möglichkeit „Probierkonsum/gelegentlicher Konsum mit der Befähigung zum Trennen von der Führung eines Kfz“ wegfällt, da sie juristisch derzeit nicht gegeben ist.

In der Exploration sollte man Techniken zur Informationspräzisierung benutzen, siehe hierzu die Ausführungen unter Kap. 3, insbesondere ab 3.4.

Die Anforderungen an die medizinischen Abstinenzbelege sind mit der zweiten Auflage der Beurteilungskriterien und den dort formulierten CTU-Hypothesen (CTU = chemisch-toxikologische Untersuchung) gestiegen. Der Kunde investiert viel Zeit und Geld in diese Nachweise. Dies führt jedoch dazu, dass sowohl von Kunden als auch z. T. von Seiten der Gutachter dem Bereich der psychischen Disposition viel zu wenig Gewicht beigemessen wird. Tatsächlich ist es vielen Fällen wesentlich leichter, eine physische (körperliche) Abhängigkeit zu überwinden als eine bestehende psychische Abhängigkeit, zumal sich bei einer Reihe von Drogen (Halluzinogene, Kokain, Amphetamine) nach medizinischer Definition gar keine physische Abhängigkeit entwickelt.

Trotzdem tritt der Kunde mit dem erbrachten Abstinenznachweis erheblich in Vorleistung. Eine Argumentation aus psychologischer Sicht, dass trotzdem die bestehende psychische Abhängigkeit bisher nicht angemessen aufgearbeitet wurde, ist oft nicht einfach zu führen. Schließlich hat der Klient ja nach den Vorgaben der Beurteilungskriterien einen „Beweis“ erbracht.

Tatsächlich existieren für Betroffene jedoch diverse Möglichkeiten, auch die vermeintlich „objektiven“ medizinischen Befunde zu beeinflussen (die an dieser Stelle wohlweislich nicht im Detail benannt werden). Angesichts dieser Tatsache besteht gegenwärtig die Gefahr, dass in der MPU die medizinischen Befunde gegenüber den psychologischen Befunden ein überproportional hohes Gewicht bekommen, da Nachweise einer psychotherapeutischen Intervention auch bei einer Drogenfragestellung nicht zwingend vorzulegen sind.

Dissimulation

Vor dem Ziel, den Führerschein wiederzubekommen, werden bestehende Probleme verleugnet, in der Vergangenheit unternommene Maßnahmen zur Veränderung des Drogenkonsums als leicht zu bewältigen dargestellt (*„einfach aufgehört“*), obgleich dies keinesfalls der Fall war.

Der Konsum wird insgesamt heruntergespielt, der Konsum von Alkohol und weiteren Drogen wird nahezu generell bestritten, wenn er nicht durch die Aktenlage nachweisbar ist. Dieses Verhalten wird Klienten auch von vorbereitenden Institutionen empfohlen, die eher dem Typ B angehören (vgl. Kap. 3.6).

Vorbereiteter Kunde

Die Beurteilungskriterien sind veröffentlich und somit auch den auf die MPU vorbereitenden Personen und Institutionen zugänglich. Es gibt Hinweise darauf, dass Kunden systematisch auf die Beantwortung der dort niedergelegten Kriterien und Indikatoren in der Begutachtungssituation trainiert werden. Die Tendenz zu dieser „Vorbereitungstechnik“ ist umso größer, je mehr die vorbereitende Institution den Typ B zuzuordnen ist (vgl. Kapitel 3.6 „Der vorbereitete Kunde“). Ein seriös arbeitender Therapeut oder eine seriös arbeitende Organisation hat derartiges Training dagegen sicher nicht nötig und kann die Zeit sinnvoller verwenden.

Folgende gutachterliche Techniken bieten sich an:

- Sich von den sich direkt aus den BK ergebenden Fragen lösen
- Techniken aus dem Kapitel 3.4 anwenden
- Konfrontation mit der Aktenlage oder Angaben zu einem früheren Zeitpunkt im Gespräch
- Körpersprache (Tendenz zu verschließenden Gesten bei unrealistischen Angaben)
- Auf „emotionales Mitschwingen“ in der Exploration achten

Ergänzend sei an dieser Stelle noch auf den Abschnitt „Anzeichen für drohende Rückfälle in früheres Verhalten“ am Ende des Kapitels 5.2 hingewiesen, der sinngemäß auch für den Bereich der Drogenfragestellungen gilt.

5.4 Fragestellung „Verkehrsrecht"

In der Praxis zeigt sich, dass sich viele Gutachter mit verkehrsrechtlichen Fragestellungen relativ schwertun. Anders als bei Alkohol- und Drogenauffälligkeiten lässt sich das Problemverhalten nicht so unmittelbar eingrenzen, da sich für die aktenkundigen Delikte (oft ist es eine bunte Mischung) zunächst keine einfache Erklärung finden lässt und die dem Fehlverhalten zugrunde liegenden Motive erst im Verlauf der Exploration herausgearbeitet werden müssen.

Hinzu kommt, dass gerade im Bereich der Verkehrsverstöße eine große Toleranz in der Bevölkerung existiert und Verstöße gegen die Straßenverkehrsordnung von vielen Menschen eher als Kavaliersdelikt betrachtet werden. Fällt jemand auf, hat er eben Pech gehabt. Verstöße bis zu einem gewissen Grad werden als völlig normal angesehen. Auch Ausdrücke in der Umgangssprache wie „Radarfalle", in die man eben mal getappt ist, machen diese Einstellung deutlich.

Darüber hinaus erinnert sich wohl nahezu jeder Gutachter aus eigener Erfahrung an Situationen, in denen er selbst schon einmal gegen geltendes Verkehrsrecht verstoßen hat und eben nicht „erwischt" worden ist.

Andererseits kennt aber wohl jeder Verkehrsteilnehmer (Gutachter nicht minder) den Impuls: *„Den müsste man anzeigen"*, oder: *„Schade, dass die Polizei gerade nicht da war."* Tatsächlich haben wir es bei Kraftfahrern, die 18 und mehr Punkten in der Verkehrszentralkartei (VZK) haben, mit einer hochauffälligen Gruppe zu tun. Nur etwa 0,2 bis 0,4 Promille aller Kraftfahrer erreichen diesen Punktestand, was zwei bis vier Führerscheininhabern von 10.000 (!) entspricht. Es handelt sich also mitnichten um Kavaliersdelikte, insbesondere wenn die riesige Dunkelziffer berücksichtigt wird.[21]

21 Dunkelziffern können naturgemäß nicht genau angegeben werden, weshalb sie ja Dunkelziffern heißen. Im Bereich der Verkehrsverstöße kann davon ausgegangen werden, dass auf einen bekannt gewordenen Verstoß mehr als 1.000 Verstöße kommen, die nicht erkannt werden. Die Dunkelziffer ist also noch um einiges höher als bei Alkoholfahrten.

Eine Darstellung nach Prof. Dr. Bamberg & Prof. Dr. Mohr aus dem Bereich der Unfallpsychologie (zitiert nach Hahn 2005) macht jedoch die Relevanz einer kritischen Betrachtung gerade von verkehrsrechtlichen Verstößen deutlich (Abb. 5.4-1). So kommt auf ein auffälliges Ereignis (in der Pyramidenspitze als „tödlicher Unfall“ bezeichnet) eine geradezu riesige Anzahl von sicherheitswidrigen Verhaltensweisen. Zum Glück ereignen sich im Straßenverkehr nur relativ wenige Unfälle mit Todesfolge. Aber auch Ereignissen mit weniger dramatischem Ausgang liegt eine große Anzahl von Fehlverhaltensweisen zugrunde. Bezeichnet man (zugegebenerweise etwas gewagt) das Geblitztwerden in einer Radarfalle aus Sicht der Betroffenen als „leichten Unfall“, wird deutlich, wie viele Geschwindigkeitsüberschreitungen sich hinter einem erkannten Delikt verbergen.

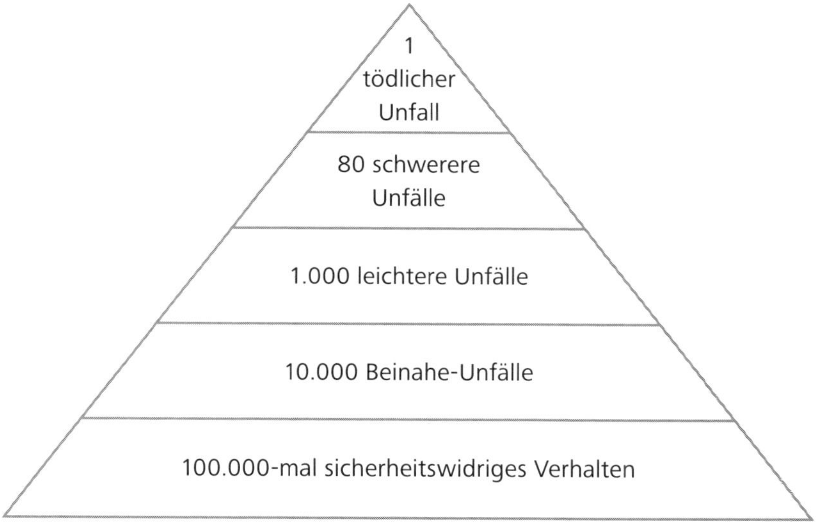

Abb. 5.4-1: Zusammenhang zwischen Unfällen, kritischen Ereignissen und Fehlverhalten (Bamberg & Mohr, zitiert nach Hahn 2005).

Obwohl also auf ein aktenkundiges Delikt in aller Regel eine riesige Anzahl von nicht bekannt gewordenen Verstößen kommt, gehört die Exploration von Verkehrsverstößen aus den oben genannten Gründen zu den anspruchsvolleren gutachterlichen Tätigkeiten. Anders als bei Alkoholmissbrauch oder Suchterkrankungen, wo allein aufgrund der

Aktenlage eine „einschlägige“ Vorgeschichte abzuleiten ist, ist dies bei (nicht alkoholbedingten) Verstößen gegen das Straßenverkehrsrecht zunächst nicht so offensichtlich. Erst wenn der oben beschriebene Zusammenhang berücksichtigt wird, wird das ganze Ausmaß des zugrunde liegenden Fehlverhaltens deutlich.

In der Praxis hat sich gezeigt, dass ein relativ großer Teil der Verstöße von Personen begangen wird, die sich einer der folgenden fünf Gruppen zuordnen lassen. Dabei sind bestimmte Arten von Verstößen für die jeweiligen Gruppen typisch. Das Wissen um diese Zusammenhänge stellt daher eine wesentliche Erleichterung in der Exploration von Verkehrsverstößen dar, ähnlich wie die bei einer Trunkenheitsfahrt festgestellte hohe Promillezahl einem Gutachter wichtige Hinweise für die Exploration geben kann.

Die fünf Kategorien lauten wie folgt:

- Transportberufe und Personen, die beruflich fahren
- Geschäftliches Fahren
- Unternehmer mit Fuhrpark
- (Jugendlicher) Auto- und Motorradfan
- Der (sympathische) Chaot

In der Begutachtung hat es sich bewährt und als möglich erwiesen, den überwiegenden Teil der verkehrsauffälligen Kraftfahrer in eine dieser fünf Kategorien einzuordnen. Angemerkt sei, dass Mischtypen vorkommen, aber selten sind. Eine Mischung aus mehr als zwei Kategorien ist der letzten Kategorie (Chaot) zuzuordnen. Eventuell ist noch eine sechste Gruppe denkbar: Fahrer mit querulatorischen Verhaltenstendenzen. Diese Gruppe ist derzeit noch unter der Kategorie „Chaot“ subsumiert.

Kategorie 1: Transportberufe und Personen, die beruflich fahren (Lkw, Bus, Taxi)

In diese Gruppe fallen Fahrzeugführer, deren Beruf das Führen eines Kraftfahrzeuges zu Transportzwecken ist. Das Fahren von Fahrzeugen ist der eigentliche Beruf und nicht nur Mittel zum Zweck der Ausübung des Berufs. Typisch für diese Gruppe ist die oft enorm hohe Fahrleistung von z. T. über 200.000 km pro Jahr im Falle von Lkw-Fahrern im Fernverkehr, aber auch Fahrern von Kurierdiensten und Leichttransportern. Die hohe

Fahrleistung fordert ihren Tribut, zumindest sehen die Betroffenen es in dieser Weise. Immer wieder kommen Verstöße gegen verschiedene Verkehrsvorschriften und Regeln vor, nicht unbedingt gehäuft, aber doch stetig und so, dass die Frist von zwei Jahren ohne Auffälligkeiten nicht erreicht wird und die Punkte sich anhäufen.

Häufige Delikte dieser Gruppe: Überschreitung der zulässigen Höchstgeschwindigkeit (oft ermittelt durch Auswertung der Aufzeichnungen des Fahrtenschreibers bzw. Kontrollsystems), Unterschreiten des erforderlichen Mindestabstandes, Rotlichtverstöße, technischer Zustand des Fahrzeugs, Überholen im (Lkw-)Überholverbot, nicht ausreichende Sicherung der Ladung.

Kennzeichnend: Verstöße oft erst seit einem bestimmten Zeitpunkt bei bereits vorher gegebenem Fahrerlaubnisbesitz. Zu diesem Zeitpunkt häufig markante Ereignisse wie Wechsel des Arbeitsplatzes, des Arbeitgebers, des Einsatzgebietes, oft mit dem Wissen, dass mehr Leistung gefordert wird, aber auch in der Hoffnung, mehr Geld zu verdienen (in Aussicht gestellt wurde *„gutes Geld für gute Leistung“*).

Insgesamt ist die Gruppe der beruflich tätigen Kraftfahrer jedoch nur in deutlich geringerem Maße bei der MPU vertreten, so wie es ihrer Beteiligung am gesamten Verkehrsaufkommen entspricht, was für eine ganz überwiegend professionelle und qualifizierte Berufsausübung der in diesem Bereich tätigen Personen spricht.

Problemlage:

Der Druck auf die Fahrer in der Transportbranche ist enorm groß. Als letztes Glied in der Kette zwischen Produzent und Empfänger sollen „Versäumnisse“ der vorhergehenden Produktionsschritte noch aufgeholt werden. Verträge zwingen Transportunternehmen, nicht nur taggenau, sondern uhrzeitgerecht anzuliefern (Just-in-time-Produktion). Hinzu kommen private Interessen des Fahrers (Erreichen des Heimatstandortes zum Wochenende u. Ä.) sowie die Unwägbarkeiten im Verkehrsfluss (Stau, Stop and Go etc.), deren Kompensation von den Fahrern erwartet wird.

Eine als Berufskraftfahrer tätige Person muss in der Lage sein, diesen Druck auszuhalten und trotzdem noch ein verkehrsgerechtes Verhalten zu praktizieren. Insofern handelt es sich bei den auffälligen Fahrern oft um die „Loser der Branche“. Eingestellt unter oft ungünstigen biografischen Voraussetzungen (*„wir geben dir eine Chance, du musst dich bewähren“*), sind diese Personen bestrebt, geforderte Leistungen überzuerfüllen oder unrealistischen Forderungen seitens der Disposition nachzugeben, und tun tatsächlich ihr Bestes (nach eigener Einschätzung), leider auch auf Kosten der Verkehrssicherheit, was im Sinne der Fahreignungsbeurteilung aus fachlicher Sicht nicht akzeptabel ist.

Psychologisch ist bei dieser Personengruppe häufig der unerfüllte Wunsch nach Anerkennung, nach emotionaler Zuwendung, nach Lob festzustellen. Die Betroffenen hoffen, genau dies für ihre unter hohem Einsatz erbrachten Leistungen zu bekommen. Oft ist diese Hoffnung vergebens. Denn wenn der Führerschein weg ist, ist fast immer auch der Job weg. Ein neuer Fahrer wird gefunden, der „eine Chance bekommt". Aber der Betroffene könne sich wieder melden, wenn er den Führerschein wiederhat. Und das Spiel beginnt von vorn.

Voraussetzungen für eine positive Beurteilung:
Insgesamt schwierig, Aufarbeitung der zugrunde liegenden psychologischen Defizite (scheitert oft an bestehenden zeitlichen, organisatorischen und finanziellen Möglichkeiten). Problemeinsicht.

Oft bester Weg: Wechsel des Berufs oder zumindest des Arbeitsplatzes. Aufträge mit anderem Strecken- und/oder Zeitprofil (vielfach aber wenig praktikabel). Selbstbehauptungstraining, lernen, Nein zu sagen zu Anforderungen (man verliert eventuell den Arbeitsplatz, hat aber den Führerschein noch).

Kategorie 2: Geschäftliches Fahren (Selbstständige, Außendienst)

Im Gegensatz zur ersten Gruppe steht bei diesen Personen bei der Berufsausübung das Führen eines Fahrzeugs nicht im Vordergrund, sondern ist eher Mittel zum Zweck. So ist ein Außendienstmitarbeiter auf sein Fahrzeug angewiesen, um zu seinen Kunden zu gelangen, er führt jedoch – anders als ein Lkw-Fahrer oder Taxifahrer – keine Transporte im engeren Sinne durch. Auch ein Selbstständiger mag viel unterwegs sein, um Kunden zu besuchen, Arbeitsstellen zu beaufsichtigen oder um Geschäftsbeziehungen aufzubauen und zu pflegen. Kundendienstmonteure haben eine größere Anzahl von Kunden zu besuchen. Vielfach werden Termine von vornherein zu eng angesetzt, und es wird versucht, die vereinbarten Termine trotzdem noch alle wahrzunehmen.

Kennzeichnend für diese und vergleichbare Berufe ist, dass die Fahrzeit von den Betroffenen als „tote Zeit" betrachtet wird, als Zeit, die notgedrungen aufgewendet werden muss, um die eigentliche Aufgabe, die eigentliche Arbeit zu erledigen. Fahren wird als lästige Nebentätigkeit angesehen, die Zeit kostet. Hinzu kommen Ablenkungen durch Telefonate, die während der Fahrt erledigt werden.

Problemlage:
Wenn es gelingt, die notwendigen Strecken schnell zu bewältigen, steht mehr Zeit für Kundenbesuche und geschäftliche Kontakte zur Verfügung. Man kann sich bei den Kunden mehr Zeit nehmen, kann noch einen Termin mehr realisieren und damit den Verdienst erhöhen. Oder wenn es mal irgendwo länger gedauert hat, wird versucht, durch eine entsprechende Fahrweise verlorene Zeit wieder hereinzuholen. Fahrzeiten werden i. d. R. nicht ausreichend bei der Terminplanung berücksichtigt, stockender Verkehrsfluss schon gar nicht. Es wird im Falle eines Falles versucht, die im Stau verlorene Zeit wieder aufzuholen, wenigstens „so gut es geht".

Gerade im Außendienst spielt auch das Verschaffen von Erfolgserlebnissen eine Rolle: schneller sein als die anderen, eine bestimmte Strecke in einer bestimmten (kurzen) Zeit gefahren zu sein, um damit vor Kollegen anzugeben. Auch ein Motiv: Misserfolge bei Kunden durch Fahrweise kompensieren.

Häufige Delikte in dieser Gruppe gehören in die Kategorie „schnelles Vorwärtskommen": Überschreitung der zulässigen Höchstgeschwindigkeit, Drängeln, Nötigung (in Form von dichtem Auffahren), Überholen trotz bestehenden Überholverbotes, Missachtung des Rotlichtes von Lichtsignalanlagen (was oft weniger ein bewusstes Missachten ist, sondern einfach ein *„habe es nicht mehr geschafft, bei Rot noch anzuhalten"*), Überfahren von Stoppschildern.

Voraussetzungen für eine positive Begutachtung:

- Bessere Organisation der Termine, idealerweise durch eine dritte Person
- Nutzung alternativer Verkehrsmittel statt des Automobils
- Touren strecken, z. B. bereits am Vortag anreisen
- Grundsätzlich andere Lebenseinstellung, weniger leistungsbezogen

- Termine delegieren
- Planung von Zeitpuffern
- Oft Königsweg, aber schwer finanzierbar: Einstellung eines Fahrers
- Wenn die Fahrweise Kompensation von Defiziten ist, sollte eine psychotherapeutische Intervention erfolgt sein

Kategorie 3: Unternehmer mit Fuhrpark

Problemlage:
Verkehrsverstöße dieser Gruppe werden weniger bei der aktiven Teilnahme am Straßenverkehr begangen, es handelt sich vielmehr überwiegend um sogenannte „Halterdelikte". Hierunter fallen Verstöße wie nicht rechtzeitig bezahlte Versicherungsbeiträge und Kfz-Steuer, nicht ordnungsgemäße Ausstattung oder schlechter technischer Zustand von Fahrzeugen, mangelhafte Bereifung, Ölverlust, mangelhafte Bremsen, Betrieb nicht zulässiger Motorwagen-Anhänger-Kombinationen, unzureichende Ladungssicherung. Betroffen hiervon sind Unternehmer, bei denen zum Betrieb des Unternehmens zahlreiche Transportvorgänge notwendig sind, z. B. Transport- und Bauunternehmer, Inhaber von Kurierdiensten, Pizzabringdienste, aber auch Handwerksbetriebe, die Mitarbeiter, Maschinen und Material zu den Arbeitsstellen transportieren. Die eigentlichen Verstöße werden oft von den Mitarbeitern begangen, die ihrerseits unter Druck gesetzt worden sind, mit den nicht verkehrsgerechten Fahrzeugen zu fahren (*„wenn Sie es nicht tun, finde ich einen anderen, der es macht"*). Es handelt sich um ein Verhalten, das von den Verantwortlichen in der Exploration i. d. R. allerdings vehement bestritten wird, vielmehr wird die Hilflosigkeit dargestellt, die gegenüber den ausführenden Arbeitskräften besteht, die einfach etwas machen, was nicht zulässig sei.

Häufig ist die Partnerin mit betroffen, wenn die Fahrzeuge auf ihren Namen angemeldet sind oder sie juristisch als Inhaberin des Unternehmens auftritt. Oft (nicht immer) besteht eine schwierige wirtschaftliche Situation für das Unternehmen, oft auch ein erkennbares „Bürochaos" bei Firmeninhabern, die gute Fachleute sind und im Betrieb mitarbeiten, aber eben keine oder nur wenig kaufmännische oder verwaltungstechnische Kenntnisse haben. Rechnungen von Versicherungen werden übersehen oder ohne Erledigung abgelegt. Überhaupt wird der

Bürobetrieb gegenüber den praktischen Erfordernissen im Betrieb stets hintenangestellt.

Voraussetzungen für eine positive Begutachtung:

- Verbesserung der Betriebsorganisation
- Verbesserung der Arbeitsabläufe
- Einstellung einer Bürokraft
- Entlastung, Delegation von Aufgaben
- Organisiertes Fuhrparkmanagement, Fahrtenbücher

Kategorie 4: (Jugendlicher) Auto- oder Motorradfan

Problemlage:
Junge Fahrer (wesentlich seltener Fahrerinnen) identifizieren sich oft sehr stark mit ihrem Kraftfahrzeug, ja, es ist geradezu ein Teil ihrer Persönlichkeit. Entsprechend hoch ist der Aufwand, der mit den Fahrzeugen betrieben wird. Eine umfangreiche Zusatzausstattung macht aus der Serienlimousine ein standesgemäßes, individuelles Fortbewegungsmittel. Tiefer gelegte Fahrwerke, größere Felgen, breitere Reifen, abgedunkelte Scheiben, Spoiler und aufwendige Lackierungen, Sportlenkrad, veränderte Auspuffanlage und aufwendige Musikanlage („mehr Watt als PS"), spezielle Beleuchtung, veränderter Kühlergrill usw. sorgen für die Hervorhebung gegenüber anderen Kraftfahrern und drücken gleichzeitig die Zugehörigkeit zu einer speziellen Gruppe aus.

Typische Delikte dieser Gruppe von Fahrern bestehen z. B. in der Verwendung nicht zugelassener Anbauteile (fehlende ABE), nicht eingetragener Zusatzausstattung, mangelhafter Bereifung (die neuen Reifen in den Spezialgrößen sind nicht billig) und in nicht durchgeführten Hauptuntersuchungen, da es schwierig ist, das so ausgestattete Fahrzeug durch die HU zu bringen bzw. dies aufgrund der erforderlichen Eintragungen mit erheblichen Kosten verbunden ist.

Ein durch umfangreiches Zubehör aufgewertetes, getuntes Fahrzeug verleitet zu einer rasanten Fahrweise. So kommt es zusätzlich häufig zu Delikten der Klasse „schnelles Vorwärtskommen". Überschreitung der erlaubten Höchstgeschwindigkeit, Missachtung von Überholverboten und Überfahren des Rotlichtes von Verkehrsampeln sind typische Verstöße, die bei dieser Gruppe von Kraftfahrern vorkommen, wobei das Überfahren der roten Ampeln i. d. R. aufgrund der hohen Annäherungsgeschwindigkeit zustande kommt, bei der ein rechtzeitiges Bremsen nicht mehr möglich ist, wenn die Ampel von Grün auf Gelb umschaltet.

Weitere häufige Delikte in dieser Gruppe: Veränderungen an Ansaug- und Abgasanlage (lauteres, sonores Geräusch), Verwendung nicht zugelassener Anbauteile, insbesondere Reifen und Felgen nicht zugelassener Dimensionen, Verwendung unzulässiger Lenkräder und Leuchten. Nicht ganz so häufig: nicht bezahlte Versicherung und Kfz-Steuer (Geld wurde in das Auto investiert), unerlaubte Wettfahrten im Straßenverkehr, auch Nötigung in Form von dichtem Auffahren. Das sichtbar gut ausgestattete Fahrzeug hat nach Ansicht der Eigner auch ein gewisses „Überholprestige".

Psychologische Kurzbeschreibung:
Das Auto wird als Persönlichkeitsergänzung gesehen, drückt Zugehörigkeit zu einer Gruppe aus, unterscheidet sich von gleichartigen Fahrzeugen durch vermeintlich mehr Leistung (Motorsound) und die Möglichkeit, schneller zu fahren (Fahrwerk). Selbstdarstellung und Platzhirschgebaren, Cruisen im Revier, Austragen von Konkurrenz unter Gleichgesinnten, Wiedererkennungswert, Demonstration eigener Stärke und Potenz, Beeindrucken des anderen Geschlechts. Dass die getroffenen Maßnahmen von Außenstehenden oft ganz anders wahrgenommen werden, spielt für in der Szene befindliche Personen keine Rolle. Mit dem Auto werden oft Möglichkeiten kompensiert, die im realen Leben fehlen, wie Selbstbestimmtheit, Leistung, Dynamik, vorn dabei sein, Umsetzung der eigenen Vorstellungen, Erfolg.

Voraussetzung für eine positive Begutachtung:
- Erkennen des Zusammenhangs zwischen Persönlichkeitsstruktur und Verkehrsdelikten (therapeutische Aufgabe/Maßnahme)
- Verlagerung der Aktivitäten in anderen Bereich, z. B. Sport, auch Motorsport, um dort Erfolgserlebnisse zu ermöglichen (selten)
- Verlassen der Szene, Abbruch aller Kontakte
- Erzeugen eines Gefahrenbewusstseins (z. B. durch Teilnahme an entsprechenden Fahrertrainings)
- Fähigkeit zur Selbstreflexion, Fähigkeit, das eigene Verhalten aus der Sicht anderer Verkehrsteilnehmer/Anwohner zu sehen

Kategorie 5: Der (sympathische) Chaot

Problemlage:
Kennzeichnend für diese Gruppe von Kraftfahrern ist, dass sich die Verstöße kaum systematisieren lassen. Regeln und Vorschriften werden, soweit sie bekannt sind, konsequent ignoriert. Das eigene Vorhaben, die eigene spontane Absicht hat auf jeden Fall Vorrang. Einfälle und Impulse werden sofort umgesetzt.

Dementsprechend kommen querbeet alle denkbaren und undenkbaren Verstöße gegen die Straßenverkehrsordnung in den merkwürdigsten Zusammenhängen vor. Bei dieser Gruppe von Fahrern finden sich neben Verstößen gegen das Straßenverkehrsrecht oft auch Verstöße gegen das allgemeine Strafrecht. Wo dieser Typ auftaucht, ist immer etwas los, und er fährt so chaotisch, wie er lebt. Trunkenheitsfahrten kommen ebenfalls hin und wieder vor (*„hat sich so ergeben“*, *„wussten am Anfang noch nicht, dass wir noch nach XY wollten/mussten“*). Der Chaot ist oft mit ausgeliehenen Fahrzeugen unterwegs (*„von einem Kumpel“*). Insgesamt macht diese Gruppe von Personen oft einen sympathischen, offenen und etwas chaotischen Eindruck. Oft handelt es sich auch um „anstrengende Persönlichkeiten“.

Psychologischer Hintergrund:
Unterschiedliche Hintergründe, z. B.:
- Überbehütetes Zuhause, gute soziale, materielle Absicherung
- Oft auch alternativ: Aufgewachsen, ohne Grenzen gesetzt zu bekommen, z.B. Kinder von Schaustellern
- Grenzwertiges Sozialverhalten, egoistische Grundhaltung, Einfälle werden spontan umgesetzt, ohne an Folgen zu denken
- Keinen Plan für das Leben, keinen Plan für den Straßenverkehr
- Verdacht auf bis dahin nicht erkanntes ADHS (Aufmerksamkeits-Defizit-Hyperaktivitäts-Syndrom)

Weitere Gruppe (zurzeit noch unter diesem Bereich subsumiert, aber vielleicht besser als eigene Kategorie anzusehen): Personen mit einer Tendenz zu querulatorischem Verhalten (eigene Rechte sind vermeintlich bis ins Detail bekannt und werden bis zur Grenze hin ausgereizt, Beispiel: exakt 50 km/h bis zum Ortsausgangsschild, präzise ab dem Ortsausgangsschild dann Vollgas). Bei eventuellen Verstößen hat die Polizei (oder andere Beteiligte) das eigene Verhalten falsch gesehen bzw. waren die besonderen Regelungen, auf die sich der Klient beruft, nicht bekannt („*wurden nicht berücksichtigt*").

Voraussetzungen für eine positive Beurteilung:

- Erkennen der Situation
- Psychotherapie
- Sozialtherapie
- Darüber hinaus kaum generelle Aussagen möglich

Grundsätzliches für alle Kraftfahrer, die mit verkehrsrechtlichen Fragestellungen in die MPU kommen:

Für alle Fahrer, die mit verkehrsrechtlichen Verstößen auffällig werden, gilt:

Die oben genannten Voraussetzungen für eine positive Begutachtung sind zwar notwendig, aber noch keinesfalls hinreichend. Die Frage der Motivation für das Fehlverhalten bleibt auch bei der Aufteilung in diese Kategorien noch weitgehend offen. Die im Explorationsgespräch von den Betroffenen dargestellten Hintergründe für das eigene Fehlverhalten erklären dies oft nur vordergründig. Schließlich gibt es genug Verkehrsteilnehmer, die sich trotz Zugehörigkeit zu einer dieser Gruppen im Straßenverkehr völlig unauffällig verhalten. Weitere Überlegungen zur Motivation des Fehlverhaltens liegen also nahe.

Hierzu ist festzustellen, dass es offensichtlich eine Parallelität in der Persönlichkeitsstruktur von verkehrsauffälligen Kraftfahrern und solchen Personen gibt, die strafrechtlich in Erscheinung treten (vgl. hierzu Kap. 5.5 „Fragestellung Strafrecht"). Es kann mit einiger Berechtigung davon ausgegangen werden, dass beide Tätergruppen eine vergleichbare Persönlichkeitsstruktur aufweisen, die in der Gruppe der strafrechtlich auffälligen Personen lediglich noch etwas ausgeprägter ist als in der Gruppe der verkehrsauffälligen Kraftfahrer.

Die vorherrschenden Motivlagen, aus denen heraus Personen Straftaten begehen, lassen sich auf relativ abstrakter Ebene in drei Gruppen einteilen:

- Delikte zur Gewinnerzielung (Diebstahl, Betrug, Überfall etc.)
- Delikte zur Aggressionsabfuhr (Beziehungstaten, Körperverletzung, Nötigung)

- Sonstige Selbstdurchsetzungsdelikte (Fahren ohne Fahrerlaubnis, unerlaubter Waffenbesitz etc.)

Aus diesem Grund liegt es nahe, die beiden Kategorien (vorherrschende Motivlage einerseits und Täterkategorien, wie sie weiter oben behandelt worden sind, andererseits) in Verbindung zu bringen, was in folgender Tabelle 5.4-1 geschehen ist.

Tab. 5.4-1: Beziehung zwischen Tätergruppe und vorherrschender Motivlage (die Anzahl der Punkte beschreibt das Gewicht der entsprechenden Motivlage an dem Fehlverhalten; Gewichtung durch den Autor).

Tätergruppe	Gewinnerzielungsabsicht	Aggressionsabfuhr	Selbstdurchsetzung
Berufliches Fahren	•	--	•••
Geschäftliches Fahren	•••	•	••
Unternehmer mit Fuhrpark	•••	--	--
(Jugendlicher) Auto- und Motorradfan	--	••	•••
Chaot	--	--	•••

Aus dieser Darstellung wird deutlich, dass eine Intervention allein auf der rationalen Ebene (basierend auf dem Prinzip der oben beschriebenen Täterkategorien) i. d. R. zu kurz greifen wird, da die motivationale Grundlage des Fehlverhaltens davon nicht oder nur in geringem Maße berührt wird. Notwendig für eine therapeutische Aufarbeitung ist vielmehr eine umfassende therapeutische Intervention auf mehreren Ebenen, die von den individuellen Gegebenheiten des auffälligen Kraftfahrers ausgeht. Nur so ist eine mittel- und langfristig stabile Verhaltensänderung zu erwarten, ohne dass sich das Problemverhalten in gleicher Form oder in einer Variante erneut durchsetzt. In der Begutachtung ist dieser Sachverhalt entsprechend zu würdigen und zu berücksichtigen.

5.5 Fragestellung „strafrechtliche Auffälligkeiten"

Problemfeld:

Straftäter bilden auf den ersten Blick eine besondere Gruppe innerhalb der Fahreignungsbegutachtung. Fließen doch hier oft (Straf-)Taten in die Untersuchung ein, die vordergründig mit dem Straßenverkehr nichts oder nur wenig zu tun haben. Tatsächlich besteht jedoch sogar ein sehr enger Bezug zu den verkehrsrechtlichen Fragestellungen. Zwar haben nur relativ wenige Klienten mit verkehrsrechtlicher Fragestellung zusätzlich auch strafrechtliche Delikte außerhalb des Straßenverkehrs begangen, umgekehrt besteht dieser Zusammenhang jedoch durchaus. So liegen bei einem Großteil von in Justizvollzugsanstalten (JVA) inhaftierten Personen auch in erheblichen Umfang verkehrsrechtliche Auffälligkeiten vor. Zu dieser Erkenntnis – die zugegebenermaßen auf mündlichen Kontakten des Autors mit Diplom-Psychologen beruht, die in JVA tätig sind – passt auch eine Feststellung von Kunkel (1979), dass Straftäter dann besonders gefährdet sind, im Straßenverkehr aufzufallen, wenn ihre Straftaten ein besonderes Maß an Aggressivität aufweisen (was häufig der Fall ist). Weitere Zusammenhänge zwischen Straftaten und Auffälligkeiten im Straßenverkehr wurden auch von anderen Autoren, u. a. von Köbel (1997), festgestellt.

Es kann also aus psychologischer Sicht durchaus festgestellt werden, dass es sich hier um Personengruppen mit vergleichbaren Persönlichkeitsmerkmalen handelt, wobei lediglich die Ausprägung in der einen Gruppe der Straftäter noch etwas stärker ist als in der anderen Gruppe, der „nur" verkehrsauffälligen Kraftfahrer. Es ist bei Kenntnis dieser Zusammenhänge also durchaus nachvollziehbar, dass auch strafrechtliche Delikte Anlass für eine MPU sein können.

Diese Ansicht wird offensichtlich auch vom Gesetzgeber geteilt, der im Strafgesetzbuch neben der Trunkenheit im Straßenverkehr (Gefährdung des Straßenverkehrs, Vollrausch) den Zusammenhang zwischen einer Reihe von Straftaten und dem Straßenverkehr herstellt. U. a. werden genannt:

- Unerlaubtes Entfernen vom Unfallort
- Fahrlässige Tötung, Körperverletzung
- Nötigung
- Unbefugter Gebrauch eines Kfz

- Gefährliche Eingriffe in den Bahn-, Schiffs-, Luft- und Straßenverkehr
- Gefährdung des Bahn-, Schiffs-, Luft- und Straßenverkehrs
- Räuberischer Angriff auf Kraftfahrer

Auch in der Fahrerlaubnisverordnung ist der Zusammenhang zwischen Kraftfahrereignung und Straftaten berücksichtigt, wenn der Gesetzgeber in FeV § 11 Abs. 3 schreibt, dass die Behörde ein Gutachten anordnen kann *„bei Straftaten, die im Zusammenhang mit dem Straßenverkehr oder im Zusammenhang mit der Kraftfahrereignung stehen oder bei denen Anhaltspunkte für ein hohes Aggressionspotential bestehen"*.

Psychologische Ausgangssituation:
Die Bereitschaft, illegale Handlungen vorzunehmen, wird sehr stark durch persönliche Defizite und das soziale Umfeld beeinflusst (soziales Milieu, erlebter Gruppenzwang, Anpassung) und setzt eine besondere Risikobereitschaft voraus.

Diese Risikobereitschaft ist bei Jugendlichen oft vorhanden, zusammen mit der Tendenz, sich gegen Autoritätspersonen und gesellschaftliche Normen (Eltern, Lehrer, Ausbilder, Leistungsanforderungen etc.) zu wenden. Da diese Tendenzen im Laufe des Lebens wieder nachlassen, führt dies dazu, dass die Gruppe der Klienten mit strafrechtlichen Fragestellungen in der MPU eher im jüngeren Erwachsenenalter in Erscheinung tritt (z. B. wenn es um die Frage der Ersterteilung der Fahrerlaubnis geht). Ältere Kunden mit dieser Fragestellung kommen vor, sind aber nach Erfahrungen des Autors seltener. Frauen sind – wie auch bei MPUs mit verkehrsrechtlichen Fragestellungen – so gut wie gar nicht vertreten.

Kriminelle Handlungen lassen sich grob in drei Kategorien einordnen. Für den Bereich der MPU ist dies insofern von Bedeutung, als sie dem Gutachter wichtige Hinweise auf Charakteristika der zu begutachtenden Klienten sowie sinnvoller therapeutischer Maßnahmen geben können:

- Delikte zur Gewinnerzielung (Diebstahl, Betrug, Überfall)
- Delikte zur Aggressionsabfuhr (Beziehungstaten, Körperverletzung, Nötigung)
- Sonstige Selbstdurchsetzungsdelikte (Fahren ohne Fahrerlaubnis, unerlaubter Waffenbesitz)

Die Wirkung des Begehens von Straftaten auf die Betroffenen hängt auch von deren Motivlage ab, oft lassen sich im Rahmen der MPU folgende emotionale Zustände ermitteln:

- Reiz, etwas Besonderes zu tun, dabei oft auch Profilierung in der Peergroup
- Kick
- Extremes Aktivitätsniveau (das positiv erlebt wird)
- Allmachtsgefühle
- Demonstration von Überlegenheit, oft damit einhergehend: Erniedrigung der Opfer
- Das Gefühl, cleverer zu sein als andere
- Rache, Genugtuung, Frustrations- und Aggressionsabbau

Zu unterscheiden ist hiervon sicher die suchtbedingte Beschaffungskriminalität, die lediglich zur Befriedigung der Sucht dient und bei der die oben benannten Faktoren eine geringere Rolle spielen. Es steht der Zwang im Vordergrund, Geld zum Erwerb der Droge zu beschaffen. Soweit sich Straftaten aus Beschaffungskriminalität erklären, sind die daraus resultierenden Eignungsbedenken oft mit der Überwindung der Sucht (so sie denn gelungen und als stabil anzusehen ist) ausgeräumt.

Mitursache bzw. Bedingung kriminellen Verhaltens kann auch eine intellektuelle Minderleistung bzw. pathologisch abweichende Erlebnisverarbeitung (Psychose, Depression) sein. Diese Bereiche sollten daher, sofern entsprechende Hinweise vorliegen, im Rahmen von Anamnese, testpsychologischer Untersuchung und klinischen Befunden mitverfolgt werden.

Typische negative Sachverhalte bei Personen, deren strafrechtliche Karriere im jugendlichen Alter begann und die sich durch Aktenanalyse oder in der Exploration erheben lassen, sind u.a.

- Broken home, frühes Verlassen des Elternhauses, Heimerziehung
- Oft Migrationshintergrund (reale Möglichkeiten stimmen oft nicht überein mit dem in der Erziehung vermittelten Menschenbild, Stichwort „Machokultur“)
- Fehlzeiten in Schule und Ausbildung. Gefährdung von Schul- und Ausbildungsabschlüssen
- Zunehmend weniger Kontakt zu Familie und Angehörigen, oft Abbruch des Kontaktes durch die Familie

- Entsprechend zunehmend festere Einbindung in die Peergroup, Status in der Gruppe wird wichtiger als Kontakt zur Familie
- Oft beschrieben: Konkurrenz von Jugendgangs untereinander (*„wir wollten die Coolsten sein“*, wobei ein wesentlicher Coolness-Faktor das Begehen von Straftaten ist, von *„Scheiße bauen“*)
- In diesem Zusammenhang (Peergroup) Allmachtsfantasien,
- Zunehmende Integration in die kriminelle Subkultur
- Alkohol-/Drogenmissbrauch, auch mit entsprechender Straffälligkeit
- Bewährungsversagen

Die Betroffenen verspüren zunächst keinen Leidensdruck, sondern fühlen sich im Gegenteil als die Größten. Nur zum Teil beeindrucken Haftstrafen: *„Im Knast waren auch meine Kumpel.“*

Hiervon zu unterscheiden sind Straftäter, die aus anderen Motiven heraus delinquent wurden. Dazu zählen alle Störungen und generellen Fehlhaltungen, die einer sozialen Anpassung entgegenstehen. Neben soziopathischen und psychopathischen Tendenzen, die nicht erwarten lassen, dass die Rechte anderer bzw. die Normen der Gesellschaft respektiert werden, sind insbesondere Täter mit geringer Frustrationsschwelle, gekoppelt mit geringem Selbstwertgefühl und mangelnder sozialer Kompetenz, vertreten. Auch ein Verdacht auf ADHS (Aufmerksamkeits-Defizit-Hyperaktivitäts-Syndrom) kommt in Frage und sollte gegebenenfalls abgeklärt werden.

Bei Tätern, die durch aggressives Verhalten oder andere unkontrollierte Verhaltensimpulse aufgefallen sind, besteht der Verdacht auf frühe schädigende Sozialisationserfahrungen und massive Defekte der Persönlichkeit. Dieser Untergruppe der Straftäter ist, wenn überhaupt, nur nach einer intensiven, individuell angelegten Psychotherapie einschließlich sozialer Trainings eine Veränderung der zugrunde liegenden antisozialen Haltung zuzutrauen.

Herausarbeiten in der Begutachtung:

Auch bei dieser Personengruppe ist eine geistige Beweglichkeit Voraussetzung dafür, das delinquente Verhalten über einen längeren Zeitraum „erfolgreich“ praktizieren zu können, jedoch sind die Anforderungen an diese Fähigkeit nicht so hoch wie bei einem Leben in Drogenabhängigkeit. Auf das im Kapitel 5.3 beschriebene Klientenverhalten sei an dieser Stelle trotzdem hingewiesen.

Der Aktenanalyse kommt gerade bei dieser Gruppe von MPU-Kunden eine ganz wesentliche Bedeutung zu, ist hier doch den Polizei- und Gerichtsprotokollen viel über tatzeitrelevante Einstellungen und Verhaltensweisen zu entnehmen. Unter ökonomischen Aspekten ist zu sagen, dass dies leider mit viel zeitaufwendiger Lesearbeit verbunden ist. Trotzdem ist es für eine fundierte Begutachtung in diesem Bereich unverzichtbar und erschließt Material für den Einsatz von Gesprächstechniken (Kap. 3.4), die im Verlauf der Exploration u. U. notwendig werden. In der Reflexion von Straftaten durch den Betroffenen sollte speziell der Bereich der tatbedingten „Opfererlebnisse", ein wichtiger Perspektivwechsel, nicht ausgespart werden.

Auf jeden Fall ist es im Explorationsgespräch erforderlich, die Ursache und Genese für die aktenkundigen Delikte herauszuarbeiten. I. d. R. gibt es außer den aktenkundigen Delikten noch weitere Vorkommnisse. Diese Vermutung sollte dem Klienten gegenüber in der Exploration angesprochen werden, die Reaktion auf diese Frage im Sinne der Hypothese H0 sorgfältig abgewogen werden. Zu Herkunftsfamilie, Sozialisationsbedingungen und früheren Vorbildern sollte gefragt werden.

Befundwürdigung:

Das wohl wichtigste Kriterium für die Beurteilung besteht in der Frage, ob die Ursachen der Auffälligkeiten von den Betroffenen selbst erkannt und akzeptiert werden, ob also ein Problembewusstsein besteht und dieses neben externen Ursachen (soziale Bedingungen in der Vergangenheit, finanzielle Engpässe, fehlende Entwicklungsmöglichkeiten) auch persönlichkeitseigene Aspekte umfasst.

Zu berücksichtigen ist ebenfalls, dass ein Fehlverhalten umso veränderungsresistenter ist, je länger es in der Vergangenheit praktiziert wurde. Es ist davon auszugehen, dass mit zunehmender Dauer der „kriminellen Karriere" auch die Anzahl der mit außergesetzlichen Methoden erfolgreich bewältigten Situationen zunimmt und die zugrunde liegenden Verhaltensweisen gefestigt worden sind.

Nach Kroj (1995) ist die Abklärung folgender Gesichtspunkte bei strafrechtlichen Fragestellungen zur Bearbeitung der Eignungsprognose sinnvoll:

1. Eine unter den entscheidenden Aspekten positiv zu bewertende Veränderung der Lebensweise ist deutlich erkennbar und wird durch die jetzigen Lebensverhältnisse gestützt (soziale Beziehungen, wirtschaftliche Situation, Engagement in Beruf bzw. Ausbildung).
2. Diese Veränderung wurde vom Betroffenen aus einem Problembewusstsein heraus vollzogen (ggf. initiiert oder begleitet von einer angemessenen sozialpädagogischen, therapeutischen oder verhaltensmodifizierenden Intervention), und sie wird als zufriedenstellend erlebt.
3. Generelle Fehleinstellungen oder Störungen, die eine soziale Einordnung verhindern, lassen sich nicht (mehr) feststellen.
4. Es ist von einer mindestens einjährigen Legalbewährung in der freien Sozialgemeinschaft auszugehen, die für die Stabilität des veränderten Verhaltens spricht. (Das Leben als Freigänger kann nicht als eine solche Zeit betrachtet werden.)

Kroj führt weiter aus, dass von Führerscheininhabern der Gruppe 2 sowie für die gewerbliche Beförderung von Fahrgästen besonders strenge Maßstäbe bei dieser Fragestellung anzulegen sind. Seine Forderung, dass diese Gruppe von Bewerbern eine mindestens zweijährige erfolgreiche Legalbewährung zu erbringen hat, bevor eine positive Begutachtung möglich wird, ist allerdings in späteren Veröffentlichungen nicht übernommen worden (Utzelmann & Brenner-Hartmann 2005, Kap. 3.14 in Schubert et al. 2005, Begutachtungsleitlinien zur Kraftfahrereignung – Kommentar). Zwar werden auch hier die besonders hohen Anforderungen an Bewerber um diese Fahrerlaubnisklassen formuliert, ohne allerdings zu spezifizieren, was darunter genau zu verstehen ist. Die Bewährungszeit von bis zu einem Jahr unter Realbedingungen wird von den Autoren des Kommentars jedoch auch bei dieser Gruppe als ausreichend betrachtet, ohne dafür mehr als die Vergleichbarkeit des Ansatzes und die daraus resultierende Praktikabilität als Begründung anführen zu können.

Das in der Vergangenheit gezeigte Fehlverhalten wird sich in der Exploration oft als so fest integriert in die Lebenswelt des Betroffenen zeigen, dass es aus gutachterlicher Sicht kaum vorstellbar ist, dass ohne eine umfassende therapeutische Intervention überhaupt eine dauerhafte Änderung erreicht werden kann.

Tatsächlich sind jedoch selbst bei Straftätern mit therapeutischer Intervention die Rückfallquoten lediglich 10% niedriger als nach einer

Entlassung aus dem Normalvollzug (Lösel, Köferl, Weber 1987). Neuere Studien (Lösel & Bender 1993) zu diesem Bereich lassen zwar erkennen, dass die Erfolgsquote solcher Maßnahmen sich verbessert, wenn einige Voraussetzungen beachtet werden, so u. a. wenn

- die therapeutischen Institutionen und die Behandlungsintensität adäquat auf das Risiko der Betroffenen zugeschnitten sind,
- tatsächlich an kriminalitätsrelevanten Merkmalen angesetzt wird (wie z. B. der antisozialen Einstellung und der Peer-Kontakte),
- empirisch bewährte Interventionsprinzipien verwendet werden.

Trotzdem ist die Erfolgsquote therapeutischer Intervention in diesem Bereich angesichts dieser Ergebnisse als relativ gering anzusehen. Dementsprechend sollten derartige Maßnahmen im Rahmen der Begutachtung nicht überbewertet werden und erfordern – unabhängig davon, ob eine therapeutische Maßnahme stattgefunden hat oder nicht – eine sehr sorgfältige Exploration hinsichtlich der zu stellenden Prognose. Häufig werden von Klienten mit strafrechtlichen Fragestellungen Stellungnahmen von Bewährungshelfern vorgelegt. Nur selten enthalten diese jedoch kritische und am Erfolg der Maßnahme zweifelnde Mitteilungen über den Klienten (dem Autor ist aus seiner Praxis kein einziger solcher Fall bekannt). Da ein Bewährungshelfer ein grundsätzlich anderes Betätigungsfeld hat als ein Gutachter, ersetzt eine solche Stellungnahme keinesfalls das sorgfältige gutachterliche Abwägen der Argumente für oder gegen eine vorhandene Kraftfahrereignung.

Vorbereiteter Kunde:

Die Beurteilungskriterien sind veröffentlich und somit auch den auf die MPU vorbereitenden Personen und Institutionen zugänglich. Es gibt Hinweise darauf, dass Kunden auch in diesem Bereich systematisch für die Beantwortung der dort niedergelegten Kriterien und Indikatoren in der Begutachtungssituation trainiert werden. Die Tendenz zu dieser „Vorbereitungstechnik“ ist umso größer, je mehr die vorbereitende Institution dem Typ B zuzuordnen ist (vgl. Kapitel 3.6 „Der vorbereitete Kunde“). Ein seriös arbeitender Therapeut oder eine seriös arbeitende Organisation hat derartiges Training dagegen sicher nicht nötig.

Folgende gutachterliche Techniken bieten sich an:

- Von direkten Fragen lösen, die sich aus den Beurteilungskriterien ergeben
- Nicht mit pauschalen, oberflächlichen Schuldbekenntnissen zufriedengeben („*ich war dumm, blöd und egoistisch*"), schon gar nicht, wenn sie ohne gutachterliche Nachfrage vom Klienten vorgebracht werden und das möglichst noch mehrfach in der Untersuchung
- Anwendung geeigneter Techniken der Gesprächsführung (siehe Kapitel 3.4)
- Sachebene verlassen, häufiger Wechsel der Mitteilungsebenen
- Konfrontation mit der Aktenlage und/oder den Angaben zu einem früheren Zeitpunkt im Gespräch, Konfrontation mit Deliktwiederholung und Bewährungsversagen, wenn vorhanden
- Nachvollziehen der Entwicklungsgeschichte und der angegebenen Wendepunkte (Eingehen einer Partnerschaft, Geburt von Kindern, Berufsausbildung, Berufstätigkeit – vor, während oder nach der letzten Straffälligkeit?), ggf. Einholen überprüfbarer Nachweise (Geburtsurkunden der angeblichen Kinder, Heiratsurkunde, Beleg der unternehmerischen Selbstständigkeit, Zeugnisse etc.), auch wenn diese nicht direkt etwas mit der Fahreignung zu tun haben. Dem Autor sind mehrere Fälle bekannt, in denen eine Heirat, inzwischen vorhandene Kinder, eine bestandene Meisterprüfung oder berufliche Weiterbildung im Explorationsgespräch zwar behauptet und als Indikator für eine inzwischen erfolgreich veränderte Lebensweise benannt wurden, jedoch auch im Nachgang von den Betroffenen nicht belegt werden konnten.
- Ist dem Klienten eine Darstellung aus Opfersicht möglich (einschließlich der dabei zu erwartenden emotionalen Zustände beim Opfer)?
- Hat sich der Klient um eine Aussöhnung mit dem Opfer bemüht? Die alleinige Formulierung *„ich habe mich dafür entschuldigt"* ist keinesfalls als ein derartiges Bemühen anzusehen, ebenso nicht *„ich habe dafür gebüßt"* (gemeint: durch die Haftstrafe).
- Körpersprache (Tendenz zu verschließenden Gesten bei unrealistischen Angaben)
- Auf „emotionales Mitschwingen" achten

5.6 Fragestellung „Fahrgastbeförderung"

Problemstellung:

An Fahrer, die Fahrgäste befördern, werden besondere Anforderungen gestellt. Diese resultieren zum einen aus der Größe des Kraftfahrzeuges (Bus), das an die Handhabung im Straßenverkehr deutlich höhere Anforderungen stellt als ein normaler Pkw.

Dass dieses Argument aber nicht das einzige ist, welches den Gesetzgeber dazu bewogen hat, diese besonderen Anforderungen auch in der FeV (Anlage 5 zu § 11) festzuschreiben, wird spätestens daran deutlich, dass die dort festgeschriebenen Anforderungen auch durch die Fahrer von im gewerblichen Personenverkehr eingesetzten Pkw (Taxi, Minicar etc.) erfüllt sein müssen.

Über die Handhabung des Fahrzeugs im Straßenverkehr hinaus existieren also weitere Gründe, auf denen die Anforderungen des Gesetzgebers in diesem Bereich beruhen. Zu nennen sind:

- Erforderliche persönliche Zuverlässigkeit, auf der das besondere Vertrauensverhältnis zu den Fahrgästen beruht, denn diese vertrauen sich in aller Regel ohne vorherige Prüfung einer für sie fremden Person zur Beförderung an (ähnlich wie bei einem Flugzeug- oder Schiffsführer).
- Aufgrund vorgegebener Fahrziele und Fahrzeiten (bzw. der Anforderung, Strecken kosten- und/oder zeitökonomisch zurückzulegen) verfügen die Fahrer über weniger Freiheitsgrade im Vergleich zu einer Person, die einen Pkw privat benutzt und frei darüber entscheiden kann, ob und welchen Weg sie in welcher Zeit fährt.
- Fahrten sind bei nahezu jeder Wetterbedingung zu absolvieren. Fahrgäste steigen auf öffentliche Verkehrsmittel oder Taxi um, wenn die Fahrt mit dem eigenen Pkw zu riskant erscheint.
- Es kommt zu Ablenkungen durch die Fahrgäste, die ihrerseits u. U. noch besondere Anforderungen stellen (Eile, abweichende Strecke, zusätzliche Pause etc.).

Die höheren Anforderungen an Kraftfahrer in diesem Bereich sind somit begründet. Ebenso ist festzustellen, dass die routinemäßige Überprüfung der Eignung für diese Art von Berufstätigkeit wohl begründet ist, denn mit zunehmendem Alter, (lt. Kaiser & Oswald 1999) *„ab dem 40. Lebensjahr*

[...] mit bemerkenswerter Häufigkeit ab dem 50. Lebensjahr", beginnen bei vielen Menschen die ersten Abbauprozesse, fatalerweise oft unbemerkt von den Betroffenen. Da jedoch die Gruppe der älteren Kraftfahrer nicht per se als verkehrsauffällig anzusehen ist, ist eine individuelle Beurteilung der Eignung zur Fähigkeit der Personenbeförderung sowohl richtig als auch zu fordern.

Die Regelung sieht vor, dass alle Bewerber um die Fahrerlaubnisklassen D, D1, DE und D1E ihre psychophysische Leistungsfähigkeit nachweisen müssen. Die Fahrerlaubnis gilt jeweils befristet für fünf Jahre, zu ihrer Verlängerung ist die psychophysische Leistungsfähigkeit ab dem 50. Lebensjahr erneut nachzuweisen. Bewerber um eine Fahrerlaubnis zur Personenbeförderung mit Pkw müssen dies regelhaft ab dem 60. Lebensjahr tun.

Die erforderliche Leistungsfähigkeit ist auf allen fünf in der FeV vorgesehenen Skalen nachzuweisen (Belastbarkeit, Orientierungsleistung, Reaktionsfähigkeit, Aufmerksamkeitsleistung, Konzentrationsleistung). Eine ausreichende psychophysische Leistungsfähigkeit in diesem Bereich gilt als erreicht, wenn auf der Mehrzahl der Skalen ein Prozentrang von mindestens 33 und auf keiner Skala ein Prozentrang von weniger als 16 erreicht wird.

In den Beurteilungskriterien wird als weitere Anforderung für den Besitz oder die Beantragung der Fahrerlaubnis der Klassen D, D1, DE, D1E und zur Fahrgastbeförderung ein Mindestniveau der Intelligenz – des durch psychologische Testverfahren festgestellten schlussfolgernden Denkens – formuliert: Dieses soll bei einem IQ von mindestens 85 liegen.

Über die reine testpsychologische Überprüfung hinaus erwartet der Gesetzgeber, dass die erforderliche persönliche Zuverlässigkeit von Inhabern einer solchen Fahrerlaubnis gegeben ist. Diese kann als gegeben angesehen werden, wenn keine Hinweise auf unzureichende Impulskontrolle, erhöhte Risikobereitschaft, fehlerhafte Risikoeinschätzung, egozentrische Grundhaltung sowie keine irrationale, unangemessene Bewertung von Verkehrssituationen (und anderen Situationen) und keine Defizite in der Anpassungsbereitschaft gegeben sind. Alkohol- und Drogenauffälligkeiten, gehäufte Verkehrszuwiderhandlungen und/oder Straftaten begründen Eignungszweifel. Sofern die behördliche Fragestellung entsprechend formuliert ist, ist davon auszugehen, dass derartige Delikte vorliegen (Aktenanalyse). Entsprechend ist die Eignungsüberprüfung auf diese

Bereiche auszudehnen. Hierzu sei auf die entsprechenden Kapitel in diesem Buch verwiesen.

5.7 Fragestellung „vorzeitige Erteilung"

Problemstellung:
Die Erlaubnis zum Führen eines Kraftfahrzeugs ist – abhängig von der Fahrzeugart – an ein gesetzlich festgeschriebenes Mindestalter gebunden. Der Gesetzgeber hat jedoch Ausnahmen von diesen Vorgaben zugelassen, wenn ein Bestehen auf dieser Regelung für den Betroffenen zu unvermeidbarer, erheblicher Härte führen würde. Häufig benannte Gründe in diesem Zusammenhang sind:

- Wege zum und vom Ausbildungsplatz sind ohne eigenes Fahrzeug nicht realisierbar
- Gesundheitliche Versorgung naher Angehöriger
- Notwendige Übernahme von Arbeiten in der elterlichen Landwirtschaft
- Berufsausbildung zum Berufskraftfahrer oder zum Landwirt

Die Entscheidung, ob die gegebenen Anlässe eine Ausnahmeregelung rechtfertigen, ist Angelegenheit der Fahrerlaubnisbehörde.

In der Fahreignungsbegutachtung ist jedoch zu prüfen, ob beim Bewerber die persönlichen Voraussetzungen eine vorzeitige Erteilung vorliegen. Diese sind wie folgt definiert:

- Es liegt kein eignungsausschließender oder die Eignung erheblich einschränkender verkehrsmedizinisch und/oder verkehrspsychologisch relevanter Mangel vor.
- Die psychisch-funktionale Leistungsfähigkeit entspricht im Wesentlichen der Gesamtnorm, wobei darauf zu achten ist, dass die Leistungsverläufe ausgewogen und stabil sein sollen (z. B. Ausgewogenheit zwischen Tempo- und Sorgfaltsleistung).
- Es gibt keine Anzeichen für eine intellektuelle Minderleistung (im Zweifelsfall prüfen).
- Risikofaktoren aus der bisherigen Entwicklung sind nicht ableitbar (Bedingungen des Wohnsitzes, schulische und berufliche Situation,

soziale Beziehungen, Freizeitgestaltung, bisheriges Verhalten als Verkehrsteilnehmer).
- Eine mittel- und langfristig realistische Lebensplanung ist vom Grundsatz her erkennbar.
- Einsicht in die Notwendigkeit sozialer Normen und in die Notwendigkeit, diese einzuhalten, ist vorhanden.
- Falls eine körperliche Reifeverzögerung vorliegt, findet sich auf psychologischer Ebene keine Entsprechung.

Durchführung der Untersuchung:
Aus diesen Anforderungen ergibt sich bereits im Wesentlichen der Untersuchungsablauf. Er beginnt mit der Aktenanalyse. Insbesondere ist auf verkehrs- und strafrechtliche Verstöße sowie weitere Anhaltspunkte zu achten, die auf eine mangelnde Eignung schließen lassen könnten. Weiter erfolgen eine medizinische Untersuchung, eine umfassende testpsychologische Untersuchung, (i. d. R. Belastbarkeit, Orientierungsleistung, Reaktionsfähigkeit, Aufmerksamkeitsleistung, Konzentrationsleistung) sowie gegebenenfalls ein Intelligenztests und die psychologische Exploration, wobei sich die Inhalte des Gesprächs weitgehend aus der oben stehenden Aufzählung der Eignungsvoraussetzungen ableiten lassen, weshalb sie an dieser Stelle nicht noch einmal aufgezählt werden sollen.

5.8 Fragestellung „Fahrlehrerlaubnis"

Problemstellung:
An Fahrerlehrer werden, wie an Berufskraftfahrer auch, besondere Anforderungen gestellt. Dazu gehört, dass ein Fahrlehrer umsichtig und regelgerecht am Straßenverkehr teilnimmt, Dauerbelastung standhält und kritische Situationen bewältigt. Zusätzlich sind pädagogische Fähigkeiten nötig. Mehr als bei allen anderen Straßenverkehrsteilnehmern bestehen aufgrund des Multiplikatoreffekts Anforderungen an die Vorbildfunktion.

In Zweifelsfällen kann die Fahrerlaubnisbehörde nach dem Fahrlehrergesetz im Rahmen des Antragsverfahrens um eine Fahrlehrererlaubnis eine fachärztliche oder eine medizinisch-psychologische

Begutachtung durch eine amtlich anerkannte Begutachtungsstelle für Fahreignung fordern, um über die geistige und körperliche Eignung des Antragstellers entscheiden zu können (§ 3 FahrlG).

Über die Fähigkeit zur Handhabung des Fahrzeugs im Straßenverkehr hinaus existieren also weitere Gründe, auf denen die Anforderungen des Gesetzgebers in diesem Bereich beruhen. Zu nennen sind:

- Erforderliche persönliche Zuverlässigkeit, auf der das besondere Vertrauensverhältnis zu den Fahrschülern beruht, denn diese vertrauen sich in aller Regel ohne vorherige Prüfung einer für sie fremden Person an.
- Aufgrund der Ausbildungsziele und vorgegebener Fahrzeiten („Fahrstunden") verfügen Fahrlehrer über weniger Freiheitsgrade als eine Person, die einen Pkw privat benutzt und frei darüber entscheiden kann, ob und welchen Weg sie fährt.
- Fahrten sind auch bei ungünstigen Wetterbedingungen und in den Abendstunden sowie auf Autobahnen zu absolvieren (u. a. Pflichtstunden). Bei Fahrschülern ist zudem mit unerwarteten Reaktionen zu rechnen, was eine besondere Anforderung darstellt.

Die höheren Anforderungen an Kraftfahrer, die als Fahrlehrer tätig sind, sind somit begründet.

Die Regelung sieht vor, dass alle Bewerber um die Fahrlehrererlaubnis ihre psychophysische Leistungsfähigkeit nachweisen müssen. Die erforderliche Leistungsfähigkeit ist auf allen fünf in der FeV vorgesehenen Skalen nachzuweisen (Belastbarkeit, Orientierungsleistung, Reaktionsfähigkeit, Aufmerksamkeitsleistung, Konzentrationsleistung). Eine ausreichende psychophysische Leistungsfähigkeit in diesem Bereich gilt als erreicht, wenn auf der Mehrzahl der Skalen ein Prozentrang von mindestens 33 erreicht wird und auf keiner Skala ein Prozentrang von weniger als 16 vorliegt.

In den Beurteilungskriterien wird als weitere Anforderung für den Besitz oder die Beantragung der Fahrlehrererlaubnis ein Mindestniveau der Intelligenz – des durch psychologische Testverfahren festgestellten schlussfolgernden Denkens – formuliert: Dieses soll bei einem PR > 16 (entspricht einem IQ von > 85) liegen.

Über die reine testpsychologische Überprüfung hinaus erwartet der Gesetzgeber, dass neben dem Fachwissen die erforderliche persönliche Zuverlässigkeit von Inhabern einer Fahrlehrerlaubnis gegeben ist. Diese kann als gegeben angesehen werden, wenn keine Hinweise auf unzureichende Impulskontrolle, erhöhte Risikobereitschaft, fehlerhafte Risikoeinschätzung, egozentrische Grundhaltung sowie keine irrationale, unangemessene Bewertung von Verkehrssituationen (und anderen Situationen) und keine Defizite in der Anpassungsbereitschaft gegeben sind. Alkohol- und Drogenauffälligkeiten, gehäufte Verkehrszuwiderhandlungen und/oder Straftaten begründen Eignungszweifel. Sofern die behördliche Fragestellung entsprechend formuliert ist, ist davon auszugehen, dass derartige Delikte vorliegen (Aktenanalyse). Entsprechend ist die Eignungsüberprüfung auf diese Bereiche auszudehnen. Hierzu sei u. a. auf die entsprechenden Kapitel in diesem Buch verwiesen.

6 Anforderungen an ein Gutachten

6.1 Erstellung von Gutachten

Bei einem medizinisch-psychologischen Gutachten handelt es sich um ein interdisziplinär erstelltes Produkt, bei dem in erster Linie die Fachrichtungen Psychologie und Medizin beteiligt sind. In einigen Fällen sind zusätzlich Rechts- und/oder Ingenieurwissenschaften beteiligt. In die Begutachtung sind jeweils alle vorliegenden Befunde dieser Fachrichtungen einzubeziehen. Nur so können Wechselwirkungen und Kompensationsmöglichkeiten in angemessener Weise erfasst werden.

Jedes Gutachten muss nachvollziehbar und nachprüfbar sowie in allgemein verständlicher Sprache abgefasst sein.

Die **Nachvollziehbarkeit** betrifft dabei die logische Ordnung und die Schlüssigkeit der Aussagen im Gutachten. Hierzu sind alle wesentlichen Befunde sowie die daraus abgeleiteten Schlüsse im Gutachten darzustellen.

Nachprüfbar ist ein Gutachten dann, wenn es die wissenschaftlichen Quellen angibt, die den Schlussfolgerungen zugrunde liegen. Hierzu ist allerdings anzumerken, dass an die Angaben im Gutachten nicht die gleichen Anforderungen gestellt werden können wie an eine reguläre wissenschaftliche Arbeit. Vielmehr genügt es im Wesentlichen, wenn die eingesetzten Untersuchungsverfahren und die erhobenen Befunde angegeben werden. Soweit die Schlussfolgerungen in dem Gutachten auf Forschungsergebnisse gestützt sind, sollten diese als Quellen genannt werden. Das Gutachten soll aber nicht im Einzelnen die wissenschaftlichen Grundlagen für die Erhebung und Interpretation der Befunde ausbreiten.

Dass ein Gutachten in **allgemein verständlicher Sprache** abgefasst sein muss, bedeutet nicht, dass der Verständnishorizont des Betroffenen für die Darstellung im Gutachten entscheidend ist, sondern eher der eines verständigen Dritten. Zu denken ist hierbei etwa an einen verständigen Behördenmitarbeiter oder einen Rechtsanwalt, dem der Umgang mit Gutachten vertraut ist, ohne dass er dabei über eine psychologische Fachausbildung verfügt (vgl. Kroj 1995, S. 27). Im Kommentar zu den Begutachtungsleitlinien (Schubert et. al. 2005) wird in diesem Zusammenhang der Begriff des „Empfängerhorizonts" benutzt, wobei als „Empfänger" auch hier nicht der Bewerber oder Inhaber um eine Fahrerlaubnis gesehen wird, sondern die Fahrerlaubnisbehörde, welche den Begutachtungsauftrag veranlasst hat.

Bei der **Wiedergabe des Explorationsgesprächs** genügt es, die wesentlichen, für die Bewertungen entscheidenden Gesprächsinhalte wiederzugeben. Eine wörtliche Explorationsmitschrift ist nicht erforderlich. Abgesehen vom erheblichen Zeitaufwand, den eine wörtliche Mitschrift verursacht, hat sich in der Praxis oft gezeigt, dass eine wörtliche Mitschrift eher zu Rückfragen und Kritik durch die Kunden führt, da gesprochenes und geschriebenes Wort im Alltag eine andere Wirkung haben und wesentlich voneinander abweichen. Eine wörtliche Mitschrift liest sich daher für die Kunden sehr ungewohnt und führt zu häufigen Rückfragen und Behauptungen wie: *„Das habe ich so nicht gesagt"*, oder: *„So rede ich nicht"*, obwohl genau dies der Fall ist.

Werden in einem Gutachten Eignungsmängel beim Kunden festgestellt und können nicht ausgeräumt werden, soll dem Kunden eine Empfehlung im Sinne einer orientierenden Hilfestellung gegeben werden. Darin können Wege aufgezeigt werden, wie der Untersuchte seine jeweiligen Fahreignungsdefizite beheben kann (z. B. Nachschulung, Therapie, medizinische Behandlung oder sonstige Maßnahmen). Das Gutachten kann auch den Hinweis enthalten, dass die Empfehlungen dem Kunden gegenüber mündlich gegeben wurden. Es ist strikt darauf zu achten, dass die Empfehlungen in einem Gutachten neutral sind und nicht auf eine bestimmte Institution am Markt verweisen. So ist z. B. die Empfehlung, an einer verkehrspsychologischen Intervention zur Aufarbeitung des Problemverhaltens teilzunehmen, akzeptabel, die Empfehlung einer bestimmten Praxis oder eines bestimmten Therapeuten dagegen nicht.

6.2 Aufzeichnung/Dokumentation der Exploration

Zur Erstellung des Gutachtens benötigt der Gutachter Aufzeichnungen über das Explorationsgespräch. Über die Art, wie die Aufzeichnungen anzufertigen sind, gibt es keine Vorschriften. Notwendig ist aber, dass der Gutachter auch nach mehreren Tagen noch in der Lage ist, aus den Aufzeichnungen den Verlauf des Explorationsgesprächs zu rekonstruieren und die wesentlichen Inhalte in das Gutachten zu übernehmen. Darauf zu achten ist, dass die Aufzeichnungen „archivierungsfähig“ sind, d. h. im Archiv des Trägers aufbewahrt werden können.

6.2.1 Handschriftliche Aufzeichnungen

Bei der handschriftlichen Aufzeichnung schreibt der Gutachter das Explorationsgespräch in wesentlichen Teilen handschriftlich mit. Der Umfang der Aufzeichnungen ist von Gutachter zu Gutachter sehr unterschiedlich. Es gibt Gutachter, die das Explorationsgespräch wörtlich mitschreiben und auch in seinem ganzen Umfang im Gutachten wiedergeben. Diese Art des Vorgehens kommt nur in Frage, wenn ein Gutachter in der Lage ist, seine handschriftlichen Aufzeichnungen sehr schnell anzufertigen. Notwendig ist die wörtliche Mitschrift des Explorationsgesprächs – wie oben bereits erwähnt – jedoch nicht. Für die Erstellung des Gutachtens reicht es aus, wenn das Explorationsgespräch in seinen Inhalten und seinem Verlauf nachvollziehbar wiedergegeben wird und die wesentlichen begutachtungsrelevanten Inhalte dabei Erwähnung finden.

Die Vorteile handschriftlicher Aufzeichnungen liegen im unkomplizierten Einsatz. Für das Explorationsgespräch ist keine weitere technische Ausstattung erforderlich. Der größte Vorteil dürfte jedoch sein, dass sich der Gutachter weitgehend dem Gespräch widmen kann, ohne durch Hantieren an technischen Geräten abgelenkt zu sein. Dies ermöglicht eine sehr individuelle Gestaltung der Exploration und eine gute Beobachtung des Kunden während des Gesprächs.

Als nachteilig ist der Aufwand für die Übertragung der handschriftlichen Aufzeichnungen in das Gutachten anzusehen.

6.2.2 Mitschrift am Computer

Bei der Mitschrift am Computer gibt der Gutachter seine Fragen und die Antworten des Kunden gleich in einem Computer ein. Der Vorteil dieser Methode besteht insbesondere darin, dass die Zwischenschritte „handschriftliche Aufzeichnung des Gesprächs“ und „Übertragung in das Gutachten“ entfallen. Der in den Rechner eingegebene Text steht sofort für die weitere Arbeit zur Verfügung. Dennoch muss dieser Text aufgrund bestehender Vorgaben unabhängig vom Gutachten separat archiviert werden. Darüber hinaus besteht bei der Mitschrift am Computer die Möglichkeit, den geschriebenen Text dem Kunden vorzulegen, der den Text dann mit seiner Unterschrift bestätigen kann. Letzteres ist allerdings nicht zwingend erforderlich, und es besteht die Gefahr, dass hier Gesprächsinhalte nachträglich „ausgehandelt“ werden (was als schwerer fachlicher Fehler anzusehen ist!).

Diesen Vorteilen steht als Nachteil die oft längere Dauer des Gesprächs gegenüber, auch wenn der Gutachter aus seiner Sicht den Text vermeintlich schnell in den Computer eingibt. Darüber hinaus sind die wenigsten Gutachter in der Lage, einen Text während des Gesprächs wirklich so einzugeben, dass er unmittelbar für die Übernahme in das Gutachten taugt. Insofern ist also ein weiterer Arbeitsschritt, nämlich die Überarbeitung des aufgezeichneten Textes, erforderlich.

Von den Kunden wird darüber hinaus häufiger kritisiert, dass sich der Gutachter mehr mit seinem Computer als mit dem Kunden selbst befasst habe. Auch wenn dies objektiv nicht unbedingt zutreffen muss, wird dieser Eindruck durch den intensiven Blickkontakt des Gutachters zum Monitor gestützt. Der aufgeklappte Laptop oder der Bildschirm wird von Kunden zudem oft als Kommunikationsbarriere empfunden.

Soweit für die Exploration vorgefertigte Frageschemata verwendet werden, die bereits im Computer abgespeichert sind, besteht die Gefahr, dass der Gutachter diese Schemata zu rigide verfolgt. Er ist in diesem Fall nicht mehr in der Lage, mit der notwendigen Sensibilität und Flexibilität auf den Einzelfall einzugehen. Weitere Nachteile vorgefertigter Explorationsschemata, insbesondere im Fall von auf die MPU vorbereiteten Kunden, sind bereits an anderer Stelle erwähnt (z.B. Kap. 3.6 „Der vorbereitete Kunde“) und sollen hier nicht noch einmal wiederholt werden.

6.2.3 Aufzeichnung mit elektronischen Medien

Die Aufzeichnung auf elektronischen Medien wird häufiger von den Kunden gefordert. Während es früher praktisch nur Kassettenrekorder gewesen sind, auf denen die Aufzeichnung angefertigt werden konnte, steht heute eine Vielzahl von Medien zur Verfügung. Diese sind wesentlich kleiner als Kassettenrekorder und unauffälliger im Einsatz. Die Möglichkeit, dass ein Klient das Explorationsgespräch heimlich aufzeichnet, besteht also immer. Allerdings kann eine solche Aufzeichnung letztlich in einer juristischen Auseinandersetzung nicht verwendet werden, da nicht nur für den Klienten, sondern auch für den Gutachter gilt, dass er ein Recht am eigenen Wort hat. Liegt eine Zustimmung des Gutachters zur Aufzeichnung nicht vor, hat der Kunde dieses Recht nicht beachtet.

Grundsätzlich liegt es im Ermessen des Gutachters, ob er einer elektronischen Aufzeichnung des Explorationsgesprächs zustimmt. Ein Kontrahierungszwang (Verpflichtung, einen Vertrag zu schließen, vgl. Menken 1980) besteht nicht, auch wenn der Kunde auf einer Aufzeichnung besteht. In letzter Konsequenz kann dass Explorationsgespräch nicht stattfinden, wenn keine Einigung erzielt wird.

Andererseits wurde und wird von juristischer Seite die Aufzeichnung des Explorationsgesprächs im Rahmen der MPU vehement gefordert. Kontrovers diskutiert wurde dieser Sachverhalt auf dem Verkehrsgerichtstag in Goslar 2010 im Arbeitskreis mit dem Thema „Der ‚Idiotentest' auf dem Prüfstand". Obwohl die vorgetragene Forderung, Explorationsgespräche in der MPU grundsätzlich aufzuzeichnen, nicht in die Empfehlungen des Verkehrsgerichtstages aufgenommen wurde, sind wohl als Konsequenz aus der geführten Diskussion nahezu alle Träger dazu übergegangen, Aufzeichnungen des Explorationsgesprächs auf Wunsch des Kunden zuzulassen.

Die Arbeit des Gutachters wird in diesem Fall deutlich aufwendiger. Da zu erwarten ist, dass die Aufzeichnung vom Kunden überwiegend zur Kontrolle der Arbeit des Gutachters eingesetzt wird, kann nur empfohlen werden, von dem Gespräch ein vollständiges Transskript anzufertigen, dieses in das Gutachten zu übernehmen und als Basis für die Begutachtung zu benutzen. Die Aufzeichnung ist durch den Träger zu archivieren und darf nicht in die Hand des Kunden gegeben werden, da es nicht mit besonderen Schwierigkeiten verbunden ist, Tonaufzeichnungen zu manipulieren und somit die Gefahr besteht, dass dies auch geschieht.

Darüber hinaus wird es so zumindest erschwert, den Arbeitsstil einzelner Gutachter zu analysieren und zur Vorbereitung von Kunden zu nutzen.

Inwiefern der entstehende Mehraufwand vom Kunden zu finanzieren ist und in welcher Form dies geschieht, ist durch den MPU-Träger zu regeln.

Eine Aufzeichnung des Explorationsgesprächs, die ohne Einwilligung des Gutachters angefertigt worden ist, kann gegen diesen oder gegen das Gutachten nicht verwendet werden, da nicht nur der Kunde, sondern auch der Gutachter ein Recht auf Datenschutz hat und in diesem Fall die Rechte am eigenen Wort verletzt wurden.

6.3 Aufbau eines Gutachtens

Das folgende Schema für den Aufbau eines Gutachtens hat sich in der Praxis bewährt und geht mit den „Anforderungen an zu akkreditierende Träger" der BASt konform. Andere Formen der Gliederung sind jedoch nicht grundsätzlich ausgeschlossen. I. d. R. wird die Gliederung von Gutachten durch den Träger vorgegeben sein.

I. Anlass und Fragestellung der Untersuchungen

II. Überblick über die Vorgeschichte

- Aktenübersicht
- Begründung der behördlich formulierten Eignungsbedenken
- Voraussetzung für eine günstige Prognose (Darlegung der zu prüfenden Hypothesen)

III. Untersuchungsbefunde

- Medizinische Untersuchungsbefunde
- Gegebenenfalls Darstellung der Methoden, Befunden, Anamnese, körperlicher Befund, Laboranalytik
- Psychologische Untersuchungsbefunde
- Darstellung der Methoden, Befunde, Untersuchungsgespräch, Leistungstests, Fragebogenverfahren

IV. Bewertung der Befunde

- Interdisziplinäre Interpretation der Befunde und ihrer Bedeutung für die Annahme oder Zurückweisung der unter II. angeführten Hypothesen

V. Beantwortung der Fragestellung (und Empfehlungen)

- Zusammenfassende Beantwortung der behördlichen Fragestellung
- Wenn die Eignungsfrage nicht positiv beantwortet werden konnte: Empfehlungen, wie die Fahreignung künftig wiederhergestellt werden kann

6.4 Qualitätsprüfung

Träger von BfFs sind gemäß den „Anforderungen an Träger von Begutachtungsstellen für Fahreignung" (Fassung vom 30.01.2009) verpflichtet, interne Qualitätsprüfungen, die auch Gutachtenaudits umfassen, durchzuführen.

Außerdem erfolgt in zweijährigem Abstand die Überprüfung einer Gutachtenstichprobe durch beauftragte Auditoren der BASt.

Für die interne Prüfung haben sich Checklisten bewährt. Geprüft werden vorrangig die Kriterien laut FeV (Anlage 15, Abs. 2: allgemeine sprachliche Verständlichkeit, Nachvollziehbarkeit, Nachprüfbarkeit, Vollständigkeit), denn die Nichterfüllung dieser Anforderungen würde ein Gutachten in einer rechtlichen Auseinandersetzung angreifbar machen. Die BASt hat darüber hinaus sehr viel mehr Qualitätsanforderungen festgelegt, die in ein eigens ausgearbeitetes Prüfschema eingegangen sind.

Schema für Gutachtenaudit durch die BASt

(Stichwortartige Wiedergabe wesentlicher Punkte ohne Garantie auf Vollständigkeit oder Richtigkeit)

1. Gebühren und Entgelte

Berechnung Gebühr/Entgelt, Nachweis über Aufklärung des Kunden bezüglich Sonderleistungen, Aufschlüsselung der Rechnungspositionen

2. Befunderhebung

Medizinische Befunderhebung und deren Umfang

3. **Gutachten**
   Angaben auf Titelblatt. Gutachtenaufbau, Wiedergabe der behördlichen Fragestellung, Angaben zum Dolmetscher (falls erforderlich)

   Wiedergabe medizinischer Untersuchungsbefunde, Laborbefunde und beigebrachter Unterlagen

   Wiedergabe psychologischer Befunde
   Exploration: Hintergrundproblematik, Konsumverhalten, Konkretisierung von Mengen und Häufigkeiten des Konsums, Nachfragen, Rückmeldungen, Veränderungen, Erfahrungen, Motivlage, integrative Bewertung der Befunde und Ergebnis

   Fertigstellung des Gutachtens
   Abweichung bei der Beantwortung der (behördlichen) Fragestellung, Vollständige Beantwortung der (behördlichen) Fragestellung, Nachvollziehbarkeit der Ergebnisse, Nachvollziehbarkeit der Kursempfehlung (§ 70 FeV)

4. **Gutachtenversand und Archivierung der Unterlagen**
   Bearbeitungszeiten, Aktenrücksendung

   Sonstiges
   Schriftwechsel zwischen Begutachtungsstelle und Kunden bzw. anderen Beteiligten, schriftliche Erklärungen des Kunden

Die Erstellungs- und Auswertungsalgorithmen für das hochdifferenzierte Schema der BASt sind bisher nicht veröffentlicht. Ebenso ist nicht bekannt, wie einzelne Qualitätskriterien gewichtet werden. Das Urteil eines „im Ergebnis nicht nachvollziehbaren Gutachtens" ist vernichtend. Im Wiederholungsfall wird das Prüfungsergebnis an die zuständigen Aufsichtsbehörden der Länder mitgeteilt, die nun ihrerseits Überwachungs- und Sanktionsmaßnahmen einleiten können. Die Nachvollziehbarkeit von Gutachtenergebnissen ist in dem Prüfschema der BASt jedoch nicht mehr ausschließlich durch Nennung wissenschaftlicher Grundlagen und Expertisen im Gutachten gewährleistet, sondern muss darüber hinaus anhand der Beurteilungskriterien, so ungenau und widersprüchlich diese an einigen Stellen auch gefasst sind[22], erfüllt sein. Die in diesem Zusammenhang auch von den Herausgebern der BK ausdrücklich benannte Möglichkeit, in Einzelfällen begründet von den Vorgaben der BK abzuweichen, wird bei den Gutachtenaudits der BASt offensichtlich nicht oder nur in sehr eingeschränktem Maße berücksichtigt.

Ergebnisse der internen und externen Qualitätsprüfung von Gutachten gehen in das Qualitätsmanagementsystem des Trägers von BfFs ein. Sie dienen als Anlass für Schulungsmaßnahmen, Fachmitteilungen für Gutachter, die Veränderung von Mustervorlagen und sonstige Korrektur- und Vorbeugemaßnahmen.

6.5 Hilfsmittel bei der Gutachtenerstellung

In diesem Abschnitt wird unterschieden zwischen Literatur und weiteren Hilfsmitteln, die den Gutachter bei der Erstellung von Gutachten unterstützen können.

- Bundesanstalt für Straßenwesen. 2009. Begutachtungs-Leitlinien zur Kraftfahrereignung. Berichte der Bundesanstalt für Straßenwesen. Reihe: Mensch und Sicherheit. Heft M 115. Bergisch-Gladbach.

  Die Begutachtungsleitlinien zur Kraftfahrereignung befinden sich inzwischen in Überarbeitung. Die jeweils aktuelle Fassung ist im Internet einzusehen (siehe Kasten unten).

- Schubert, W. & Mattern, R. 2009. Beurteilungskriterien. Kirschbaum Verlag. Bonn.
- Schubert, W., Schneider, W., Eisenmenger, W., Stephan, E. 2003. Begutachtungsleitlinien zur Kraftfahrereignung – Kommentar. Kirschbaum Verlag. Bonn.
- Zu beachten sind ferner die Erlasse der Bundesländer, die zahlreiche Besonderheiten in Bezug auf Gutachten enthalten, die für Klienten erstellt werden, die im jeweiligen Bundesland ihren Wohnsitz haben. Geregelt sind hierin u. a. erforderliche Abstinenzzeiträume,

22 Eine Diskussion von Widersprüchen und/oder von Sachverhalten, die zu unlogischen Ergebnissen führen (z. B. führt eine therapeutische Aufarbeitung unter zeitlichen Gesichtspunkten für die Betroffenen zu einem Nachteil gegenüber der Möglichkeit, auf eine therapeutische Aufarbeitung ganz zu verzichten), findet sich u. a. bei Nieder & Klepzig 2010.

Wachstumsgeschwindigkeit von Haaren, die bei einer Haaranalyse zugrunde gelegt wird, Umsetzung aktueller Gerichtsurteile u. v. a. m.
- Darüber hinaus existiert weitere einschlägige Literatur. Hinzuweisen sei insbesondere auf die periodisch erscheinenden Zeitschriften „Zeitschrift für Verkehrssicherheit“ und „Blutalkohol“.

Darüber hinaus sind die jeweils aktuellen Veröffentlichungen in einschlägigen Medien durch die Gutachter zu verfolgen. Größere Träger fassen diese „News“ oft in Form von Informationsdiensten zusammen und händigen diese an ihren Mitarbeitern aus.

Weitere Hilfsmittel werden z. T. von den Trägern zur Verfügung gestellt oder von einzelnen Gutachtern im Verlauf ihrer Tätigkeit angefertigt. Hierzu gehören in erster Linie Textvorlagen für unterschiedliche Einsatzzwecke. Bei dem Einsatz von Textvorlagen ist darauf zu achten, dass ein Gutachten in seinen wesentlichen Teilen nicht ausschließlich aus Textbausteinen besteht, da dies die Verwendbarkeit des Gutachtens insgesamt in Frage stellt.

Downloadmöglichkeit „Begutachtungsleitlinien zur Kraftfahrereignung“:
Hompage der BASt **www.bast.de**
➤ Publikationen
➤ Berichte zum Download
➤ Unfallforschung
➤ Begutachtungsleitlinien zur Kraftfahrereignung

Literatur- und Quellenverzeichnis

BEEK, A. v. d. 1994. Assessment of Workload in Lorry Drivers. Amsterdam. Universität van Amsterdam.

BIELER, P. 2010. Einführung in das Symposium. In: Born, S. R., Brieler, P., Sohn, J.-M., Beurteilungskriterien in der Fahreignungsdiagnostik. Fortschritte und Optimierungsbedarf. Pabst Sience Publishers. Lengerich.

BODE, H. J., WINKLER, W. 2006 (5. Auflage). Fahrerlaubnis Eignung – Entzug – Wiedererteilung. Deutscher Anwalt Verlag. Bonn.

BORN, S. R., BRIELER, P., SOHN, J.-M. 2010. Beurteilungskriterien in der Fahreignungsdiagnostik – Fortschritte und Optimierungsbedarf. Pabst Sience Publishers. Lengerich.

BUNDESANSTALT FÜR STRASSENWESEN. 2009. Begutachtungs-Leitlinien zur Kraftfahrereignung. Berichte der Bundesanstalt für Straßenwesen. Reihe: Mensch und Sicherheit. Heft M 115. Bergisch-Gladbach.

CONEN, H. 2003. Die Kunst mit Menschen umzugehen. Knauer Ratgeber Verlage. München.

DÖRING-SEIPEL, E. 1996. Stimmung und Körperhaltung. Beltz Verlag. Weinheim.

ECHTERHOFF, W. 1990a. Geschichte der Verkehrspsychologie (Teil 1). Zeitschrift für Verkehrssicherheit, 36 (2), (Teil 1), S. 50-70.

ECHTERHOFF, W. 1990b. Geschichte der Verkehrspsychologie (Teil 2). Zeitschrift für Verkehrssicherheit, 36 (3), (Teil 2), S. 98-112.

FREUD, S., 1901. Zur Psychopathologie des Alltagslebens. Fischer Verlag. Fankfurt.

FRIELING, E., BOGEDALE, U., KIEGELAND, P. 1990. Tätigkeitsbezogene Anforderungen und Belastungen bei Berufskraftfahrern und ihre Beziehungen zur Risikobereitschaft und Straßenverkehrssicherheit (Endbericht zum Forschungsprojekt 8304/2). Bundesanstalt für Straßenwesen. Bergisch Gladbach.

GÜNTHER, U., SPERBER, W. 1995. Handbuch für Kommunikations- und Verhaltenstrainer. Ernst Reinhardt Verlag. München.

HACKER, W. (Hrsg.). 1980: Spezielle Arbeits- und Ingenieurpsychologie. Bd. 1. Psychologische Bewertung von Arbeitsgestaltungsmaßnahmen. Deutscher Verlag der Wissenschaften. Berlin.

HAHN, K. P. 2005. Arbeitsmanagement gemäß SCC-Regelwerk. Teil 10. In: Verband der Baumaschinen-Ingenieure und Meister e. V., Informationen 4. 05. August–September, 33. Jahrgang. S. 37-38.

HARTMANN, H. 1970. Psychologische Diagnostik. Urban Taschenbücher. Kohlhammer Verlag. Stuttgart.

HERKNER. W. 1991. Lehrbuch Sozialpsychologie. Hans Huber. Bern

HOSSIEP, R., WOTTAWA, H. 1993. Diagnostik. In: Schorr, A., Handwörterbuch der angewandten Psychologie. Deutscher Psychologen Verlag. Bonn.

HUBER, G. L., MANDEL, H. 1982. Verbale Daten. Eine Einführung in die Grundlagen und Methoden der Erhebung und Auswertung. Beltz Verlag. Weinheim.

JACOBSHAGEN, W., UTZELMANN, H. D. 1997. Prognosesicherheit der MPU. Prognosesicherheit, Prädiktoren und Akzeptanz bei Medizinisch-Psychologischen Fahreignungsbegutachtungen von alkoholauffälligen Fahrern und Fahrern mit hohem Punktestand. Zeitschrift für Verkehrssicherheit, S. 43, S. 28-36.

KAISER, H., OSWALD, W. D. (Hrsg.). 1999. Altern und Autofahren. Huber Verlag. Bern.

KEIDEL, W. D. 1971. Sinnesphysiologie. Teil 1: Allgemeine Sinnesphysiologie. Visuelles System. Springer Verlag. Berlin.

KIEGELAND, P. 1997: Arbeitsplatz Lkw – Ermüdung und Lenkverhalten, ökologische Aspekte, Perspektiven. Deutscher Psychologen Verlag. Bonn.

KIEGELAND, P. 1999: Wirksamkeitsstudie zum Sicherheitstraining für Pkw-Fahrer (unveröffentlichter Abschlussbericht zum Forschungsprojekt FE 82.051/1993 der BASt).

KROJ, G. 1995. Psychologisches Gutachten Kraftfahreignung. Deutscher Psychologen Verlag. Bonn.

KRÜGER, H.-P., VOLLRATH, M. 2009. Psychotrope Substanzen im Straßenverkehr. In: Enzyklopädie der Psychologie, Verkehrspsychologie Band 2: Anwendungsfelder der Verkehrspsychologie. Hogrefe Verlag. Göttingen.

KÖBEL, R. 1997. Rücksichtslosigkeit und Gewalt im Straßenverkehr. Peter Lang Verlag. Frankfurt.

KUNKEL, E. 1979. Prognose der Auffälligkeit. Letzter Teilbericht zum Forschungsvorhaben Nr. 86 des VdTÜV „Untersuchungen über die Brauchbarkeit biografischer Daten als Prädiktoren der Fahreignung“.

KUNKEL, E. 1989. Die Exploration als zentrale Methode in der Fahreignungsuntersuchung alkoholauffälliger Kraftfahrer. Neue Zeitschrift für Verkehrsrecht 2 (1989). S. 376-380.

LEUNER, D., BRÜNKES, R. (2002). Lernpsychologische Grundlagen des Erwerbs von Fahr- und Verkehrskompetenzen. In: Berichte der Bundesanstalt für Straßenwesen (Hrsg.), Reihe Mensch und Sicherheit, Heft M143, S. 76-87. Bremerhaven, Wirtschaftsverlag NW.

LEUNER, D., BRÜNKES, R. (2002). Lernpsychologische Grundlagen des Erwerbs von Fahr- und Verkehrskompetenzen. In: Berichte der Bundesanstalt für Straßenwesen (Hrsg.), Reihe Mensch und Sicherheit, Heft M143, S. 76-87. Bremerhaven, Wirtschaftsverlag NW.

LEUTNER, D., BRÜNKEN, R., WILLMES-LENZ, G. 2009. Fahren lernen und Fahrausbildung. In: Krüger, H.-P., Anwendungsfelder der Verkehrspsychologie. Göttingen: Hogrefe Verlag.

LINDEN, M., HAUTZINGER, M. 1996. Verhaltenstherapie. Springer Verlag. Berlin.

LÖSEL, F., BENDER, D. 1993. Rechtspsychologie. In: Schorr, A., Handwörterbuch der Angewandten Psychologie. S. 590-598. Deutscher Psychologen Verlag. Bonn.

LÖSEL, F., KÖFERL, P., WEBER, F. 1987. Meta-Evaluation der Sozialtherapie. Enke Verlag. Stuttgart.

LUTZ, R. 1978. Das verhaltensdiagnostische Interview. Urban Taschenbücher. Kohlhammer Verlag. Stuttgart.

McDONALD, N. 1984. Fatigue, Safety and the Truck Driver. Taylor & Francis. London/Philadelphia.

MENKEN, E. 1980. Die Rechtsbeziehung zwischen Verwaltungsbehörde, Betroffenen und Gutachter bei der medizinisch-psychologischen Fahreignungsuntersuchung. Verlag TÜV Rheinland. Köln.

MICHON, J.A. 1985. A critical view of driver behavior models: what do we know, what should we know? In: Evans, L. & Schwing, R. C. (Hrsg.), Human behavior & traffic safety. Plenum Press. New York.

NEUBERGER, O. 1980. Das Mitarbeitergespräch. Bratt Institut für neues Lernen. Goch.

NIEDER, A., KLEPZIG, P. 2010. Kommunikation zwischen TherapeutInnen und verkehrspsychologischen sowie medizinischen Sachverständigen unter besonderer Berücksichtigung der Änderung der Anlage 15, Abs. 5 FeV (Trennung von Begutachtung und Therapie/Beratung). In: Reschke, K, Kranich, U., Schubert, W., Mensch im Verkehr. Mobilität – Sicherheit – Lebensqualität. Tagungsband Sommeruniversität Verkehrspsychologie am 25. und 26. September 2009 in Leipzig. Kirschbaum Verlag. Bonn.

REUTLER, B. H. 1986. Körpersprache im Bild. Englisch-Verlag. Wiesbaden.

RISSER, R., BRANDSTÄTTER, C. 1985. Die Wiener Fahrprobe. Literas Universitätsverlag. Wien.

ROGERS, C. R. 1946. Significant aspects of client-centered therapy. In: American Psychologist 1,10 (1946). S. 415-422.

ROGERS, C. R. 1951. Client-centered therapy. Its current practice, implications, and theory. Boston (Houghton Mifflin) 1951 (560 pp.). Deutsch: Die klient–bezogene Gesprächstherapie. Client-Centered Therapy. Kindler. München.

ROHMERT, W. 1984. Das Belastungs-Beanspruchungs-Konzept. Zeitschrift für Arbeitswissenschaft, 4, 193-200.

RÖSSLER, M., FREY, U. 2003. Der Beitrag medizinischer Untersuchung bei der Beurteilung alkoholauffälliger Kraftfahrer – Medizinische Marker bei Alkoholabhängigkeit und Alkoholgebrauch. In: 41. Deutscher Verkehrsgerichtstag 2003. Deutsche Akademie für Verkehrswissenschaft e. V. Hamburg.

SCHATTSCHNEIDER, J. 2010. Beurteilungskriterien – Versuch einer konstruktiven Kritik. In: Born, S. R., Brieler, P., Sohn, J.-M., Beurteilungskriterien in der Fahreignungsdiagnostik – Fortschritte und Optimierungsbedarf. S. 161-164. Pabst Sience Publishers. Lengerich.

SCHNEIDER, W., SCHUBERT, W. 2007. Objektivität, Validität und Fairness der im Rahmen der Fahreignungsdiagnostik eingesetzten psychologischen Testprogramme; Ungenauigkeiten bei der Bestimmung von Reaktions- oder Latenzzeiten (Ergebnisband). Stellungnahme der Deutschen Gesellschaft für Verkehrspsychologie (DGVP) zu dem Themenkomplex. DGVP. Berlin.

SCHORR, A. 1993. Handwörterbuch der Angewandten Psychologie. Deutscher Psychologen Verlag. Bonn.

SCHUBERT, W., MATTERN, R. 2005. Beurteilungskriterien. Kirschbaum Verlag. Bonn.

SCHUBERT, W., MATTERN, R. 2009. Beurteilungskriterien. 2. Auflage. Kirschbaum Verlag. Bonn.

SCHUBERT, W., SCHNEIDER, W., EISENMENGER, W., STEPHAN, E. 2003. Begutachtungsleitlinien zur Kraftfahrereignung – Kommentar. Kirschbaum Verlag. Bonn.

SCHUBERT, W., SCHNEIDER, W., EISENMENGER, W., STEPHAN, E. 2005. Begutachtungsleitlinien zur Kraftfahrereignung – Kommentar (überarbeitete und erweiterte 2. Auflage). Kirschbaum Verlag. Bonn.

SCHULTE, W., TÖLLE, R. 1979. Psychiatrie. Springer Verlag. Berlin.

SCHULZ VON THUN, F. 1981. Miteinander reden: Störungen und Klärungen. Rowohlt Taschenbuch-Verlag. Reinbeck bei Hamburg.

SCHULZ VON THUN, F. 1989. Miteinander reden: Stile, Werte und Persönlichkeitsentwicklung. Rowohlt Taschenbuch-Verlag. Reinbeck bei Hamburg.

SOHN, J.-M. 2010. Einführung zur Podiumsdiskussion. Leitsätze Verkehrspsychologische Therapie. In: Reschke, K., Kranich, U., Schubert, W., Mensch im Verkehr. Mobilität – Sicherheit – Lebensqualität. Tagungsband Sommeruniversität Verkehrspsychologie am 25. und 26. September 2009 in Leipzig. Kirschbaum Verlag. Bonn.

SPERKA, M. 1996. Psychologie der Kommunikation in Organisationen – Eine Einführung auf Systemischer Grundlage. Verlag Die Blaue Eule. Essen.

STELLER, M., KÖHNKEN, G. 1989. Statement analysis. Credibility assessment of children's testimonis in sexual abuse case. In: Raskin, D. C. (Hrsg.), Psychological methods in criminal investigation and evidence. (pp 217-245). Springer Verlag. New York.

STEPHAN, E. 2010. Interaktionsmodell zur Kompensation von Leistungseinschränkungen und anderen Mängeln der Fahreignung. In: Schubert, W. & Dittmann, V. (Hrsg.), Faktor Mensch – Zwischen Eignung, Befähigung und Technik. Tagungsband 5. Gemeinsames Symposium Oktober 2009 in Weimar. Kirschbaum Verlag.

STEPHAN, E., HUSSY, W., FOLLMANN, W., HERING, K., KLAFTER, K., MUTZ, G., THIEL, S. 2006. Verfahren zur vergleichenden Erfassung der kognitiven Beanspruchung im Straßenverkehr. Bericht zum Forschungsprojekt im Auftrag der Forschungsvereinigung Automobiltechnik e. V. (FAT) und der Bundesanstalt für Straßenwesen (BASt).

STEPHAN, E., HUSSY, W., FOLLMANN, W., HERING, K., G., THIEL, S. 2000. Eichung und Anwendungserprobung von K-VEBIS (Kölner Verfahren zur vergleichenden Erfassung der kognitiven Beanspruchung im Straßenverkehr). Bericht zum Forschungsprojekt im Auftrag der Forschungsvereinigung Automobiltechnik e.V. (FAT) und der Bundesanstalt für Straßenwesen (BASt).

STRASSENVERKEHRSRECHT. 2009. (49. Auflage). Textausgabe mit ausführlichem Sachregister und einer Einführung von Prof. Dr. Helmut Janker. DTV. München.

STURZENBECHER, D., HOFFMANN, L. 2010. Die Fahrerlaubnisprüfung an der Schnittstelle von Befähigungsprüfung und Eignungstest. In: Schubert, W. & Dittmann, V. (Hrsg.), Faktor Mensch – Zwischen Eignung, Befähigung und

Technik. Tagungsband 5. Gemeinsames Symposium Oktober 2009 in Weimar. Kirschbaum Verlag. Bonn.

UNDEUTSCH, U. 1990. Zur Verwertbarkeit und Glaubhaftigkeit von Probandenäußerungen. In: W. R. Nickel et al. (Hrsg.), Bewährtes sichern – Neues entwickeln. VdTÜV. Köln.

VOSS, K.-F. 2010. Interpretation von Testverfahren. In: Born, R. S., Brieler, P., Sohn, J.-M., Beurteilungskriterien in der Fahreignungsdiagnostik – Fortschritte und Optimierungsbedarf. Pabst Sience Publishers. Lengerich.

WAGNER, T., KRANICH, U. 2011. Die verkehrsdiagnostische Exploration als diagnostische Methode in der Fahreignungsbegutachtung. In: Blutalkohol, Vol. 48/2011. S. 1-15.

WEINERT, A. B. 1981. Lehrbuch der Organisationspsychologie. Urban & Schwarzenberg. München.

WESTHOFF, K., KLUCK, M.-L. 2008. Psychologische Gutachten schreiben und beurteilen (5. vollständig überarbeitete und erweiterte Auflage). Springer Medizin Verlag. Heidelberg.

WILHELM, H. 2010. Sehen und Übersehen. In: Schubert, W. & Dittmann, V. (Hrsg.), Faktor Mensch – Zwischen Eignung, Befähigung und Technik. Tagungsband 5. Gemeinsames Symposium Oktober 2009 in Weimar. Kirschbaum Verlag. Bonn.

Abkürzungsverzeichnis

ABE	Allgemeine Betriebserlaubnis
AC	Adenylatcyclase
ADHS	Aufmerksamkeits-Defizit-Hyperaktivitäts-Syndrom
ASU	Abgassonderuntersuchung
BAK	Blutalkoholkonzentration
BASt	Bundesanstalt für Straßenwesen
B&B-Konzept	Belastungs-Beanspruchungs-Konzept
BfF	Begutachtungsstelle für Fahreignung
BtM	Betäubungsmittel
CDT	Carbohydrate-Deficient Transferrin
CTU	Chemisch-toxikologische Untersuchung
DIN ISO EN 17025	Akkreditierungsrichtlinie für Labore, die Untersuchungen für forensische Zwecke durchführen
EtG	Ethylglucuronid
FeV	Fahrerlaubnisverordnung
GebOSt	Gebührenordnung für Maßnahmen im Straßenverkehr
GGT	Gamma-Glutamyl-Transferase
GTFCh	Gesellschaft für Toxikologische und Forensische Chemie
H0	Hypothese H0 in den Beurteilungskriterien
HU	Hauptuntersuchung
5HTOL	5-Hydroxytryptophol
HDE	Handbuch der Exploration
HLA	Human-Leukocyte Antigen
JVA	Justizvollzugsanstalt
KBA	Kraftfahrt-Bundesamt
Kfz	Kraftfahrzeug
Lkw	Lastkraftwagen
MAO	Monoaminoxidase
MCV	Mittleres korpuskuläres Erythrocytenvolumen
MPU	Medizinisch-psychologische Fahreignungsuntersuchung
ÖPNV	Öffentlicher Personennahverkehr
PFB	Psychologische Fahrerverhaltensbeobachtung
Pkw	Personenkraftwagen
QM	Qualitätsmanagementsystem
QMB	Qualitätsmanagement-beauftragter
QMH	Qualitätsmanagement-handbuch
StGB	Strafgesetzbuch
StVG	Straßenverkehrsgesetz
THC	Tetrahydrocannabinol
VdTÜV	Vereinigung der Technischen Überwachungs-Vereine e. V.
VZK	Verkehrszentralregister